中央高校基本科研业务费专项资金资助项目
（项目批准号：2662020YLPY015）

中国古典园林美学中的虚与实

黄　滟◎著

人民出版社

前　言

“虚”与“实”是中国传统美学的一对重要范畴，从中衍生出许多对审美和艺术本质及特征的理解。宗白华认为“以虚带实，以实带虚，虚中有实，实中有虚，虚实结合，这是中国美学思想中的核心问题。虚与实的问题，这是一个哲学宇宙观的问题。”① 宗白华对虚实问题的重视从一个侧面说明了虚实问题的重要性。中国当代美学家往往也会流露出对传统的虚实之论的重视，比如李泽厚先生的《虚实隐显之间》、叶朗先生的《中国美学史大纲》中对《老》《庄》及六朝美学的论述等。以前的美学史或美学评论都不同程度地涉及虚实问题，但他们对虚实问题的讨论仅放在了艺术大层面，或者只是用以说明某个问题的一环，对于具体艺术门类的虚实问题并未做深入探讨。应该说，虚实问题在中国传统美学中涉及面很广，表现形态也很多，许多对虚实问题的精辟见解都存在于对具体艺术的鉴赏和创作中。同时，在具体艺术的鉴赏和创作中，除了直接针对虚实问题的虚实之论之外，还有一些包含虚实关系的讨论，比如：形

① 宗白华:《艺境》，商务印书馆 2014 年版，第 401 页。

神、显隐、意境等。于是，在当今社会大力提倡继承和发展中国优秀传统文化的时代背景下，深入分析具有源始意味的虚实问题，将它的不同层次和不同内涵加以区分和归纳，进一步探讨它在具体艺术门类的存在形式是很有必要的。

中国古典美学没有复杂严整的理论体系，也较少有精密细致的逻辑推理，却有很多关于审美体验的经验总结与直接表述。古人关于园林审美和建造的种种见解大多散见于游记、园记和诗词中，专著并不多。他们写作的大量游园随感的文章，如《洛阳名园记》《游金陵诸园记》《吴兴名园记》《浮生六记》《履园丛话》《扬州画舫录》等，其中就提出了一些有价值的园林审美观点，但大多是随发感想式的分散议论。而有些杂记中则或多或少谈到了造园，如陈继儒的《岩栖幽事》《太平清话》、屠隆的《山宅清供笺》等。园林专著则有明末清初出版的《闲情偶寄》和《长物志》，其内容论及园林艺术、规划设计、山水植物的布置和鉴赏等，其中也提出了一些精辟的审美观点，而最系统和专业的园林学著作是计成的《园冶》。关于中国古典园林的虚实问题，古人在这些文献中只有小部分直接或间接的描述。因为这些观点和论述不是在现代意义上概念的清晰划分，不是逻辑性的系统阐释，所以到目前为止，学界还没有在现代美学意义上对园林的虚实有一个系统的研究。从现有的研究成果来看，涉及中国园林美学中虚实问题的研究偏少，前人关于园林虚实问题的研究主要涉及以下三个方面：一是对虚实问题哲学层面的考察；二是将虚实与园林的空间关联起来；三是探讨虚实相生创造意境。事实上，对于这几个问题的研究仍有盲点和不足，探讨也不够丰富、更不全面，对于它的当代价值认识也不够。中国古典园林是文人思想的物化，它对应着主导中国文化的士人的处世哲学和美学思想。于是，中国古典园林中的虚实问题就有了以下几个理论问题有待思考：一是园林中虚实概念的内涵和外延；二是园林中的虚实关系是怎样的；三是在园林中虚实到底如何将意境显现出来；四是在园林审美中如何体现虚实关系。本书着眼于这几个问题，将已有的研究成果系统化，努力构建一个理论框架。通过这个理论框架的构建，为现代公园和城市景观的设计者或研究者提供一种理论框架。现代的中国景观设计很大程度上还停留在对西方现代设计思潮的引进和模仿上，在吸收和融通的过程中产生了许多形式主义和功能主义。对传统文化的挖掘和对现有理论的创新就成为急需解决的问题，只有将文化的传承和认同在景观设计中体现出来，具有中国文化特征和美感的设计才更具有世界性和前沿性。

对中国园林美学中虚实问题的研究，有助于把虚实问题谈得更深更透一些，这不仅可以丰富和拓展中国美学的具体形态和范畴，使虚实作为美学观念和范畴的意蕴更多地显露出来。更为重要的是，对中国古典园林虚实问题的理论构建有利于深入挖掘中国传统文化的思想精髓，把握中国古代文人的审美旨趣，在现代设计中隐性传承中国文化的精髓。同时，有意识地利用虚实关系进行城乡建设，对改善现代城市空间、完善现代人生活方式具有一定的实践价值。

目录

contents

第一章　虚实问题的哲学阐释

由于美学与哲学存在的渊源关系，在谈论任一美学范畴的时候，都不可回避地需要去探寻其哲学背景。作为在中国传统哲学和美学思想中都占有一席之地的“虚实”问题，其中必然也存在着某些内在的关联。或者说，“虚实”作为一个美学范畴，它的生成和内涵都与哲学有着千丝万缕的联系。当然，我们也要注意一个问题：哲学中的“虚实”并不完全等同于美学中的“虚实”，它先于美学中的“虚实”，并引发了美学中的“虚实”。

“虚实”的哲学根源应该在何处找寻呢？中国本根论的主流观点认为本根是超越于形质的，也就是说要在无形无质者中求得本根。在中国古代哲学中，无论是老庄哲学、魏晋玄学还是佛教哲学，其思想体系都以“有无”作为重要出发点。《说文解字》释“有”为：“不宜有也……从月又声。”段玉裁注曰：“日下之月，衍字也。此引经释不宜有之旨，亦即释从月之意也。日不当见蚀也，而月蚀之者，孰蚀之，月蚀之，故字从月。”[1] 可见，“有”字本义即是持有、拥有、存在、存有，表达出对把握着的确实存在的“有”的意念，其外延是指人的感官可以观察到、感觉到的具体的事物、现象或东西。《说文解字》释“无”为：“亡，逃也。”[2] 段玉裁注曰：“亡之本义为逃，今人但谓亡为死，非也。引申之则谓失为亡，亦谓死为亡。孝子不忍死其亲，但疑亲之出亡耳……亦叚为有无之无……会意，谓之于迟曲隐蔽之处也。”[3] 可见，“无”有三层意思，一是“亡”，即有后而无；二是“無”，指似无实有；三是“无”，指无而纯无。《广雅・释诂三》释“虚”为：“虚，空也。”[4]“空”在《新华字典》的解释意之一是“不包含什么，没有内容”，也就是“无”；《素问・调经论》中说：“有者为实，故凡中质充满皆曰实。”[5] 于是，“无”“有”可以说是“虚”“实”的异名同谓。王夫之在《张子正蒙注》中说：“视之而见，听之而闻，则谓之有；目穷于视，耳穷于听，则谓之无；功效可居，则谓之实，顽然寂静，则谓之虚。”[6]

“有无”与“虚实”是相呼应的两对范畴，在某种程度上成为一种体与用的关系。于是，我们需要以“有无”为出发点，在关乎本根的三个基本的学说——气论、道论、心论中找到出处，界定其概念的边界，从而把握“虚实”之间的关系。

---

① （汉）许慎著，（清）段玉裁注：《说文解字注》，上海古籍出版社 1981 年版，第 314 页。

② “无”字在甲骨卜辞中就已出现，写作“亡”。在“无”字符号正式表示“无”的意思之前，一直用“亡”字来表示“无”的意思。

③ （汉）许慎著，（清）段玉裁注：《说文解字注》，上海古籍出版社 1981 年版，第 634 页。

④ （清）钱大昭撰，黄建中、李发舜点校：《广雅疏义》，中华书局 2016 年版，第 647 页。

⑤ 杨永杰、龚树全主编：《黄帝内经》，线装书局 2009 年版，第 117 页。

⑥ （明）王夫之：《张子正蒙注》，中华书局 1975 年版，第 323 页。

第一节 虚实问题探源

“无”和“有”是中国古代探讨宇宙本原和本体（实体）问题的一对重要范畴，创始于老子。《老子》第一章开篇就以“无，名天地之始；有，名万物之母”① 说明“道”与“有”“无”的关系。“无”是万物的本始、源泉，“有”是各种现象、事物的开端。通过“有”与“无”的变化，人们可以探索幽微的宇宙本体和无穷的现象世界。然“有”和“无”何者是本体呢？本体，即宇宙万物的至极究竟者，有本然、原本之意，也指存在的本来形态。② 根据张岱年的本根论理论，求本根必须求之于无形无质者中，即“无”中，且中国哲学存在着三种类型的本体论：唯气论、唯理（道）论和主观唯心论，“中国本根论之最基本的问题，可以说是理与气的问题，其次是心与自然的问题”③。在此，本书以张岱年理论为基础，阐述“虚实”在这三种本体论中的各自所指，梳理“虚实”的发展脉络，以便对“虚实”概念进行界定。

---

① 陈鼓应：《老子注译及评介》，中华书局 2009 年版，第 53 页。

② “本体”一词在先秦时就有“本根”和“本心”的意思。《庄子·知北游》说：“惛然若亡而存，油然不形而神，万物畜而不知，此之谓本根。”这里的“本根”就是本原、本体的意思。《孟子·告子上》说：“乡为身死而不受，今为宫室之美为之……是亦不可以已乎，此之谓失其本心。”这里的“本心”指的是心的本然状态，也就是“本体之心”。成中英说：“‘本体’是中国哲学的中心概念，兼含了‘本’的思想与‘体’的思想。‘本’是根源，是时间性；‘体’是整体，是体系，是空间性，是外在性。‘本体’因之是一切事物及其发生的宇宙系统，更体现在事物发生转化的整体过程之中。”可见，本体是可以被人直接感受和体验到的，并且是一个动态的创生根源。

③ 张岱年：《中国哲学大纲》，商务印书馆 2015 年版，第 173 页。

一、虚实与道

许慎在《说文解字》中释“道”为：“所行道也，一达谓之道。”[①]其表示人所行走的具有一定方向性的道路，或者表示路途的道理，后引申为事物发展所需遵循的规律的过程。

（一）道与虚

老子最初提出了道是先天地生的宇宙本原。老子说：“迎之不见，名曰‘夷’；听之不闻，名曰‘希’；搏质不得，名曰‘微’。此三者不可致诘，故混而为一。”[②]老子此句言明：道是一种看不见、听不到、摸不着的超感觉的东西，是非物质性的绝对存在。“有物混成，先天地生，寂兮寥兮，独立而不该，周行而不殆，可以为天下母，吾不知其字，字之曰道，强为之名曰大，大曰逝，逝曰远，远曰反。”[③]此句中的“大”即道，即指最初的根源，也有无限的意思；“有物混成”表明道是一个客观存在的整体；“逝”表明道是周流不息地运动着的；由大而有逝，由逝到愈远，由远到相返，表明宇宙乃是逝逝不已的无穷的历程。“独立而不改”，表明“道”是独立的，不依于现象世界的。需要说明的是老子在此所言的“先天地生”，如果是说明“道”在时间上先于天地存在，那是属于宇宙发生论，如果是说明“道”在逻辑上先于天地存在，则属于本体论，表明了“道”的形而上的性格。“道”虽然无形无象，但不是超时空的，它只是没有固定的具体的形象，这样的“道”才可能变化为

---

① （汉）许慎著，（清）段玉裁注：《说文解字注》，上海古籍出版社 1981 年版，第 154 页。

② 陈鼓应：《老子注译及评介》，中华书局 2009 年版，第 113 页。

③ 陈鼓应：《老子注译及评介》，中华书局 2009 年版，第 159 页。

有固定具体形象的天地万物。因此，老子的“道”是一个无形无象的客观存在的整体，它属于感觉范围的对象，却又超越了感觉的范围，是先于天地而存在的，而且它是运动变化着的。

《老子》第四章说：“‘道’冲，而用之或不盈。渊兮，似万物之宗，湛兮，似或存。吾不知谁之子，象帝之先。”[①] 这里的“冲”即为“虚”，“存”即为“实”。这里老子在说明道体是虚状的，但其作用是无穷的，并且“道”的存在不同于万物的存在，是先于天地而存在的，是世界万物的根源。《黄帝四经》中说：“恒无之初，迵同太虚。虚同为一，恒一而止。”[②] 此句在用“虚”诠释道体的状态，表明在最初一切皆无的渺茫时代，宇宙天地还于混同混浊的虚的状态。《管子·心术上》中说：“虚而无形谓之道”[③]。此句也在说明道体是虚的，是无形的。又说：“天之道，虚其无形，虚则不屈。”[④] 在此说明就其外在形式上，“道”即“虚无”，有与具体有形之物相对的意义，《心术上》中还说：“无之，则与物异矣。异则虚，虚者万物之始也。”[⑤] 这里“无”则被视为万物之始的存在形态。正如刘向所释：“有形生于无形也。”[⑥] 老子也曾言：“故道大，天大，地大，人亦大。域中有四大，而人居其一焉。”[⑦] 此句说明：“道”是存在于空间之中，具有空间性。由此可见，道体存在于空间中，其

---

① 陈鼓应：《老子注译及评介》，中华书局 2009 年版，第 71 页。

② 陈鼓应：《黄帝四经今注今译》，商务印书馆 2016 年版，第 399 页。

③ （唐）房玄龄注，（明）刘绩补注，刘晓艺校点：《管子》，上海古籍出版社 2015 年版，第 263 页。

④ （唐）房玄龄注，（明）刘绩补注，刘晓艺校点：《管子》，上海古籍出版社 2015 年版，第 267 页。

⑤ （唐）房玄龄注，（明）刘绩补注，刘晓艺校点：《管子》，上海古籍出版社 2015 年版，第 269 页。

⑥ （春秋）管仲：《管子校正》，载《诸子集成》第五卷，团结出版社 1996 年版，第 684 页。

⑦ 陈鼓应：《老子注译及评介》，中华书局 2009 年版，第 159 页。

存在形式是虚的，就是无，无即无规定，没有任何具体的属性。

《老子》第二十一章说："孔德之容，惟道是从。道之为物，惟恍惟惚。惚兮恍兮，其中有象；惚兮恍兮，其中有物。窈兮冥兮，其中有精，其精甚真，其中有信。"[①] 此句在说明：虽然道是无形的，但"有象""有物""有精"都表明了"道"的真实存在性。内在于万物的道，在一切事物中显现它的功能，便是"德"。《庄子·天地》中说"泰除有无，无有无名；一之所起，有一而未形。物得以生，谓之德；未形者有分，谓之命；留动而生物，物成生理，谓之形；形体保神，各有仪则，谓之性。性修反德，德至同于除。同乃虚，虚乃大。"[②] 庄子也认为宇宙始原是"无"。此句表明：万物得到道而生成，就是"德"；没有成形时已有阴阳之分，称为"命"；道在运动中稍有滞留便产生了物，万物生成了各自的样态，就是"形"；形体保有精神各有规则，就是"性"；性经修养再返回"德"；"德"同于太初便是虚豁。此句说明道家的虚无之"道"具有普遍规律，在整个宇宙和万物的产生过程中起了决定作用。可见，道家把"无"设为宇宙和人的本体，认为一切都是从虚无的"道"中产生。道是比天更根本的普遍规律，而这个规律是客观存在却无形无象的。因此，道家的"道"的本质即是无形无象的客观规律。

《老子》第一章说："无，名天地之始；有，名万物之母，故常无，欲以观其妙；常有，欲以观其徼。"[③] 在此，"无"是天地的本始，"有"是万物的根源。"无""有"是指称"道"的，是表明"道"由无形质落实到有形质的活动过程，也是老子对推动宇宙万物自然生成、变化、发展的必然性的抽象表述。《老子》第四十章说："天

---

① 陈鼓应：《老子注译及评介》，中华书局 2009 年版，第 145 页。

② 陈鼓应：《庄子今注今译》，中华书局 2009 年版，第 335 页。

③ 陈鼓应：《老子注译及评介》，中华书局 2009 年版，第 53 页。

下万物生于有，有生于无。”[①] 说明万物的存在蕴含着“有”，而道是“无”，是万物之所以生的根源。这种从“无”到“有”到万物的先后关系是逻辑上的先后关系，是属于本体论范畴的，它超越了有无对立的“无”。在此，“无”就相当于“根本的构成”，构成域就是“有”的构成态。显然，老子是以无为本体的。庄子则指出了“无”的相对性。《庄子・齐物论》中说：“有始也者，有未始有始也者，有未始有夫未始有始也者。有有也者，有无也者，有未始有无也者，有未始有夫未始有无也者。俄而有无矣，而未知有无之果孰有孰无也。”[②] 此句在指出，始非究竟之始，无也非究竟之无。如果说有“无”，则“无”也是一种“有”。于是，它在《庄子・庚桑楚》中说：“天门者，无有也，万物出乎无有。有不能以有为有，必出乎无有，而无有一无有。”[③] 庄子在此没有说“无”，而强调了“无有”，认为“无”还是一种“有”，只有“无有”才是纯粹的什么都没有，“无有”才是本体的“道”。进而，庄子用“无有”的道统一了“无”和“有”，“无”和“有”成为“无有”的“道”的两种构成态。《庄子・秋水》中说：“道无终始，物有死生，不恃其成。一虚一盈，不位乎其形。年不可举，时不可止。消息盈满，终则有始。”[④] 此句“虚”为“无”，“盈”为“有”，万物时而空虚，时而盈满，是“道”显现于万物的两种状态，而大道的方向就是终结了再开始。

综上所述，道家的“道”，其道体存在于空间中，其存在形式是虚的；“道”的本质是无形无象的客观规律，它被看作是一个虚的客观存在的整体，超越了感觉的范围，并在宇宙生成论中先于天地而存在，而且它是运动变化着的；虚空的道统一了“无”和“有”，

① 陈鼓应：《老子注译及评介》，中华书局 2009 年版，第 117 页。
② 陈鼓应：《庄子今注今译》，中华书局 2009 年版，第 80 页。
③ 陈鼓应：《庄子今注今译》，中华书局 2009 年版，第 653 页。
④ 陈鼓应：《庄子今注今译》，中华书局 2009 年版，第 456 页。

“无”和“有”成为“道”的两种构成态。

（二）无与有

《老子》第四十章讲：“天下万物生于有，有生于无”①，天下万物皆源于混沌未分的实“有”之物，而“无”即是“道”。第二章讲：“有无相生，难易相成，长短相形，高下相盈，音声相和，前后相随。”② 老子把有无与难易、长短、高下、音声、前后并论，可见这个“有无”是相对的有无，指的是每个具体事物没有“有”之前为“无”的“道”，即有之后为“有”，消失之后又转为“无”。也就是说，天地万物始于“无”，最后又复归为“无”。可见，老子的“无”有双重性，一重是超越于一切“有”之上的绝对的“无”；一重是与“有”相对的“无”。

魏晋时期兴起了“有无”之辨，并把“有”与“无”看成现象世界与本体世界的关系，认为绝对之“无”是物质之“有”存在和发展的依据。何晏在《道论》中说：“有只为有，恃无以生；事而为事，由无以成。夫道之而无语，名之而无名，视之而无形，听之而无声，则道之全焉。故能昭音响而出气物，包形神而章光影。玄以之黑，素以之白，矩以之方，规以之员。员方得形而此无形，白黑德名而此无名也。”③ 天地万物是因为“无”的存在而成就了“有”，世上之事也是因为“无”而显得成功。虽然“无”没有名称可叫，没有形象可见，没有声音可听，但因此显现出了器物的声、形、色。它凭借自身无形无声无名的存在，衬托出了有形有声有名的存在。《道论》的开篇就说明了“无”与“有”之间的关系，且说明“道”即“无”，“无”即是无语、无名、无形、无声的非物质性的绝对。

① 陈鼓应：《老子注译及评介》，中华书局 2009 年版，第 217 页。
② 陈鼓应：《老子注译及评介》，中华书局 2009 年版，第 60 页。
③ 杨伯峻：《列子集释》，中华书局 2012 年版，第 10 页。

"有"之所以能为"有",是依侍着"无"而生的。他的这个说法显然来自老子。何晏认为万物存在的依据就是以"无"的形式而存在的"道",认为无名无形无声的"道"成就了天下万物和万事的完美存在。何晏主张"天地万物皆以无为本。无也者,开物成务,无往不存者也。阴阳恃以化生,万物恃以成形,贤者恃以成德,不肖恃以免身。故无之为用,无爵而贵矣"①。此"无"既存在于万物之中,又是万物的本体,更是万物得以生存和发展的根据。这与老子将"无"视为实体是有区别的。可见,何晏的"无"并不是纯粹的"无",而是万物之"有"内在的东西。他指出:"于有所有之中,当与无所有相从。"② 也就是说,"有所有"是个别,"无所有"是一般,一般寓于个别之中。所以在何晏的《道论》中,"有"仅指具体有名有形之事物,"无"是超越一切相对的绝对。

王弼在《论语释疑》中说:"道者,无之称也。无不通也,无不由也,况之曰道。寂然无体,不可为象。"③"道"即是"无",是无形体的;并给予了"道"无不通、无不由的特质,因而具有了本体论的意义。《老子注》中说:"天下万物,皆以有为生,有之所始,以无为本。将欲全有,必反于无也。"④"本"是相对于"无"而言的,"无"即指天地万物。此处的"无"主要蕴含了以下三个方面的内容:(1)"无"即是"道",万物以形成相对独立的个体"有"而开始,"无"作为万物赖以存在的一种根据已存在于万物之中。(2)一切具体的"有"皆有质和量的规定性,故而具有有限的、相对的、变动不居的特点,而作为万物之"本"的"无",则是无形无象、无名无称、没有任何规定性的,因此是无限的、绝对的、永恒的。(3)

① (唐)房玄龄等:《晋书》,中华书局 1974 年版,第 1236 页。
② (魏晋)张湛注:《诸子集成·列子注》,中华书局 1978 年版,第 41 页。
③ 葛荣晋:《中国哲学范畴通论》,首都师范大学出版社 2001 年版,第 180 页。
④ (魏)王弼注,楼宇烈校释:《老子道德经注》,中华书局 2011 年版,第 113 页。

"有"绝不能离开"无"这个"本",同时,作为"本"的"无",离开了"无""有"也是无法把握的。"本在无为,母在无名。弃本舍母,而适其子,功虽大焉,必有不济,名虽美焉,伪亦必生。"①因此必须"守母以存其子,崇本以举其末"②。可见,王弼这里强调:天下万物都必须以"无"为根本才能发挥其各种的功用,但"无"也必须通过"有"才能实现其自身的功用。"无"成为万"有"存在的根据,而"有"只是"无"显现的作用和表象,也即"无为体有为用"。王弼的观点无疑看到了"无"的一般性和抽象性,总结出了"无"与"有"的体用关系。

综上所述,无论是道家讲的"有生于无",还是魏晋玄学讲的"以无为本",都认为世界的最高本原是无形无象的绝对的"无"的"道"。只是"无"各自所指是有所区别的,且与"有"的关系也是有区别的:道家的"无"是将"道"作为一个虚的客观存在的物质性的实体,是先于"有"而存在的;而玄学的"无"是将"道"看作是万物赖以生存的依据和原则,是存在于"有"之中的。而它们将"有"作为个体实物及其总称是没有分歧的。"有"泛指一切客观存在的事物以及实际显现的现象,是一切事物存在的显现方式。虽然它们都以"无"为世界的本原,都看重"无"在宇宙中所起的作用,但玄学较之道家更看到了"无"对"有"的依赖性,相对全面地看待了"无"与"有"之间的辩证关系。

二、虚实与气

许慎在《说文解字》中释"气"为"云气也"③,后引申为与云

① (魏)王弼注,楼宇烈校释:《老子道德经注》,中华书局2011年版,第99页。

② (魏)王弼注,楼宇烈校释:《老子道德经注》,中华书局2011年版,第100页。

③ (汉)许慎著,(清)段玉裁注:《说文解字注》,上海古籍出版社1981年版,第55页。

气相类的都是气；或者说，有别于液体、固体的流动而细微的存在就是气。从字源上可以看出“气”具有两个特点：（1）它是离开人的意识而独立存在的客观现象；（2）它是经常变化的无固定形体的现象。“气”作为现象有两种状态：一是可见的状态；二是不可见的状态。

（一）气与形的关系

“气”作为经常变化的无固定形体的现象有可见和不可见两种状态，那么，“气”与“形”是一种怎样的关系呢？

《庄子·至乐》中说：“察其始而本无生，非徒无生也而本无形，非徒无形也而本无气。杂乎芒芴之间，变而有气，气变而有形，形变而有生，今又变而之死，是相与为春秋冬夏四时行也。”[①] 在庄子看来，气在先，形在后，或者说气是形的基础，是生命运动的依据和形式。而且，生命运动就是“气”从无形到有形，又回到无形的一种变化过程。

《庄子》对于“气”的表述有很多，比如用“天气”“地气”“阴阳之气”“四时之气”等表示属于自然万物的现象；用“志气”“神气”“血气”等表示属于人自身的现象。但这种弥漫于宇宙的普遍存在，它的基本特质是“虚无”，正如《庄子·人间世》所说：“气也者，虚而待物者也。”[②] 也就是说，气虽然是一种无形无象的“虚无”的存在，但它却以不同的形式存在于各种具体事物之中。《庄子·知北游》中说：“人之生，气之聚也。聚则为生，散则为死。……故曰‘通天下一气耳’。”[③] 可见，气凝集成了人的身体，

① （清）郭庆藩撰，王孝鱼点校：《庄子集释》，中华书局 2013 年版，第 546 页。
② 陈鼓应：《庄子今注今译》，中华书局 2009 年版，第 129 页。
③ （清）郭庆藩撰，王孝鱼点校：《庄子集释》，中华书局 2013 年版，第 647 页。

而且，气聚与气散、物生与物死，是一个周而复始、永不停歇的运动过程。或者说，宇宙万物的生成、发展和消亡的过程，实际上是"一气"的聚散过程，表现为不同存在形态之间的转化，而气本身自始至终都没有消失。在此需要强调的是，庄子对"气"的诸多表述不仅是将"气"看作是客观存在的基础，而且也在肯定"气"是一个变化反复的运动过程。

先秦时代的许多思想家也认为气就是构成人身体的内容。《孟子·公孙丑上》说："气，体之充也。"[①]《管子·心术下》说："气者，身之充也。"[②]《荀子·王制》说："水火有气而无生，草木有生而无知，禽兽有知而无义。人有气有生有知亦且有义，故最为天下贵也。"[③] 荀子所言进一步表明，气是无生无知的，但它却是有生有知的事物赖以存在的基础，是人重要的组成部分。因而，人也是"气"的一种存在形式。

《易纬·乾凿度》说："夫有形生于无形，乾坤安从生。故曰：有太易，有太初，有太始，有太素也。太易者，未见气也；太初者，气之始也；太始者，形之始也；太素者，质之始也。气形质具而未离，古曰浑沦。浑沦者，言万物相浑成，而未相离。"[④] 此段也在说明有形生于无形，气是万物的开始，既是构成宇宙万物的物质材料，也是合成人体生命的精微物质。同时，此段还对气、形、质进行了区分，认为万物的存在就这三种形式：气是无定形的；形是有定形但不一定是固体的；质是固体的实物。这种区分更加说明了气的本原性。

① 杨伯峻：《孟子译注》，中华书局 2008 年版，第 46 页。

② （唐）房玄龄注，（明）刘绩补注，刘晓艺校点：《管子》，上海古籍出版社 2015 年版，第 270 页。

③ 梁启雄：《荀子简释》，中华书局 1983 年版，第 109 页。

④ 林忠军：《〈易纬〉导读》，齐鲁书社 2002 年版，第 81 页。

汉代王充在《论衡·自然》篇中说："夫天覆于上，地偃于下，下气烝上，上气降下，万物自生其中矣。"①"天之动行也，施气也，体动气乃出，物乃生矣。"② 这两句在肯定天地之气相互结合才产生天地间的万物。也就是说，气在形之前，万物的形成过程是气运动的过程。

"气"是"形"的基础，是生命之源，但气本身并非生命，而是生命的一个重要组成部分。"气"是无形的存在，形是由气变化而成的，"气"从无形到有形，又回到无形的过程也是运动变化的过程，且气、形、质是有区别的，气贯通于有形有质事物的内外，"形之可见者，成物；气之可见者，成象"③。

（二）虚实与气的关系

五代时期哲学著作《化书》中谈世界生成的过程时说："道之委也，虚化神，神化气，气化形，形生而万物所以塞也。"④ 认为虚是先于气的原始根本，虚—神—气—形的转化过程说明虚与气不仅有区别，而且虚比气更根本，是真实的一种存在。汉代著作《淮南子·天文训》中说："虚廓生宇宙，宇宙生气，气有涯垠。"⑤ 在此，虚廓是无限的不可见的原始实体，是无形无象的存在；气则是有限的可见的存在。由此可以推出：虚廓并非气，气是从虚廓中产生的，同时，气与虚廓之间还有时空这个环节，最根本的还是虚廓。东汉张衡的《灵宪》在关于宇宙本原和天地形成的论述中说：

① （汉）王充撰，陈蒲清点校：《论衡》，岳麓书社 1991 年版，第 285 页。
② （汉）王充撰，陈蒲清点校：《论衡》，岳麓书社 1991 年版，第 282 页。
③ 陈鼓应：《老子注译及评介》，中华书局 2009 年版，第 146 页。
④ （五代）谭峭撰，丁祯彦、李似珍点校：《化书》，中华书局 2009 年版，第 59 页。
⑤ （汉）刘安著，（汉）许慎注，陈广忠校点：《淮南子》，上海古籍出版社 2016 年版，第 54 页。

“太素之前，幽清玄静，寂寞冥默，不可为象，厥中惟虚，厥外惟无。”[①] 此句也是在说明气未发生之前是虚无，此处的“虚”也是指不可见的客观实在。可见《化书》《淮南子》《灵宪》都认为“虚”在“气”之先，“虚”为“气”之本。

汉代董仲舒在《春秋繁露·天地阴阳》篇中说：“天地之间，有阴阳之气，常渐人者，若水常渐鱼也。所以异于水者，可见与不可见耳，其澹澹也。然则人之居天地之间，其犹鱼之离水，一也。其无间若气而淖于水。水之比于气也，若泥之比于水也。是天地之间，若虚而实，人常渐是澹澹之中……”[②] 天地之间有阴阳二气，然人居处在天地之间就是沉浸在气中，人在气中被比喻成鱼在水中。水和气相紧挨着，如同泥和水相紧挨着，这样天地之间，像是空虚，而实际却充实。此处将气看作是比水更细微的存在，实际指的就是空气。而且表明气是若虚而实的，是从虚空变化而来的。

虚先于气存在，气并非是虚空，而是出自于虚空。也就是说，气是构成万物的原始要素，是不可见的客观存在，是从虚空中产生的。

而宋代的张载则提出“虚空即气”的观点，他在《正蒙·乾称》篇中说：“凡可状，皆有也；凡有，皆象也；凡象，皆气也。”[③] 这个表述推翻了之前对“气”是不可见的存在的认知，而认为一切存在都是可见之象，一切可见之象都是气，也就是一切存在都是气。认为物质性的气既是天地万物的本原，也是天地万物的本体。《正蒙·神化》篇中说：“所谓气也者，非待其蒸郁凝聚，接于目而后知之；苟健顺、动止、浩然、湛然之得言，皆可名之象尔。然则象若非气，指何为象？”[④] 凝聚而成的有质有形的固态物质是气，深

---

① （南朝宋）范晔：《后汉书》，中华书局 2012 年版，第 2595 页。

② （汉）董仲舒撰，（清）凌曙注：《春秋繁露》，中华书局 1975 年版，第 599 页。

③ （明）王夫之：《张子正蒙注》，中华书局 1975 年版，第 320 页。

④ （明）王夫之：《张子正蒙注》，中华书局 1975 年版，第 65 页。

远无际的无形之虚空也是气。“气”不仅有不可见的客观存在，还有可见的客观存在；“气”不仅有运动的，还有静止的；“气”不仅有浩然的广度，还有湛然的深度。一切存在着的现象都是“气”的不同存在形态。《正蒙·太和》篇说：“气之聚散于太虚，犹冰凝释于水。知太虚即气则无无”。①“太虚不能无气，气不能不聚而为万物，万物不能不散而为太虚。”②“明则谓有，幽则谓无。”③这几句表明无形的虚空是气散而未聚的本然状况，而无则是有的一种状态。在此，他用“气”将有无、虚实统一了起来。同时，张载还反驳了之前“虚能生气”的认知。《太和》篇还说道：“若谓虚能生气，则虚无穷，气有限，体用殊绝，入老氏有生无自然之论，不知所谓有无混一之常。若谓万象为太虚中所见之物，则物与虚不相资，形自形，性自性，形性天人不相待而有，陷于浮屠以山河大地为见病之说。此道不明，正有懵者略知体虚空为性，不知本天道为用，反以人见之小，因缘天地，明有不尽，则诬世界乾坤为幻化。”④此段意在反推两种结论，如果虚能生气，那么气就是有限的；如果万象是太虚中所见的事物，那么虚与气就没有必然的联系。显然这种推断出的结果是不符合当前的认知的。于是，他说：“太虚无形，气之本体，其聚其散，变化之客形尔；至静无感，性之渊源，有识有知，物交之客感尔。客感客形与无感无形，惟尽性者一之。”⑤在此，“气”就是不依赖人的意识而独立客观存在的物质，是人眼不一定都能看见的。张载的理论肯定了物质的客观性和真实性，认为一切存在都是气，气是永恒存在的，气聚与气散所形成的有无或实

① （明）王夫之：《张子正蒙注》，中华书局 1975 年版，第 14 页。
② （明）王夫之：《张子正蒙注》，中华书局 1975 年版，第 5 页。
③ （明）王夫之：《张子正蒙注》，中华书局 1975 年版，第 13 页。
④ （明）王夫之：《张子正蒙注》，中华书局 1975 年版，第 9 页。
⑤ （明）王夫之：《张子正蒙注》，中华书局 1975 年版，第 3 页。

虚是气的两种状态；首次提出了气有深度和广度，也就是有空间的维度；并进一步说明了气是运动变化的。

明代王廷相在《慎言》中说："天内外皆气，地中亦气，物虚实皆气，通极上下造化之实体也。"① 肯定了气是世界的唯一实体。虽然太虚是无形之气，万物是有形之气，但就其本体而言，气乃常存，无生无灭。又说："天地未判，元气混涵，清虚无间，造化之元机也。有虚即有气，虚不离气，气不离虚，无所始无所终之妙也。不可知其所至，故曰太极；不可以为象，故曰太虚，非曰阴阳之外有极有虚也。"② 这是以气为实体统一了虚实，认为虚是气这个实体的一种存在状态。王夫之也说："虚空者气之量，气弥论无涯而希微不形，则人见虚空而不见气。凡虚空皆气也，聚则显，显则人谓之有；散则隐，隐则人谓之无。……若其实，则理在气中，气无非理；气在空中，空无非气，通一而无二者也。"③ 理顺了有无或实虚与气的从属关系，再次说明气是万物的本原，虚是气散的形态，也是气的本然状态。

综上所述，中国古代哲学中对"虚实"与"气"的关系认知有一个变化过程。

1. 从"虚空生气"到"虚空即气"的转变是对世界本原认知的转变，由"太虚"即"无"作为宇宙本体到由"气"即"有"作为宇宙本体。

2. 这个转变丰富了对"虚"的属性认知：(1)"虚"是不可见的无限的原始实体；(2)"虚"是气的一种本然状态，是无形的；(3)

---

① 转引自张岱年：《中国古典哲学概念范畴要论》，中国社会科学出版社 1989 年版，第 37 页。

② 转引自张岱年：《中国古典哲学概念范畴要论》，中国社会科学出版社 1989 年版，第 60 页。

③ （明）王夫之：《张子正蒙注》，中华书局 1975 年版，第 8 页。

从无到有（从虚到实）或从有到无（从实到虚），不过是因气的聚散从一种状态转化到了另一种状态，具有内在的运动性；（4）“虚”既然是气的一种状态，“虚”必然有气所具有的空间维度。

3. 从“虚空生气”中推断出了虚先于气而存在的先后关系，从“虚空即气”中推断出了虚实是气的两种状态的从属关系，“虚实”与“气”的关系从先后关系到从属关系、从时间先后的生成关系到本体与现象的诠释关系的转变，推动了对世界物质性的认知，区分了气的本来义和推广义。

因此，一切客观的具体运动性的存在都是气，虚和实只是气的两种存在状态。且“气”作为表示物质存在的范畴，其中统一了存在与变化。

三、虚实与心

“心”本指人体的一个器官，当它与“物”相对时，就泛指一般意识。比如孟子所说的“是非之心”“恻隐之心”“羞恶之心”等。《灵枢 · 本神》篇说：“所以任物者谓之心，心有所忆谓之意，意之所存谓之志，因志而存变谓之思，因思而远慕谓之虑，因虑而处物谓之智”[①]。可见，意、志、思、虑、智都是心的不同表现形式。且“心者，五脏六腑之大主也，精神之所舍也”[②]，肉体之心是精神的物质基础。《淮南子》中也说：“心者，形之主也；而神者，心之宝也”，[③]说明了心是精神的生理基础。荀子说：“耳目鼻口之形态各有接而不相能也，夫是之谓天管；心居中虚以治五官，夫是之谓天

① （唐）王冰撰注，彭建中点校：《灵枢经》，辽宁科学技术出版社 1997 年版，第 9 页。
② （唐）王冰撰注，彭建中点校：《灵枢经》，辽宁科学技术出版社 1997 年版，第 45 页。
③ （汉）刘安著，（汉）许慎注，陈广忠校点：《淮南子》，上海古籍出版社 2016 年版，第 158 页。

君。"[①] 在此，荀子强调了心的主导作用，虽然五官能接触和感受万物，但对于万物的认识还必须依靠心的作用。如果没有心进行思维活动，即使有感官，也不能反映事物。《荀子·正名》说："欲不待可得，所受乎天也；求者从所可，受乎心也。……故欲过之而动不及，心止之也。"[②] 在此，荀子强调了心具有裁制情欲、主宰行动的作用。可见，荀子的"心"有认识和意志两方面的内容。

老子说："致虚极，守静笃。"[③] 他认为必须保持内心的安静，才能认识事物的真相。"虚"在此是形容心不带任何成见的状况。老子强调"虚其心""涤除玄鉴"的内心工夫，目的是为了观看到万物最后的归宿"道"。因为宇宙万物是运动变化着的，所以它的状态是"燥"。而"道"是永恒不变的，所以它的状态是静的。因此，老子讲"归根曰静"。为了体"道"、明"道"，使"心"这种意识状态同"道"的状态相一致，就需要在"静"上下功夫。在此，老子讲"虚"主要是对内而言，其内纯净无疵；讲"静"则是对外而言，其外无知无欲。可见，老子认为"虚"表示体道的状态，要消除各种主观的成见，排除各种外来的干扰，正确客观地反映事物的本质。

庄子在《人间世》中说："无听之以耳而听之以心，无听之以心而听之以气。耳止于听，心止于符。气也者，虚而待物者也。唯道集虚。虚者，心斋也。"[④] 在此，不用耳听表示不与外物接触，不受外物的干扰，不用心听表示无思无虑。在庄子看来，人们应该像空气那样空虚，空虚到忘记了自己的存在，此处所言的"气"指的是一种至"虚"的空明的精神境界，也是人不坠入世俗的心性。《庄子·天道》说："休则虚，虚则实，实则伦矣。虚则静，静则动，

① 梁启雄：《荀子简释》，中华书局 1983 年版，第 223 页。
② 梁启雄：《荀子简释》，中华书局 1983 年版，第 321 页。
③ 陈鼓应：《老子注译及评介》，中华书局 2009 年版，第 121 页。
④（清）郭庆藩撰，王孝鱼点校：《庄子集释》，中华书局 2013 年版，第 137 页。

动则得矣。”[①]“伦”即是自然之理，虚静奠定了认识自然之理的心理基础。此“虚”是“无”、是“空”，是排除了主观杂念和纷杂乱象后的实诸所无、空诸所有。但“心”要获得认识还保留“动”的趋势和活力。人的心理状态只有唯其“虚”，才能正确广博地容纳客观事物的“实”，唯其“静”才能使思维更加敏锐地活跃起来。可见，庄子的“虚静”包含了“虚”与“实”的统一，“静”与“动”的统一，更有主观的“心”与客观的“物”的统一。实际上，道家的“虚”于“心”而言应为动词，用这一动作来排除一切干扰，以获得心灵和精神都不拘泥于物的解放。于是，“虚”的含义被扩展了，成为人意识修养的准则和方法。

《管子·心术》篇提到了“静因之道”，他说：“虚其欲”[②]，“虚者，无藏也。故曰：去知则奚率求矣；无藏则奚设矣；无求无设则无虑；无虑则反复虚矣。”[③] 也就是说，人要消除个人的各种私欲杂念，人的意识不应该受到喜怒哀乐好恶之情而左右。“去欲则宣，宣则静矣”[④]，“静”和虚心联系起来表达了一种清淡的状态。“专于意，一于心，耳目端，知远之证”[⑤]，此“一”是“虚静”的产物或表现，即心意不偏不颇，保持专一。然《荀子·解蔽》篇说：“人何以知道？曰心。心何以知道？曰虚壹而静：心未尝不臧也，然而有所谓虚；心未尝不满也，然而有所谓一；心未尝不动也，然而有所谓

---

① 陈鼓应：《庄子今注今译》，中华书局 2009 年版，第 364 页。

② （唐）房玄龄注，（明）刘绩补注，刘晓艺校点：《管子》，上海古籍出版社 2015 年版，第 263 页。

③ （唐）房玄龄注，（明）刘绩补注，刘晓艺校点：《管子》，上海古籍出版社 2015 年版，第 266 页。

④ （唐）房玄龄注，（明）刘绩补注，刘晓艺校点：《管子》，上海古籍出版社 2015 年版，第 266 页。

⑤ （唐）房玄龄注，（明）刘绩补注，刘晓艺校点：《管子》，上海古籍出版社 2015 年版，第 271 页。

静。……虚壹而静，谓之大清明。”[①] 在此，荀子认为“虚心”并不一定“无藏”，“有藏”也可以做到“虚心”。因为他认为人在与外界事物相接触时必定会产生某些知觉认知，而这些感知也必然会通过记忆留存在意识当中，也就谓“有藏”。如果“虚心”是要把已有的感知完全纯粹的“无藏”，那么，知识是不能得以积累的。为此，“虚心”应当理解为，不要用已有的感知观念阻碍接受和认识新事物即可。“未得道而求道者，谓之虚一而静”[②]，没有把握事物规律并且要求探求事物规律的人应该遵循“虚一而静”的原则进行意识修养，使人的思想不被任何东西所蒙蔽。荀子在此坚持着“虚一而静”的原则，同时进一步看到了“有藏”的作用。韩非子说：“所以贵无为无思为虚者，谓其意无所制也。”[③] 也认为虚心就是意识不要受先入为主的影响，并提出了“孔窍虚”。“孔窍虚”是要求五官作为门户毫无阻碍地接受外界事物，这与老子的五官不与外物接触是相反的。他既强调了思维的作用，也肯定了感觉的作用。《经法》说：“见知之道，唯虚无有。虚无有，秋毫成之，必有刑名，刑名立，则黑白之分已。故执道者之观于天下殹，无执殹，无处殹，无为殹，无私殹。”[④] 此句对达到“唯虚无有”的境界提出了“四无”的要求，“无执”即是不固执己见；“无处”即是不先入为主；“无为”即是不受外界干扰；“无私”即是不受好恶的左右。“四无”强调了意识对外物要有虚心、冷静的态度。可见，中国古代修养论将“虚”已然看作是正确反映客观事物的主观条件，对“虚”这一动作的解释从意识的被动发展到了意识的主动，认为人的意识要达到了虚

① 梁启雄：《荀子简释》，中华书局1983年版，第294页。

② 梁启雄：《荀子简释》，中华书局1983年版，第295页。

③ （清）王先慎集解，姜俊俊校点：《韩非子》，上海古籍出版社2015年版，第154页。

④ 陈鼓应：《老黄帝四经今注今译》，商务印书馆2016年版，第10页。

心、沉静和专一的境界，意识才能正确地反映客观事物。

东晋僧肇说："万法云云，皆由心起"①，"夫圣心者，微妙无相，不可为有；用之弥勤，不可为无"，"欲言其有，无状无名；欲言其无，圣以之灵。圣以之灵，故虚不失照；无状无名，故照不失虚。"②在此，"心"的所指较之以前有了变化，不再指人的器官或意识，而是指看不见摸不着的"圣心"，由于它"无名无状"没有实体，所以不能成为"有"，但它又"圣以之灵"发挥了自己的作用，所以也不能成为"无"；并且它是通过观照和感应一切来发挥作用的，并没有因为没有实体而失去观照的作用。"万物果有其所以不有，有其所以不无。有其所以不有，故虽有而非有。有其所以不无，故虽无而非无。虽无而非无，无者不绝虚；虽有而非有，有者非真有。"③在此，"有"指的是真实性，"无"指的是虚幻性。可见，这个"心"既不是人肉体的心器，也不是人的意识，而是指先于世界、独立于人身之外的精神实体。这个精神实体才是唯一的实在，其他的一切现象都是"圣心"意识下产生的幻象。也就是说，人用肉体器官所感受到的万事万物，并不是人意识和思维活动的结果，而是"圣心"的意识创造的结果。他还说："心无者，无心于万物，万物未尝无。此得在于神静，失在于物虚。"④这表明心外根本没有任何其他的存在，万物是心的反映，客观世界是没有心内和心外之分的，皆是"心"创造出来的幻象而已。因此可见，佛教的"心"已独立于人身体之外，而"虚"只是"心"感应和创造幻象的方式而已。

---

① 转引自刘文英：《中国古代意识观念的产生和发展》，上海人民出版社 1985 年版，第 132 页。

② 转引自刘文英：《中国古代意识观念的产生和发展》，上海人民出版社 1985 年版，第 133 页。

③ 转引自张岱年：《中国古典哲学概念范畴要论》，中国社会科学出版社 1989 年版，第 76 页。

④ 转引自麻天祥：《中国的佛教》，东方出版社 2016 年版，第 147 页。

禅宗也被称为“心宗”，其所言的“无念”“无住”“无相”等都是“心”的作用，并把成佛的道路归结为“心”上的工夫。因此把“心”的作用推向极端。禅宗大师说：“心生，种种法生；心灭，种种法灭。”[①] 在此，世间万物都成了“心”的纯粹创造，它完全否定了外物的客观性，把“心”看作了空虚无体而又创造万物包容万物的本体。慧能说：“心量广大，犹如虚空。……虚空能含日月星辰、山河大地、一切草木、恶人善人、恶法善法、天堂地狱，尽在空中。世人性空，亦复如是。”[②] 强调了心的空间之大能容纳天地万物，心之虚空能融摄万有。可见，禅宗的“心”与万物的关系不再是反映与被反映的关系，而是创造与被创造的关系。

宋代张载说：“和性与知觉，有心之名”，[③]“有无一，内外合，此人心之所自来也。”[④] 在此，“有无一”指的就是“性”，性是知觉的本体，知觉是心的作用。性是先天地存在于心中的，性通过知觉而呈现出来。“有”指有形有体的客观事物；“无”指无形无体的主观意识；“内”指主体；“外”指客体。在他看来，只有客体作用于主体，内外结合，人的意识才能感受和活动。“心”的内容包括了人的意识和人的身体对外界的感知，他明显在强调主观与客观的统一。张载在《正蒙·大心篇》中还区分了“知象者心”和“存象者心”，认为“知象者心”是能够反映客观物象的有意识的心，是心意，而“存象者心”是能够储存感觉印象的作为器官的心，是心器。在此可看出，张载肯定了心器是一种客观的物质，肯定了意识对于物质的依赖关系，即“无”对“有”的依赖关系。王夫之解释说：“内心合外物以启觉，心乃生焉，……故人于所未见未闻者不能生

① （宋）赜藏主编集：《古尊宿语录》，中华书局 1994 年版，第 220 页。
② （五代）释延寿：《宗镜录》卷七十七，大正新修大藏经本，第 787 页。
③ （明）王夫之：《张子正蒙注》，中华书局 1975 年版，第 17 页。
④ （明）王夫之：《张子正蒙注》，中华书局 1975 年版，第 325 页。

其心。”[①] 在此，他强调了“心”的感性基础，同样认为心是不能离物而独存的，是主观与客观的内与外的结合统一。

朱熹说：“心之全体湛然虚明，万理具足，无一毫私欲之间；其流行该遍，贯乎动静，而妙用又无不在焉。”[②] 在他看来，“心”作为意识只是观念而非物质，是抽象的。“虚灵自是心的本体，非我所能虚也。耳目之视听，所以视听者即其心也，岂有形象。然有耳目以视听之，则犹有形象也。若心之虚灵，何尝有物！”[③] 在此，耳目虽属于物质的东西，但其所听所视则是“心”的作用。“心”是“虚灵”的，有知觉和意识的作用，非物质实体，无关于人的肉体器官。可见，他否定了“心”对物质器官的依赖关系，即否定了“无”对“有”的依赖关系。同时他也言：“道心是知觉得道理底，人心是知觉得声色臭味底。……人只有一个心，但知觉得道路底是道心，知觉得声色臭味底是人心。”[④] 在此，他把道心看作对道理的认识，把人心看作对普通事物的认识，对“心”的不同认识属性作了区分。不难看出，朱熹所说的“虚”也是抽象的非物质的本体存在。

综上所述，在“虚实”与“心”的关系中，“心”的所指在发生着变化，“虚”的所指也有所不同。当“心”表示认识和意志的统一体时，“虚”通常与“静”联系在一起表示体道的状态，既要消除各种主观的成见，又要排除各种外来的干扰，内外结合以达到正确客观地反映事物的本质目的，并逐渐发展成为人意识修养的准则和方法。虽然中国古代修养论将“虚”看作了正确反映客观事物的主观条件，但却从意识被动的“虚静”发展到了意识主动的“虚一而静”。当“心”不是心器，也不是人的意识，而是指先于世界

---

① （明）王夫之：《张子正蒙注》，中华书局 1975 年版，第 326 页。

② （宋）黎靖德编：《朱子语类》，中华书局 1986 年版，第 86 页。

③ （宋）黎靖德编：《朱子语类》，中华书局 1986 年版，第 79 页。

④ （宋）黎靖德编：《朱子语类》，中华书局 1986 年版，第 2010 页。

并独立于人身之外的精神实体时，“虚”则成了“心”感应和创造幻象的方式，在禅宗那里甚至是创造世间万物的方式。当“心”的指代包括了人的意识和人的身体对外界的感知时，“虚”佐证着“心”是抽象的非物质的本体存在。

第二节　虚实概念界定

在梳理了虚实与气、与道、与心的本体渊源之后，可以发现，“虚实”这一范畴的所指随着气、道、心概念的发展变迁而有所不同。那么，“虚”和“实”的概念应该怎样界定呢？基于中国古代本体论中的三种不同本体，笔者认为“虚”“实”的概念不能简单划一地进行界定，它应该划定如下三个边界：

一、形上层面的虚实

从虚实与道的论述中，可以知道，“道”与“无”是同一个东西的两个不同的名称，“无”是无形无限的宇宙本体，“有”是有形有限的现象世界。可见，在道本体的语境中，“无”和“有”体现了标志本体和现象、规律和事物的“道”与“器”的关系。那么，在“道”与“器”的关系中，“虚”和“实”或者说“无”和“有”分别具有怎样的特征呢？

《周易》说：“形而上者谓之道，形而下者谓之器。”[①] 孔颖达

---

① （魏）王弼注，（晋）韩康伯注，（唐）孔颖达疏：《周易注疏》，中央编译出版社 2013 年版，第 372 页。

《疏》为：

> 道是无体之名，形是有质之称。凡有从无而生，形由道而立，是先道而后形，是道在形之上，形在道之下，故自形外已上者谓之道也，自形内而下者谓之器也。形虽处道器两畔之际，形在器不在道也。既有形质，可为器用，故云“形而下谓之器”也。[①]

一个事物是形而上和形而下的统一，形是此事物得以感知和显现的载体，而“道”在形之外，“器”在形之内，无形的“道”是形而上的，有形的“器”是形而下的，而形而上是不可见的、虚无的，形而下是可见的、实有的。根据道本体的“有生于无”的观点，形而上是先于形而下存在的。

《庄子·大宗师》说道：“夫道，有情有信，无为无形；可传而不可受，可得而不可见；自本自根，未有天地，自古以固存。”[②] 说明道是自古以来就真实存在的，从存在的角度讲，道是一种“有”，说明了道的实体性；但道又是无形无象的，可以心传而不可以口授，可以心得而不可以目见。从形上的角度讲，道是一种“无”，它肯定了道的本源性。《淮南子·天文训》中关于宇宙生成观有这样的描述：“道始于虚廓，虚廓生宇宙，宇宙生气，气有涯垠，清阳者薄靡而为天，重浊者凝滞而为地。”[③] 虚廓是宇宙最初的原始，然后有空间时间，之后才产生气，气分化而成为天地。说明“道”

---

① （魏）王弼注，（晋）韩康伯注，（唐）孔颖达疏：《周易注疏》，中央编译出版社 2013 年版，第 373 页。

② 陈鼓应：《庄子今注今译》，中华书局 2009 年版，第 199 页。

③ （汉）刘安著，（汉）许慎注，陈广忠校点：《淮南子》，上海古籍出版社 2016 年版，第 54 页。

是以“无”的形态存在于万物之前的，具有绝对性、先验性，但它也是作为实体而存在的，只是“道”是以“虚无”的形式给予人感性存在。“虚廓”给予人理解万物的存在和发展是“无”为本、为始，“有”为末、为终且循环往复运行的。《老子》第四十二章讲：“道生一，一生二，二生三，三生万物。”[①] 此句从形而上的角度描述了道生成万物的过程，“道生一”就是以“无”释道，以“有”释一。“道生万物”就是用“无”“有”来说明形而上的道落实到形而下的器的活动过程。“道生一”表明道是独立无偶、混沌未分的统一体，“一生二”表明道中蕴含着形而上的“无”和“有”的两面，“二生三”表明道由无形质落向有形质，通过有无相生形成新的形体，“三生万物”表明万物都是在这种有无相生的状态中产生的。无疑，“无”是先于“有”的。

魏晋玄学将道家“有生于无”的思想发展成“以无为本”的“贵无”思想。本章第一节讨论了玄学的“无”与道家将“无”视为实体是有区别的，玄学的“无”是万物的本源，但潜藏在万物之中，是万物赖以生存的依据。何宴在其《道论》中说“有之为有，持无以生，事而为事，由无以成”，这个“有”泛指客观事物的总体，也指相对于具体自然现象的显现，而它们能成物、成事而成为“有”的原因在于“持无”和“由无”。这个“无”虽然无形无相，但对于“有”来说，则起到开物成务的功能，是万物由来的根源。王弼的“道者，无之称也”已然将“无”看作了道，将“无”看作了本体。他在《老子注》第一章中说：“凡有皆始于无，故未形无名之时，则为万物之始。及其有形有名之时，则长之、育之、亭之、毒之，为其母也。言道以无形无名始成万物，（万物）以始以成而不知其所以

① 陈鼓应：《老子注译及评介》，中华书局 2009 年版，第 225 页。

(然),玄之又玄也。"[①] 这种对老子的"无名天地之始,有名万物之母"的解释,不仅认为"无"是无形体的,万物以形成相对独立的个体"有"而开始,而且把"无"作为万物赖以存在的一种根据,看作是万物之"有"内在的东西。正因为这内在的"无"发挥各种的功用,万物得以"长、育、亭、毒",可见"无"就是万有存在生长的规律和根据,而"有"只是"无"显现的作用和表象。在此,我们看到了形而上的"无"对形而下的"有"的作用。

无论是将"道"作为一个虚的客观存在的物质性的实体的道家,还是将"道"看作是万物赖以生存的依据和原则的;无论是道家的"有生于无",还是玄学的"以无为本",都是以无形无象的"道"作为世界的最高本原,而"有"泛指一切客观存在的事物以及实际显现的现象,被看作是一切事物存在的显现方式。

宋明理学中,一直以气化的过程论道。张载在《正蒙》中说:"由气化,有道之名"[②]"运于无形谓之道,形而下者不足以言之"[③],说明无形的气就是形而上者,且形而上者是无法用语言描述的,是气散而成的"虚无"状态,而能用语言进行细述的是有形质的器,是气凝集而形成的"实有"状态。戴震说:"道犹形也,气化流行,生生不息,是故谓之道。……气化之于品物,则形而上下之分也。形乃品物之谓,非气化之谓。……形谓已成形质,形而上犹曰形以前,形而下犹曰形以后。阴阳之未成形质,是谓形叄上者也,非形而下明矣。"[④] 戴震也认为气化为道,并肯定形而上先于形而下,它们之间有先后之分,但同时也陈述了未形成形质的阴阳之气是属于形而上的道的。进一步说明了"道"在视觉上的

① (魏)王弼注,楼宇烈校释:《老子道德经校释》,中华书局 2011 年版,第 2 页。
② (明)王夫之:《张子正蒙注》,中华书局 1975 年版,第 17 页。
③ (明)王夫之:《张子正蒙注》,中华书局 1975 年版,第 52 页。
④ (清)戴震著,何文光整理:《孟子字义疏证》,中华书局 1961 年版,第 21 页。

不可见性，而“器”是属于可见的视觉范围内的，即为万物。一种以最高准则规律论道。程颐曾说：“离了阴阳更无道，所以阴阳者是道也，阴阳气也。气是形而下者，道是形而上者”，“道则自然生万物，今夫春生夏长了一番，皆是道之生，……道则自然生生不息。”[①]在此，他对道和器作了区分，认为是天地万物生成的本原，但同时道是离不开器的，道以自然的最高规律对万物发生着作用。王夫之说：“天下惟器而已矣。道者气之道，器者不可谓之道之器也。无其道则无其器，人类能言之。……无其器则无其道，人类能言之。”[②]世间所有的具体存在都是器，它是以个体的形式存在的，而道是个体存在所表现出来的规律，它是依附于器的，没有器的个体存在就没有道的规律的显现。从这种意义上来说，道器关系可以看作是总体与个体的关系。他又说：“形而上者非无形之谓。既有形矣，有形而后有形而上。无形之上，亘古今，通万变。”形的作用被肯定，他认为有形质的“器”之后才有形质内部的规律“道”，肯定了形是形而上的基础，从这种意义上来讲，道器关系可以看作是一般与特殊的关系。因此道是形而上的，由气而成的器是形而下的。

综上所述，形上层面的“虚”表现为“道”，是本体，即形而上者，无形而表现于有形的抽象的规律，是超越一切相对的绝对；“实”则表现为“器”，是现象，即形而下者，是一切客观存在的事物以及实际显现的现象，被看作是一切事物存在的显现方式。

---

① 转引自张岱年：《中国古典哲学概念范畴要论》，中国社会科学出版社 1989 年版，第 71 页。

② （明）王夫之：《周易内传 · 周易大象解 · 周易稗疏 · 周易外传》，岳麓书社 2011 年版，第 1027 页。

二、构成层面的虚实

“虚”和“实”是气的两种存在状态，“虚”不仅具有内在的运动性，还具有空间的维度。可见，在气本体的语境中，“虚实”包含了物理、空间等多个方面内容，还体现了宇宙生成的过程和呈现状态。那么，从宇宙生成的角度分析，“虚”和“实”又分别具有怎样的特征呢？

（一）构成层面的虚

《广雅·释诂三》所释的“虚”本为空无之义。这个“空无”有物质构成层面“无”的含义。《易经》中说“九三，生虚邑。象曰：‘升虚邑，无所疑也。’”[①] 此“虚”也在说明一种物质存在的虚空状态。《管子·心术上》中说“虚者万物之始也”[②]。这个“虚”从宇宙生成论的角度理解，应该也是物质性的“无”的意思，即任何物质都不存在。《庄子·知北游》中说：“若是者，外不观乎宇宙，内不知乎太初，是以不过乎昆仑，不游乎太虚。”[③] 此处的“虚”指广漠的空间，在构成层面有了空间的要素。

在物质构成层面论及“虚”，不可回避地要回到气论当中。“气”是“形”的基础，是生命之源，但气本身并非生命，而是生命的一个重要组成部分。生命应该是由“气”和“形”组成的，并因为“气”的运动变化而使生命得以生生不息的。“气”

① （魏）王弼注，（晋）韩康伯注，（唐）孔颖达疏：《周易注疏》，中央编译出版社2013年版，第254页。

② （唐）房玄龄注，（明）刘绩补注，刘晓艺校点：《管子》，上海古籍出版社2015年版，第269页。

③ 陈鼓应：《庄子今注今译》，中华书局2009年版，第620页。

是无形的存在，它贯通于有形有质事物的内外，它也是运动变化着的，也就是说，"气"的物质性存在是"虚"的。《黄帝内经》中所述的"精"或"精气"在说明"气"是人的生命的物质基础，人体的各种器官和经络组织最初也是由精气变化而成的。《素问·金匮真言论》中说："夫精者，身之本也。"① 在此所言的"本"可以理解为"精气"，不仅直接产生了人的生命，而且还是维护生命生成的最重要的物质，虽然它是无形的不可见的物质。在《内经》一书中还有"血气""神气"的概念，虽然其物质范围不一样，但实质上都是一种存在于人体生命内的特有的气体，人的生命终结，肉体消亡，精气也随着随之消灭。在此，生命是一个完整的整体，"精气"以"虚"的存在方式成为生命的一个主要的物质性构成部分。王充在《论衡》中说道："形须气而成，气须形而知。天下无独燃之火，世间安得有无独知之精。"② 说明精气虽然精微细致不可见，本身也没有知觉的特性，但却在形体的五脏六腑之中产生精神的作用。可以推出精气是根本离不开人的形质的。这就说明了物质构成层面中"虚无"是需要通过"实有"而得以显现的。葛洪在《抱朴子内篇》中说："有者，无之宫也；形者，神之宅也。"③ 以"形"为"有"，以"神"为"无"，说明生命以形神为条件，以有无为统一。这种对等关系显然也是建立在物质构成层面上的。

可见，构成层面的"虚"所具有的特征是不可见、不可触及但却可被感知的物质性的存在。

---

① 杨永杰、龚树全主编：《黄帝内经》，线装书局 2009 年版，第 9 页。

② （汉）王充撰，陈蒲清点校：《论衡》，岳麓书社 1991 年版，第 323 页。

③ （东晋）葛洪撰，王明校释：《抱朴子内篇校释》，中华书局 1980 年版，第 99 页。

（二）构成层面的实

《周易·系辞上传》中说："见乃谓之象，形乃谓之器。"[①] 此"象"与"器"都是可见的物质性"实有"的一种呈现方式。孔颖达《疏》为："'形乃谓之器'者，体质成器，是谓器物。"[②] 此"体"即为"实"。崔憬《周易探玄》说：

> 凡天地万物皆有形，就形质之中，有体有用。体者即形质也，用者即形质上之妙用，则是体为形之下谓之为器也。假令天地圆盖方轸为体为器，以万物资始资生为用为道，动物以形躯为体为器，以灵识为用为道，植物以枝干为器为体，以生性为道为用。[③]

体、器即为实，指的是实际存在的形质。这里体现"实有"的词汇为：象、体质、形质、器、物。

《易传》说："在天成象，在地成形"[④]，将象与形对举，说明象是属于天的，而"见乃谓之象"说明象仅是视觉的对象，不具有触觉的特征。于是就有了与之相关的气象、天象和现象等表现可见而不可触特征的词汇。张载曾说："凡可状，皆有也；凡有，皆象也；凡象，皆气也。"[⑤] 说明象是气的表现，换句话说，象就是客观存在

---

① （魏）王弼注，（晋）韩康伯注，（唐）孔颖达疏：《周易注疏》，中央编译出版社 2013 年版，第 367 页。

② （魏）王弼注，（晋）韩康伯注，（唐）孔颖达疏：《周易注疏》，中央编译出版社 2013 年版，第 369 页。

③ （唐）李鼎祚：《周易集解》，中华书局 2016 年版，第 169 页。

④ （魏）王弼注，（晋）韩康伯注，（唐）孔颖达疏：《周易注疏》，中央编译出版社 2013 年版，第 338 页。

⑤ （明）王夫之：《张子正蒙注》，中华书局 1975 年版，第 320 页。

的物质现象。

"张载《正蒙》中所谓体，主要有三项含义，一指本性，二指形体，三指事物的部分或方面。"[①] 构成层面的体应该具有形体和事物的综合，应该理解为现代科学意义上的物体的质量。质本身有三个方面的含义：一是实际内容；二是定形的物体；三是事物的本性或属性。体质就是物体的具体存在即为物质实体，更多的是被作为一个定形的整体看待，而且更看重内在的材料或素材。形质是天地万物实际存在的外在显现的形式、形象。在某种意义上，形质是依附在体质上的，它是体的外在面貌，比如物体颜色、大小、形状等方面的综合。形质不仅可以成为视觉的对象，还可以成为触觉的对象。

"见乃谓之象，形乃谓之器"，器与象对举说明了器有固定的形质，它比形质更加深入地确定了物体的属性为固体。《庄子·达生》篇中说："凡有貌象声色者，皆物也，物与物何以相远？夫奚足以至乎先？是形色而已。"[②] 说明物具有貌象声色多方面的属性，是具体的实物，也是个体的实物。

可见，构成层面的"实"所具有的特征是可见、但不一定可触及的稳定的物质性存在。

三、心理层面的虚实

"心"的所指不同，"虚实"的所指也有所不同，反映了主体意识和客体实体、道德意识和物质世界之间的关系，也就是心与物的关系。在心本体的语境中，"虚"或体现"心"是抽象的非物质的

① 张岱年：《中国古典哲学概念范畴要论》，中国社会科学出版社 1989 年版，第 65 页。

② 陈鼓应：《庄子今注今译》，中华书局 2009 年版，第 503 页。

本体存在，或体现“心”体道的状态。那么，在心与物的关系中，“虚”和“实”又分别具有怎样的特征呢？

《老子》第三章说：“是以圣人之治，虚其心，实其腹，弱其志，强其骨。”① 在此，“虚”与“心”意指心灵宁静与清静到了极致，完全没有忧虑与私欲；“实”与“腹”意指食欲的扩张和生活的安饱。虚其心所以受道，实其腹所以为我，那么此“虚”则更多指的是人自身的一种心理状态。老子的“虚静”说更是表明“虚”是心消除各种干扰下的一种内心状态。庄子的“虚室生白”“夫视有若无，虚室者也”“观察万有，悉皆空寂，故能虚其心室，乃照真源，而智惠明白，随用而生”② 等言论，表明“虚”在心的意识或思维中是涤除杂念和成见的虚怀若谷，是空灵博大的自由空间。

庄子将“心”和“形”并举。《齐物论》说：“形固可使如槁木，而心固可使如死灰乎？今之隐机者，非昔之隐机者也。”③ 虽然心在内而形在外，心为主而形为从，但心作用的程度是大于形的。《大宗师》说：“且彼有骇形而无损心，有旦宅而无耗精。”④ 表明人的形体发生了变化，但心神并没有损伤，有躯体的转化但没有精神的消亡。说明了形的有限性和心的无限性。于是，为了体道，追求心灵的无限性，“堕肢体，黜聪明，离形去知，同于大通，此为坐忘”⑤，“坐忘”就是全忘，依靠淡化、克制去忘掉来自外界的干扰，从而突破形的有限性，在不知不觉中忘我而达到体道的状态。“坐忘”侧重于离形，不仅否认了人的认识活动，还排除了人的生理欲求。“心斋”一说更表明心是一个纯素空灵的空间，是一种绝思绝

---

① 陈鼓应：《老子注译及评介》，中华书局 1999 年版，第 67 页。

② （清）郭庆藩撰，王孝鱼点校：《庄子集释》，中华书局 2013 年版，第 140 页。

③ 陈鼓应：《庄子今注今译》，中华书局 2009 年版，第 39 页。

④ 陈鼓应：《庄子今注今译》，中华书局 2009 年版，第 218 页。

⑤ 陈鼓应：《庄子今注今译》，中华书局 2009 年版，第 226 页。

虑、无物无欲的精神状态，它侧重于去知，否定了“心”的理性认识和逻辑思维。而“唯道集虚”更表明“虚”是以主体运作排除偏执的一种心理状态，它是运动着的，它不追求向外的知识和经验的积累，而是强调向内的自我体验和感受。因此，人的躯体及其躯体所显现的可见的现象是实的，而人心灵活动的状态或人意识修养的准则和方法是虚的。

《荀子·解蔽篇》说：“人何以知道？曰：心。心何以知？曰：虚一而静……志也者，藏也；然后有所谓虚，不以所已藏害所将受谓之虚”[①]。此“虚一而静”的“虚”就是不让太多现存的、人云亦云的知识、规范、利害、技巧等去妨碍即将接受的新知识，要用否定的方式排除已知认识，使自己的头脑有自己独立运思的空间；“一”即专一，相对于心能同时兼知多种事物而言，“一”就是不要两物互相妨碍以影响人的认识。“静”则要求心的专注以进行正常的认识活动。“虚一而静”强调了一种认知的途径，只有通过这种途径，人才能保持娴静的、心平气和的状态，排除物欲引起的思虑之纷扰，也才能掌握自然与社会的规律，从而达到认识的最高境界。

佛教的“心”是独立于人身体之外，而“虚”只是“心”感应和创造幻象的方式而已。而禅宗的“心”与万物的关系不再是反映与被反映的关系，而是创造与被创造的关系。其“以心为法”“一切唯心”，认为客观世界是唯心所现的，把“心”作为起灭天地的主宰，把本来微小的心当作广大的、根本的自然界天地的根源。慧能说：“摩诃是大。心量广大。犹如虚空。无有边畔。……尽同虚空。世人妙性本空。无有一法可得。自性真空。亦复如是。”[②] 因为

① 梁启雄：《荀子简释》，中华书局 1983 年版，第 294 页。

② （唐）慧能撰，郭朋校释：《坛经校释》，中华书局 1983 年版，第 49 页。

世上的一切事物的无常和虚幻，心要达到一种完全平静安详的精神境界，就需要用“虚”的观照方式将心从外物的纷乱纠缠的束缚中解脱出来。般若学说认为诸法皆空，以空为真，也就是世界上一切的事物都具有“空”这一属性，否定了世俗世界的真实性，而“空”即是“虚”，一切有相都是虚妄，于是要舍弃对一切有相的执着回归无相，而无相就是无欲无求无我无物的虚空的心灵状态。

宋明理学把道心看作对道理的认识，把人心看作对普通事物的认识，对“心”的不同认识属性作了区分。朱熹认为“心则兼动静而言，或指体，或之用，随人所看。”[①] 指出了就“用”而言，“心”是无形的且无限量的，是抽象的非物质的本体存在。在他的很多论述中常用“虚”来说明“心”的特点。王守仁则认为人的自我“心”是唯一的存在，它有无限的创造力和活动力。他以自我的主观意识“心”为体，以“物”为用，构建了精神与物质、思维与存在的关系。他说:“物者，事也。凡意之所发，必有其事，意所在之事，谓之物。”[②] 在此，其“物”不光具有物理的性质，即具有客观价值的事物，还具有心理的性质，即“心”的显现和派生物，包括道德伦理行为。以“心”为本体的理学认为意识之“心”是可以超越物质实体的。他还提出了“格物致知”说,“格物”就是“格心之物”,“故格物者，格其心之物也，格其意之物也，格其知之物也。”[③] 表明“格物”就是端正人的行为或意念，因为人有贪欲和私心，意之所发有善有恶，由于他认为客观事物是“心”所生，因此，他所说的“格物”就是格“心”或“意”中之物。可见“格物”是在“心斋坐忘”的基础上加入了道德修养。“致知”就是对本体“心”的自我认识，就是回复到与生俱来良知的“心”。“格物致知”显示了

① （宋）黎靖德编:《朱子语类》，中华书局 1986 年版，第 1513 页。
② 转引自张立文:《宋明理学研究》，中国人民大学出版社 1985 年版，第 544 页。
③ 转引自张立文:《宋明理学研究》，中国人民大学出版社 1985 年版，第 568 页。

自我意识的自我认识，强调了“心”是一种意识能力和主体精神，对“物”有决定和创造的作用。

可见，心理层面的“虚”是作为意识之“心”的一种空明的运动着的状态；心理层面的“实”是作为意识之“心”所观照和反映出来的一切客观世界的事物和现象。

第三节　虚实关系解读

不同层面的虚与实，所指各不相同，也会导致虚实关系相异。因此，对不同的虚实关系进行哲学解读很有必要。可以从三个层面的虚实特征中推演出三种虚实关系。

一、形上与形下的先后关系

形上层面的“虚”“实”特征：“虚”是形而上者，无形而表现于有形的抽象的规律，是超越一切相对的绝对；“实”是形而下者，是一切客观存在的事物以及实际显现的现象，被看作是一切事物存在的显现方式。那么它们之间的关系是怎样的呢？

作为本体的“道”是以“无”的形态存在于万物之前的，具有绝对性、超越性，且“道”是以“虚无”的形式给予人感性的存在。老子的“道生一，一生二，二生三，三生万物”就是用“无”“有”来说明形而上的“道”落实到形而下的“器”的活动过程，且“无”是先于“有”的。“形而上者谓之道，形而下者谓之器”说明了一个具有生命的事物是由形而上和形而下两部分组成的，形而上是不可见的、虚无的，形而下是可见的、实有的。根据道本体的“有生于无”的观点，形而上与形而下是有先后之分的，且形而上是先于形而下的。魏晋玄学“贵无”的思想也是以“无”是万物的本源，但此“无”是潜藏在万物之中，是万物赖以生存的依据，起到开物成务的作用，也就是形而上的“无”是作用于形而下的“有”的。

宋明理学家不仅关注对世界本原的探讨，也重视对形而上问题的探讨。理学家均发挥了关于“形而上者谓之道，形而下者谓之器”的思想，把精神与物质、思维与存在看作是形而上与形而下的问题。形而上的“太虚”“道”“理”是第一性的，形而下的“气”“阴阳”“器”是第二性的。二程所言的“有理则有气”说明了“理”在先，“气”在后，也就是本体性的“道”是先于物质性的“气”的，且是分而不离的相互依存的。戴震的“形而上犹曰形以前，形而下犹曰形以后”肯定了形而上的道先于形而下的器的，它们之间是有先后之分的。朱熹的观点表明了理是在自然现象或社会现象之上的一个最根本的本体，物是“理”的体现和表象，是“理”借“气”派生出来的。朱熹说：“衣食动作只是物；物之理乃道也”[①]，在此，他区分了“物”和“理”，物的属性被界定，就是一切客观存在的事物以及实际显现的现象。而道的属性就是促使事物变化的终极原因“理”。“天地之间，有理有气。理也者，形而上之道也，生物之本也；气也者，形而下之器也，生物之具也。”[②] 他更确定了生物之本的“理”是形而上的，生物之具的“器”是形而下的，天地万物是由形而上的“理”和形而下的“器”组成的。他又说：“理未尝离乎气。然理形而上者，气形而下者，自形而上下言，岂无先后？”[③] 在此，他再次表明理是在自然现象或社会现象之上的一个最根本的本体，事物的“理”成为具体事物之前而存在的东西，且又派生具体的事

① （宋）黎靖德编：《朱子语类》，中华书局 1986 年版，第 1496 页。

② 转引自张立文：《宋明理学研究》，中国人民大学出版社 1985 年版，第 87 页。

③ （宋）黎靖德编：《朱子语类》，中华书局 1986 年版，第 2 页。

物；“理”是天地的主宰，具有独立于自然界之上的性质，因此“理”和“道”为形而上，为先；“气”和“器”为形而下，为后。在此，朱熹明确了形而上和形而下的先后之分，且认为形而上先于形而下，并作用于形而下。陆九渊和王守仁以“心”为形而上，看作为宇宙的最高的本体，说：“自形而上者言之谓之道，自形而下者言之谓之器。天地亦是器”，[①]“满心而发，充塞宇宙，无非此理”[②]，“心之所为，犹之能生之物”[③]，此言显然也是认为“心”是形而上的，“心”发而充塞宇宙说明“心”具有主宰的性质，且能生就万物。因此，形而上的“心”是先于形而下的“器”的。

形而上和形而下的道器关系，在某种程度上对应着体用关系。“体”即为本体，也是事物的根本原则，是对内的本质；“用”即为物质实体，能够发挥功效的器物，是对外的可见的现象。《庄子·天下》有言：“以本为精，以物为粗”，其中将“本”与“物”对举，说明虚无的无形的道为本体，而粗杂的有形的事物为效用。那只有道的先存才能导致物的效用。《坛经》说：“无者，离二相诸尘劳；真如是念之体，念是真如之用。”[④] 虽然，佛教的形而上的本体不是“道”，是心之精神，但是它还是有无形的形而上者的，真如就是佛教所说的最高实体，并非物质性的存在。于是，第一性的是体，在先后顺序上为先，第二性的是用，在先后顺序上为后。理学程颐说：“理无形也，故假象以显义”，“理”本身无形体，它借“象”来显现自身，又说“至微者理也，至著者象也。体用一源，显微无间”[⑤]，显然，他是以深微的理为体，以显著的象为用。朱熹也说：

① （宋）陆九渊著，钟哲点校：《陆九渊集》，中华书局1980年版，第476页。
② （宋）陆九渊著，钟哲点校：《陆九渊集》，中华书局1980年版，第423页。
③ （宋）陆九渊著，钟哲点校：《陆九渊集》，中华书局1980年版，第228页。
④ （唐）慧能著，郭朋校释：《坛经校释》，中华书局1983年版，第40页。
⑤ （宋）程颢、程颐：《二程集》，中华书局1981年版，第689页。

“理者，天之体；命者，理之用。”① 肯定无形的抽象的规律的“理”是宇宙本体，显然是形而上的，而作为一切事物存在的显现方式的“命”是“理”的规律所发生的作用，是“理”派生出来的现象，显然是形而下的。两者相比较而言，形而上的“理”在先，形而下的“命”在后。王夫之说：“道，体乎物之中以生天下之用者也。”② 也就是各种形质的具体的器物都只是作为本体的道的可显现的物质性存在。突出了体用的相互依赖关系，只有作为本体的道才能生成具体实用的器，而只有具体实用的器才能体现本体的道。从“以生天下之用”的角度可看出“道”是先存在的，之后才有了“用”。显然，形而上的“道”是先于形而下的“用”的。又说：“乾坤有体则必生用，用而还成其体。”说明作为世界的最高本体衍生出了万物及万物成其为自身的功用，而万物及万物成其为自身的功用也在显现本体的存在。在此，形而上的“体”是先于形而下的“用”的。

综上可知，形上层面的虚实关系体现的是本体与现象的关系，即形而上与形而下的先后关系。

二、相生与互补的平行关系

构成层面的“虚”“实”概念：“虚”是不可见、不可触及但却可被感知的物质性的存在；“实”是可见、但不一定可触及的稳定的物质性存在。那么它们之间的关系是怎样的呢？

朱熹说：“曰有，曰无，两端是也。虚实也，动静也，阴阳也，形器也，道器也，……尽天下古今皆二也。两者无不交，则无不二

① （宋）黎靖德编：《朱子语类》，中华书局 1986 年版，第 75 页。

② （明）王夫之：《周易内传·周易大象解·周易稗疏·周易外传》，岳麓书社 2011 年版，第 821 页。

而一者。”[1]说明事物是有两面的，有无是事物两端根本的起点，也是相互对立的两个面，但相互对立的有无相互结合却产生了一个统一体。《老子》第四十章说：“天下万物生于有，有生于无。”[2]“有”指的是现象界的具体存在物，也就是“实”；“无”指的是实存性的不可见的“道”，也就是“虚”。在道家哲学中，“道”作为先于一切存在物的存在，它的显现在经验的意义上可以理解为具体存在物的生成。《老子》第五章说：“天地之间，其犹橐龠乎！虚而不屈，动而愈出。”[3]天地就像风箱是一个虚空的状态，但这种虚空并不是绝对的虚无，虚空中因为充满了物质性的并且不会穷竭的气，当它发动起来发生作用的时候就有了万物的生生不息，这个在虚空中的运动便成了产生万有的根源。《老子》第十一章说：“三十幅共一毂，埏埴以为器，当其无，有器之用；凿户牖以为室，当其无，有室之用。故有之以为利，无知以为用。”[4]说明任何事物不能只有“无”而没有“有”，不能只有“实”而没有“虚”。“无”和“有”是事物能够发挥作用的两个方面，如果只有其一，事物不仅失去了作用，也失去了它所以为其物的本质。这里的“有”“无”谈的就是经验层面的具体之物的虚实问题。实用必依乎虚无而存在，而虚无也必由于实有而显现，虚无与实有相反而相成。重要的是，老子发现并重视虚无在器物中的作用，而常人往往只看到物的有形的一面，而忽视物的无形的一面。老子还言“有无相生，难易相成，长短相形，高下相盈，音声相和，前后相随”[5]，此句的“有无”同“有之以为利，无知以为用”的“有”“无”同义，都是就现象界事物

---

① （明）方以智：《东西均》，中华书局1962年版，第17页。

② 陈鼓应：《老子注译及评介》，中华书局2009年版，第217页。

③ 陈鼓应：《老子注译及评介》，中华书局2009年版，第74页。

④ 陈鼓应：《老子注译及评介》，中华书局2009年版，第100页。

⑤ 陈鼓应：《老子注译及评介》，中华书局2009年版，第60页。

的存在和不存在而言。说明一切事物在相反的关系中显现相成的作用，它们相互对立而又相互依赖且相互补充。老子的“有无相生”看到了一切现象和事物都是在相反对立的状态下形成和发生作用的，它们之间相反相成的作用是推动事物变化发展的力量。因此，从现象和事物构成的角度，“无有”或“虚实”成了一体的两个面。在认识现象和事物时，不仅要观看到它的可见的“实有”的一面，还要关注它的不可见的“虚无”的对立面。只有两方面都兼顾，才能对现象和事物作全盘的了解。同时，因为“虚”的不可见属性，在认识现象和事物时应更加关注“虚无”在事物功能方面所显示的作用。因此，天地万物的构成都是“虚无”与“实有”的统一，也因为“虚无”和“实用”的对立而产生作用，就如房屋之所以能住人置物，是因为房屋中间和门窗是空的。需要强调的是，构成层面的“虚实”都应该理解为物质实体，在经验的意义上是实际存在的。只是“虚无”是不可见的无形的不定性的实体存在，“实有”是可见的有形的定性的实体存在。

庄子《知北游》说：“夫昭昭胜于冥冥，有伦生于无形，精神生于道，形本生于精，而万物以形相生，故九窍者胎生，八窍者卵生。……自本观之，生者，喑醷物也。”[①] 此段从构成的角度讲有以下三层意思：（1）“精神”和“道”都是无形的，且先于有形的“物”，“精神生于道”指明了“道”是“精神”的根源，“形本生于精”则指明了精神又是物质的根源，说明了“虚无”相对于“实用”的先存性和重要性；（2）多样性的“万物”是以其具体的形态生衍呈现的，说明了“实用”在存在形式上的丰富性；（3）《注》《疏》皆以“聚气貌”解释“喑醷”，说明“生者”是一切有生命现象的存在物，表明了宇宙生命现象对“物”的依存。

① （清）郭庆藩撰，王孝鱼点校：《庄子集释》，中华书局2013年版，第654页。

那么，“生”与“物”之间的依存关系又是怎样的呢？庄子在《达生》中做了解释：“养形必先之以物，物有余而形不养者有之矣；有生必先无离形，形不离而生亡者有之矣。”[①]“形”和养“形”的“物”是可触可摸的具体存在，“凡有貌象声色者，皆物也”[②]，可见“形”和“物”都是指形而下的、具体可感的、极其多样的物质性存在，可视为“有”。而“生”则是存于形质之内的无形的生命活力和精神，即可视为“无”。从“物”到“形”之养皆是生命的物质基础，是“生”所不可脱离的存在，但对“生”的运营不只在“以物养形”，还在于“心”的养。庄子在《在宥》中就提出了“心养”一说：“意！心养。如徒处无为，而物自化。堕尔形体，吐尔聪明，伦与物忘；大同乎涬溟，解心释神，莫然无魂。”[③]“心养”是人作为一种生命体特有的维护“生”的方式，是身心两忘、坐忘任独、物我双遣、无为而自化的过程。由此可窥出：“生”是脱离不了“物”的，但“生”的维护仅靠养形的“物”是不够的。换句话说，即是“虚无”的呈现是离不开“有”的，但“实有”的所给只是“虚无”的所现的一部分；“无”的所现的另一部分在于有意识的人，在于人心。在此，进一步说明了事物的物质性和实体性，任何事物都是“虚无”和“实有”的统一体。而且人在全面了解现象和事物时要重视“虚无”的存在。

构成层面的虚实关系落实到具体的事物之中即是唯物主义的形神关系。荀子说：“形具而神生，好恶、喜怒、哀乐臧焉。”[④]说明先有人的物质性形体，之后产生人的精神意识“神”。这种物质第一性、意识第二性的思想说明了“有”的重要性。范缜在《神灭论》

① （清）郭庆藩撰，王孝鱼点校：《庄子集释》，中华书局2013年版，第560页。
② （清）郭庆藩撰，王孝鱼点校：《庄子集释》，中华书局2013年版，第563页。
③ （清）郭庆藩撰，王孝鱼点校：《庄子集释》，中华书局2013年版，第354页。
④ （战国）荀况著，张觉校注：《荀子校注》，岳麓书社2006年版，第203页。

中谈道："神即形也，形即神也。是以形存则神存，形谢则神灭。"[①]说明不可见的精神离不开可见的肉体，可见的肉体也离不开不可见的精神。此二者显然都不能孤立地存在。作为人生命的整体，此二者组成了一个既有区别又无法相离的统一体。形无疑是客观存在的物质性的"实有"，而"神"是不可见的物质性气的"虚无"，在构成层面具有一种不可分割的内在联系，相互作用而呈现人不同的面貌。

综上可知，构成层面的虚实概念是就宇宙的构成或具体事物的构成而言的，其"有无相生"推演出虚实具有一种相生与互补的平行关系。"实"以一定的形态被人所视所利用，"虚"是"实"间隙的所在，不可视却能被感知。但"实"是因为一定形式的"虚"才产生了作用，就比如音乐的声音是从虚空中发出来的，没有了"虚"，便不会有音乐的产生。于是，由"实"产生"虚"，有"虚"的存在"实"才具有价值和效用。"虚"不但作为具体存在物的依据使"实"成为可能，而且作为一个必不可少的构成要素，与"实"相互依存，共同构成了整个宇宙或个别具体事物的"整体"。

因此，物质构成层面的虚实关系即是虚实相生，是一种相生与互补的平行关系。

三、客观与主观的递进关系

心理层面的"虚""实"概念："虚"是作为意识之"心"的一种空明的运动着的状态；"实"是作为意识之"心"所观照和反映出来的一切客观世界的事物和现象。那么它们之间的关系是怎样的呢？

---

① 《天论》《神灭论》注释组注释：《〈天论〉〈神灭论〉注释》，甘肃人民出版社 1976 年版，第 52 页。

“道”无论从道体还是本体上来说都是虚无的，作为一个有待把握的对象，只对人才有意义。因此，“道”的显现实质上是对人或人的心灵而言的。之前讨论的老子的“虚静”、庄子的“心斋坐忘”，都是作为主体的人，其心的意识或思维涤除杂念，突破形的有限性，在不知不觉中忘我而达到与物合一的境界的一种方法。老子认为人虽禀虚无之德而生，但生成之后就有了一定的形质。因为形质有知有欲而与德相悖，所以人要“致虚静，守静笃”“虚其心”，把心知的作用解除掉回归于无知。“心”在此作为实体的属性在减少，作为个人感知世界的方式的属性在增加。于是，客观世界反映于“心”之后，会进入一个主观的消解状态，这种消解是将人从“欲”中解脱出来，回到生命之所以自来的状态。庄子说：“虚无恬淡，乃合天德。”① 可见，回到生命之所以本来的状态就是回到虚无恬淡的境界，只不过这个境界已然是不可见的精神世界。于是，道家就合理地从宇宙落实到了人生，即在形体之中保持道的精神状态，达到一种理想的人生境界。张载说：“大其心则能体天下之物。物有未体，则心为有外。世人之心，止于闻见之狭。圣人尽性，不以见闻梏其心。其视天下无一物非我。孟子谓尽心则知性知天以此。天大无外，故有外之心不足以合天心。见闻之知，乃物交而知，非德性所知。不萌于见闻。”② 此句，以物为外，主客两分，物交而知即主客二者的外在结合，唯有破除或超越这种心与物的对立，才能达到万物与我为一体的体道的境界。

那“心”以何种方式或手段破除心与物的对立而进入“虚静”的状态呢？庄子说：“胞有重阆，心有天游。室无空虚，则妇姑勃豀；心无天游，则六凿相攘，大林丘山之善于人也，亦神者不

① 陈鼓应：《庄子今注今译》，中华书局 2009 年版，第 428 页。

② （明）王夫之：《张子正蒙注》，中华书局 1975 年版，第 121 页。

胜。”[①] 说明心要游于广漠的自由空间，在自然中扩展心胸从世俗形骸的捆绑中解脱出来，从而保持本性的真。庄子的“游心于淡，合气于漠”[②] 陈述了一种无成见、无欲望、无好恶时的心理状态。此心经过主观的处理，超以象外，对一切与心相接之物都无所系恋，淡然处之，保持一种无思无虑的状态。“游心”的“游”生动地形容了心的自由自在的活动，它这一动作解除了心的禁锢，让心不挟带欲望和成见随性伸展。其“独与天地精神往来而不敖倪于万物”[③] 将客观的道内化为了人生境界，将客观的精、神也内化为了心的主观活动。而这种内化是通过“游心”而达到的。“游”的主体是“心”，此“心”应是摆脱束缚已进入自然本性状态的心。“游”的这一动作可以说明：（1）“游”是人心的意识和思维的运动，它是动态的，且有无限的创造力和想象力；（2）“游”这一动作是主体主动地去实践的，是主观性的感知和观照；（3）“游”是个体意识的一种探索，是生命个体的一种融入，是自在自得的一份惬意。因此，“游”的本质是自由，这种自由是一种精神性的感受和追求，它从发生到结束的整个过程是不可见的，是虚拟的，是一种精神领域里的活跃，所以它是虚空的、但又实际存在的现象，它强调感应性，感应于对切身体验、可感的具体事物，于是，“至虚之实，实而不固；至静之动，动而不穷。实而不固，则一而散；动而无穷，则往且来。”[④]“游”穿梭于有形和无形之间，突破了“有”与“无”的界限，以动态的活动方式实现了由外向内、由实向虚、由形向神的个体生命体验和认识的深化。

---

① 陈鼓应：《庄子今注今译》，中华书局 2009 年版，第 767 页。
② 陈鼓应：《庄子今注今译》，中华书局 2009 年版，第 135 页。
③ 陈鼓应：《庄子今注今译》，中华书局 2009 年版，第 939 页。
④ （明）王夫之：《张子正蒙注》，中华书局 1975 年版，第 328 页。

庄子说“游心乎德之和”[①]“吾游于物之初”[②]“知游心于无穷”[③]，可见，游心即是个体通过与天地相通而还原到天地初始的状态，回到最初始的物我不分的状态，由此而获得更大或无限的空间。主体的认识和体悟最终回到了自身，这种从客观到主观的递进过程表现出的是一种对宇宙本体状态的直观和一种与万物一体的觉悟。这种“游”不求任何外在的功利，随心所欲地归复宇宙人生的真相，因此它于个体而言就有了无限的可能性，这种无限的可能性随带出了个体体认和观照的差异，这些差异仿佛是通往一个目的地的千万条路，殊途而同归。“游”这一动作从开始到结束是有过程性和时间性的，过程中自然会有对象和时间的变化，时间中会有处境和感知的变化。这些变化应该是主观自我意识的无限对客观世界的有限所进行的改造，目的是为了实现物我两忘，达到天人合一的境界，因此，“游”具有超越性。因为时空的限制、认识的限制、环境的限制等束缚主体的因素，所以人才要努力地在心中去超越这些局限，追求更为广阔的天地。可见，“游”是有过程性和时间性的自由的活动和运作，它是个体性的、主观的。同时，它意味着思维空间的扩大和精神境界的提升，是主观对客观的超越。

禅宗常用“道游”“至游”“默游”“智游”“禅游”等词汇，它们都是在自在佛性的前提下，从不同侧面揭示“游”的超越性内涵和特征，通过游心默运、返照自身、参禅悟道的方式实现对禅境的体验和领悟。“游戏三昧”也就是要求超越现实的物质和精神的束缚，在感性平常的生活中实现心灵的自由。因为只有在游戏的状态中，才能自由无碍，不失定意，从而彻见本源，达到超脱自在的境界。这些都说明了“游”在心灵方面是主体参悟宇宙的意义、探索

① 陈鼓应:《庄子今注今译》，中华书局2009年版，第160页。
② 陈鼓应:《庄子今注今译》，中华书局2009年版，第576页。
③ 陈鼓应:《庄子今注今译》，中华书局2009年版，第722页。

自由的精神、追求禅悟的过程，呈现了生命活动与人性完满的实现过程。

于是，心理层面的虚实概念推演出虚实通过“游”这一动作具有一种客观与主观的递进关系。这种递进关系具有超越性和虚拟性，是自我对体观局限及现实的超越，是对“游心”过程及所达境界的虚拟。这种递进关系也显现出人心灵自身的“虚无化”，以及对身体欲望、感官经验等日常情感的否定。

综上，心理层面的虚实关系应体现的是客体与主体的关系，即客观与主观的递进关系。

第二章　虚实问题与园林艺术的关联

哲学中的虚实问题与园林有关联吗？如果有，又是怎样的关联呢？

中国园林，无论是秦汉苑囿中的瀛海仙山，还是中唐以后的“壶中天地”，实际上是在实现中国人自古以来所形成的宇宙观。尽管南方园林中的小桥流水不同于北方园林的苍岩深壑；尽管在同一园林，“松鹤斋”的澹泊敬诚迥异于“采菱渡”的澹泊宛曲，然而，人们不难在空间中体会到某种共通的意趣以及园林与自然相融合而形成的意境。因此，中国园林中看似最普通的事物都与深邃的哲学之间有着千丝万缕的联系。可以说，园林在内容和形式上都是艺术化的宇宙观。最初的秦汉宫苑不论是在亘延百里的园林规模上，还是在法天象地的园林格局上，或是在包蕴山海的内容要素上，无不反映着将天地万物包纳其中的广大的宇宙空间特点。随着物质条件、园林手段的不断提高，中唐之后的园林开始确立“壶中天地”的园林格局。虽然园林的规模在缩小，但“天人之际”宇宙观的空间原则并没有改变。相反，要在狭小的园林范围内表现出无限深广的空间，并将天地万物含在其中就成了一个必须解决的问题。于是，园林艺术就出现了虚实问题。它成了园林更自觉的要求，也成了一切园林艺术技巧赖以发展的基础。可以这样说，虚实问题之所以能介入园林美学中，其根本原因是为了营造一种小中见大的园林意趣，是为了在“壶中”和“芥子”的有限天地间实现无限广大的宇宙观。

中国园林的设计者诞生于中国士大夫阶层之中，而士大夫的人格价值已经上升到与宇宙、道义同体的高度。道家的“无为”、玄学的“顺自然”、理学的“道心”无不把包括人性在内的万物之性上升到了宇宙本体的高度。士大夫将对心灵深处和谐的追求等同于对广大宇宙和谐的追求，把人性的充盈、人格的完善建立在人性与宇宙统一的基础之上。反过来，和谐永恒的宇宙状态不仅建立在园林景物与人之感受相契合的结合点上，还更深地根植于中国士大夫阶层的心性之中。因此，心灵的和谐、园林的和谐、宇宙的和谐融贯如一，体现了天地人的和谐存在和圆满统一。那么，士大夫完善的人格如何显现在园林之中呢？就是将形上层面和心理层面的虚实落实到构成层面的虚实当中，通过园林景观营造园林意境，从而实现园林审美。士大夫在设计园林和欣赏园林时，就把对园林景观和对自己人格修养的品赏融为一体，可以这样说，虚实问题之所以能介入园林美学中，其重要原因是为了士大夫人格与心性能对园林意境进行深化，是为了满足士大夫人性的升华得以在园林审美中实现，是为了在人与自然的融合中呈现宇宙与心灵深处的淡泊无间。

第一节　园林虚实问题的历史

虚实问题进入园林美学中的一个根本原因是为了营造一种小中

见大的园林意趣，是为了在有限天地间实现无限广大的宇宙观。从“笼盖宇宙”到“壶中天地”，从“小”到“大”，其规模和尺度在发生改变，其空间观也在发生改变，其根本是为了在物质构成上落实人生理想。作为“实”的空间的内涵，园林中有物有象。作为“虚”的空间的内核，园林被赋予了虚灵无限的精神内涵。下面追溯一下虚实问题在园林美学中的缘起。

一、园林虚实问题的提出

中国最早的造园活动大约开始于殷商时期，最初的形式是“囿”，就是供帝王贵族进行游乐狩猎的一种园林形式。通常选定一定范围构筑界垣，让草木鸟兽自然滋长。其中，灵台，象征着高山；灵泽，象征着大海；灵囿，象征着滋养万物的大地。“天子百里”的建园规模，体现着“普天之下莫非王土”的帝王气度。秦代，“囿”演变成了“苑”，大一统帝国下的皇家宫苑更加巨大无比，开始把一些自然山体和水体纳入苑囿之中，展现了以“大”为美的审美理想和社会风尚。汉承秦制，侈大宏丽的风格继续，以星象位置来认定宇宙模式和秩序的方法延续，城市和园林建筑都具有“象天法地”的模式，并出现了人工山水体系。

（一）两汉偏于拟形的园林

汉代，崇尚自然无为的道家思想和占有正统地位的汉代儒学相互补充，其意识形态影响了包括园林在内的文化艺术的各个方面。董仲舒创立了以天道、阴阳之说，阐述了奉天、正道一同的思想理论，认为天是宇宙间的最高主宰，人为天所设。“董氏的天，是与人相互影响的，天人居于平等的地位”[①]，他认为人的内在的精神意识也是与天相同的。他的“天人感应”更是认为人的思想情感和各种自然现象之间有一种同类相通、互动的关系，不同的自然现象必然引起与之相应的不同的思想情感。因此，汉代宫苑仍以体象天地作为设计原则。班固在《西都赋》中就曾这样描述上林苑：“其宫室也，体象乎天地，经纬乎阴阳，据坤灵之正位，仿太紫之圆方。”[②] 说明仿天象是将“天”看作是在空间上趋于无限，又尊卑分明井然有序的物体，它已经不是作为一个客体被看待，而是作为与人相通的模式被模仿。上林苑的空间艺术构架，正是视天为主宰，以天之广阔来组构的，并将宇宙间万事万物纳入总体艺术构架之中，组成气势磅礴的审美整体，通过突出的视觉效果来增强空间感。而这个突出的视觉形象就是通过“一水三山”的营造手法实现的。“一水”指的是一个大的水体，它来自灵泽这一前身。“三山”指的是水体环绕的三座山体，分别象征着蓬莱、方丈和瀛洲这三座仙山，它来自灵台这一前身。需要强调的是，“一水三山”的人工山水使得水和山的空间关系变得复杂化，突破了一水环一山、一池环一台的简单的空间对应关系，整合了之前由诸多实体高台分割了的虚空间，开拓了园林的整体虚空间。山环水绕创造了许多“虚实相生”的虚空间，在这个内部空间的布置上衍生出了无数可能性，为园林形式的丰富和发展提供了空间条件。

汉以前因为山岳崇拜以及有关昆仑的神话，筑土高台在所有景观中占据着主导地位，水体则相对次要一些。而到了汉代，蓬莱神话取代了昆仑神话，其在园林中帮助确立了水体的地位。而且，董

① 徐复观:《两汉思想史》，华东师范大学出版社 2001 年版，第 245 页。
② （梁）萧统编，（唐）李善注:《文选》，中华书局 1977 年版，第 22 页。

仲舒把水的自然特点与儒家抽象的道德概念结合起来进行阐发[①]，完美的人格借水性充分表现出来。水所代表着浩瀚无垠的海，较之高大耸立的山更能表现宇宙的无限，与天形成呼应关系。因此，模仿海中三山的契机奠定了中国园林中水体的中心地位。两汉园林完整的主水体往往与附水体相互呼应，改变了之前质实威重的审美风格，水体的低势、水态的丰富、水面的透明开放了园林的整个虚空间，它与其他实体景物的穿插与搭配造就了高低错落、起伏有致的园林韵律。而且以水为纽带的景观组合方式取代了之前以道路和廊为纽带的景观组合方式，一种流畅、柔美、空灵、充满线性变化的景观组合方式渗透和映衬出人与天合、内圣外王的人生理想和情感寄托。

上林苑和袁广汉的私园都说明：偏于拟形的两汉园林，无论是皇家宫苑还是私家园林，都以广大的天地宇宙模式及宇宙万物为模仿对象，园林开始成为中国人宇宙观感性显现的一种方式，具有了容纳万有、象天法地的宇宙象征功能，且一水三山的园林结构得以确立。园林建筑的整体格局以“六合”营造及天界秩序为模仿对象，主次分明，宏大多样。园林中的植物景观比之间丰富，但主要还是以自然生成，作为动物的活动场所和生理需求而存在。园林中的动物如以前一样是为君主狩猎而备用的。也就是说，动植物景观更多只是园林造景的手段，具有一种儒家的比德象征功能，还未变成独立的审美意象。可见，两汉偏于拟形的园林虽有天人合一、君子比德、神仙思想的影响，但它还仅仅是大自然的客观写照。本于自然

① 董仲舒在《山川颂》中说：“水则源泉混混沄沄，昼夜不歇，既似力者；盈科而后进，既似持平者；循微赴下，不遗小间，既似察者；循溪谷不迷，或奏万里而必至，既似知者；鄣防山而能清净，既似知命者；不清而入，洁清而出，既似善化者；赴千仞之壑，入而不疑，既似勇者；物既困于火，而水独胜之，既似武者；咸得之生，失之而死，既似有德者。”

却未必高于自然。而且，宏大的规模导致了筑台登高、极目环眺的远视距观景方式，园林总体规划还比较粗放。

（二）六朝至隋唐走向“寓神”的园林

魏晋时期自然山水之美的发现，为士人的生活开辟了新的道路。东晋的王康琚提出了“小隐隐陵薮，大隐隐朝市”的两种隐居方式。“小隐”是隐居于山林，与自然山水融为一体。“大隐”是在朝市而无利禄之心。中唐白居易将“大隐”观生发成了以仕求隐的“中隐”隐逸观。这种出入于仕隐之间、进退自如的处世哲学和生活方式，成了士人园林的精神主轴。身居庙堂的士大夫们为了解决仕隐之间的对立，开始着力于营造“第二自然”园林。于是出现了民间造园成风、名士爱园成癖的情况。

徐复观在《中国艺术精神》一书中说道:“在魏晋之前，山水与人的情绪相融，不一定是出于以山水为美地对象，也不一定是为了满足美地要求。但到魏晋时代，则主要是以山水为美地对象；追寻山水，主要是为了满足追寻者的美地要求。”① 这句“以山水为美地对象”说明自然山水在观赏者的眼中呈现为一种独立的审美意象。为什么魏晋开始以山水为独立的审美意象了呢?

魏晋开始，大一统的天下局面发生了改变，社会意识和文化心理结构也发生了变化。儒家经学被主要思想来源于老庄的玄学所取代。而老庄所倡导的主要内容之中就有隐逸哲学，比如《庄子》中说:“就薮泽，处闲旷，钓鱼闲处，无为而已矣。此江海之士，避世之士，闲暇者之所好也”②，“故贤者伏处大山嵁岩之下”③。这种伏

① 徐复观:《中国艺术精神》，春风文艺出版社 1987 年版，第 197 页。

② 陈鼓应:《庄子今注今译》，中华书局 2009 年版，第 423 页。

③ 陈鼓应:《庄子今注今译》，中华书局 2009 年版，第 299 页。

处山林、避世薮泽的思想无非是想要暂时摆脱名教礼制的束缚，企图通过归复自然以求得洁身自好。魏晋士人多不满于现实政治和名教礼制，不免对隐逸寄予憧憬，尤其崇尚那些远离尘世而栖息山林的隐士。其中就有阮籍、嵇康、陶渊明这样的名士，终始不仕为隐或辞官为隐。这样的隐逸风尚带动了向往自然山水风景的情怀，从而在一定程度上推动了士人们普遍寄情山水的社会风尚。玄学对于老庄的“无为而治，崇尚自然”的再认识，促使士人开始在远离人事扰攘的自然环境中寻找自然而然的无为状态，以达到人格的自我完善。于是，在这种时代思潮主导下形成的游山玩水之风衍生出了对自然山水的审美。它摆脱了儒家“君子比德”的伦理功利，以一个生活环境和审美对象的本来面貌出现在了人们面前。对大自然的审美鉴赏出现在了大量名士的诗作之中，如陶渊明的《归园田居》《归去来辞》等。人们发掘自然、感知自然、在与自然的协调中倾诉纯真的情感，反过来，山水风景也陶冶了士人的性情。《世说新语》中说：“嵇叔夜也为人也，岩岩若孤松之独立；其醉也，傀俄若玉山之将崩。”[①] 此时，士人改变了比德观，从用山水结合直接变成用自然物直接品评。陆机主张“诗赋欲丽”、顾恺之主张“以形写神”、郭象主张“名教即自然”，这些都说明伦理、功利的态度开始被审美的态度所取代，士人开始对人和自然都采取纯审美的态度。顾恺之的《画云台山记》、宗炳的《画山水序》、王微的《叙画》都表现了他们对自然美的独特见解。“融其神思”“神之所畅”[②] 的提出表征着人们对于自然的审美上的自觉。士人开始将自然美当作人物美和艺术美的范本，这也成为园林审美的基础性原因。宗白华就曾

① （南朝宋）刘义庆编，朱碧莲、沈海波译注：《世说新语》，中华书局 2011 年版，第 599 页。

② （南北朝）宗炳、王微著，陈传席译解：《画山水序・叙画》，人民美术出版社 1985 年版，第 9 页。

经说："晋人向外发现了自然，向内发现了自己的深情。山水虚灵化了，也情致化了。"[1] 可见，受玄学影响而形成的求真、求美、重情性、重自然的社会风气，引导形成了士人超功利的审美态度。追求自然的本真、追求内心的逍遥适性，从"目寓"到"神游"，都体现了自然之道。

山水园林已不同于两汉园林，它不再是供帝王和贵族狩猎所用，而是供园主们欣赏山水风景所用。先以西晋大官僚石崇的金谷园为例。石崇在《金谷诗序》中写道："有别庐在河南县金谷涧中，去城十里。或高或下，有清泉茂林、众果、竹柏、药草之属。金田十倾，羊二百口，鸡猪鹅鸭之类，莫不必备。又有水碓、鱼池、土窟，其为娱目欢心之物必备矣。"[2] 我们大约可以知道，金谷园是一座临河的、地形有起伏的天然水景园，从水碓、鱼池、土窟、金田等也可以推断它是一座园林式的庄园。这样，人工山水的加入使得金谷园的功能性增加，既可游赏又可生产和生活，其主体内容多为士大夫们享乐生活的各种活动。在这座园林中，不难发现以山水、植物等自然实体为主导而构建的园林景观体系已经确立。园林建造的目的也只是为了"娱目欢心"而已。穷奢极欲的石崇通过模仿自然山水的金谷园表现了士大夫玩世不恭的享乐兴趣。再以唐白居易的履道里园为例。白居易在《池上篇并序》中写道：

> 里之胜，在西北隅。……地方十七亩，屋室三之一，水五之一，竹九之一，而岛树桥道间之。……乐天罢杭州刺史时，得天竺石一、华亭鹤二，以归；始作西平桥，开环池路。罢苏州刺史时，得太湖石、白莲、折腰菱、青板

---

① 宗白华：《艺境》，商务印书馆 2014 年版，第 157 页。

② （晋）石崇：《金谷诗序》，载陈从周、蒋启霆选编，赵厚均注释：《园综》下，同济大学出版社 2011 年版，第 161 页。

舫，以归；又作中高桥，通三岛径。……每至池风春，池月秋，水香莲开之旦，露清鹤唳之夕，拂杨石，举陈酒，援崔琴，弹姜《秋思》，颓然自适，不知其他。酒酣琴罢，又命乐童登中岛亭，合奏《霓裳散序》，声随风飘，或凝或散，悠扬于竹烟波月之际者久之；曲未竟，而乐天陶然石上矣。睡起偶咏，非诗非赋，阿龟握笔，因题石间。①

履道里园面积不大，选址在洛阳的西北角，但园林内部却进行了精心的规划，诸如山、石、池、泉、溪、岛屿、桥、船、亭、榭、堂、轩、花木等所有园林景观几乎无一不备。文字对园林的造景元素如天竺石、华亭鹤、太湖石、白莲、折腰菱、青板舫等来历和功用的描绘，只说明此园“简而不陋”的品格和园林在有限空间里的鲜活。而且园主在园中的一系列活动说明了私人园林所具有的聚会功能，而活动的内容如诗、书、琴、酒等更说明了世人园林对风雅的诉求。我们不能发现白居易对石的喜爱，石的怪、丑都意味着对形式标准的审美超越，白居易意图保持石的本真境界，赋予石以艺术生命。履道里园通过对乡间林野尽可能真切的模仿而表现出士大夫将自己融入其中的意趣。无论是以贵族、官僚为代表的外向型山野园林，还是以文人名士为代表的内向型市郊园林；无论是崇尚享乐、争奇斗富的审美倾向，还是表现隐逸、追求山林泉石之怡情畅情的审美倾向，它们都已从再现自然进入了表现自然，从单纯地模拟进入了概括、提炼和抽象化的阶段，在本于自然又高于自然的创造中更加注重追求内心的逍遥适性和虚无恬淡。当然，清新雅致的名士园林比豪华绮丽的官僚园林更受到社会的称道，并居于主

① （唐）白居易:《池上篇并序》，载陈从周、蒋启霆选编，赵厚均注释:《园综》下，同济大学出版社 2011 年版，第 162 页。

导地位。

六朝至隋唐期间，士人园林规模和艺术手法的改变更多的是在尊重自然美的基础上，对自然美进行深度的挖掘，园林中的自然山水已不再是纯然的客观因素，同时也承载了文人主观的精神和情感。士人凭借他们对自然美的高度鉴赏力直接参与了园林的规划，在其中融进他们对人生哲理的体验和对宦海浮沉的感怀。士流园林也开始趋向小型化和诗意化。北周的庾信在《小园赋》中写道："若夫一枝之上，巢父的安巢之所；一壶之中，壶公有容身之地。"[①]在狭小的空间里远害避世、安身立命，但也要在有限的空间里需求到栖息心灵的淡泊意境。盛唐以后，意境论开始全面发展，禅宗关于通过直觉和顿悟以求得精神解脱、达到绝对自由的人生境界的理论，使意境论更趋成熟，它开始帮助士人寻求立足于心性之中的自然。王昌龄曾说："神之于心，处身于境，视境于心，莹然掌中，然后用思，了然境象，故得形似。"[②]在营心构象时，把握物象的内在精神，从功能的角度进行传达才能巧得其妙。神似高度体现了自然之道有主体内在精神的统一。于是，"壶中天地"的境界就开始成了士人园林最普遍、最基本的艺术追求。小中见大的空间处理方式开始了实践之旅。要在有限的景象中感知无限的审美经验就回避不了空间的问题，园林空间中的"虚与实""少与多""空与现"等关系的处理直接影响园林清新雅致的格调，于是，按照人的视觉心理活动特点进行园林空间的布置对于小园林就显得尤为重要。而白居易的庐山草堂、杜甫的成都草堂、唐绛守居园池等都是园林空间处理的典范之作。融诗化意境于山水别墅始于王维的辋川别业，其

① （北周）庾信：《小园赋》，载陈从周、蒋启霆选编，赵厚均注释：《园综》下，同济大学出版社 2011 年版，第 222 页。

② （唐）王昌龄：《诗格》，载张伯伟撰：《全唐五代诗格汇考》，江苏古籍出版社 2002 年版，第 172 页。

在辋川诗中所提到的寒山、深林、云彩、鸟语、溪流、青苔等园林构成要素无不是超逸缥缈的自然意象，由此构成了若有若无、刹那生灭的境象，表现出对自然的深层禅意的观照和与禅宗“识心见性、自成佛道”思想的吻合。园林的景点题名中，也已经出现具有深刻思想内涵的题名，如白居易在杭州刺史衙门园林中的“虚白堂”“忘荃亭”以及司空图的“休休亭”，也出现了以植物为构景主题的“采莲桥”“香亭”“槐亭”等。

因此，走向“寓神”的六朝至隋唐的园林，在园林创作技巧和手法的运用上，较两汉不仅有所提高而且进入一定境界。比如：对石头的鉴赏有了质的飞跃，园林植物的配置已经注意了诗文意境，在品题中凸显园林意境等。其私家园林创作融入了儒、道、禅的影响，强调突出园林景物的主体性格，着意局部的精心处理。由于诗人、画家对园林的参与，园林出现了将诗、画、情趣赋予景物的趋势，应该说，诗画的情趣已经形成，意境的含蕴还在萌芽的状态。儒家的现实生活情趣、道家的少私寡欲、禅宗的依靠自性寻求解脱，综合成了虚无恬淡、闲适保和的“中隐”思想，也成了士人园林的主流。

二、园林虚实问题的展开

从宋代开始，中国园林的创作手法向写意转化，这得益于从南宋开始的文人画写意风格的影响。写意的审美观因为文人参与造园而浸润了园林创作特别是文人园林的创作中，再加上“须弥纳芥子”“小中见大”等美学观念的影响，写意式园林的兴起成了必然。而且，苏轼的“仕隐”将中国的隐逸之风推到了极致，更加促成了中国园林走向成熟。

（一）写意与虚实

北宋时期，北方山水画派在强调“师法造化”的基础上继续“中得心源”的传统，对景造意，融入个人情感。南方画家发展了泼墨山水，创作倾向开始由客观向主观转变，使“意”的概念成为山水画最为重要的因素。欧阳修就说：“萧条淡泊，此难画之意，画者得之，览者未必识也。故飞走迟速，意近之物易见，而闲和严静，趣远之难形。”[①] 文人画家以萧条淡泊、荒寒简远为山水画的最高境界。南宋时期，山水画重视意境创造和感情抒发，画法简练，同时兴起的水墨花鸟画，也强调传情达意，抒发主观情感。宋代的诗词和绘画中有相当一部分是以园林为题材的。当这些文人参与园林设计的时候，就会不自觉地将文人画的画理介入其中，也会将诗画意趣介入其中，更会将意境的创造作为造园的标准。也因为宋代重文轻武，士流园林进一步文人化。文人在理学的教导下，突出“心性”对于万物的作用，将内心的观照寄寓到山水中，于是，在造园中越发地注重内心写意的成分。同时，宋代士大夫的生活情趣和审美情趣普遍高雅化。他们以深远闲淡为意，欣赏出水芙蓉而厌弃错彩镂金。他们的生活内容由诗、歌、词、赋、琴、棋、书、画、茶、古玩组成，他们的生活方式由填词、吟诗、绘画、弹琴、弈棋、斗茶、置园、赏玩组成，他们的心态是禅意的、情韵的，他们对待艺术对象的态度是清赏的、体验的。因此，当文人将绘画的笔墨换成山水花草，营造多维空间的立体画时，简远平淡的写意格调就自然生成了。

到了元代，在钱选“士气说”理论和赵孟頫“以书入画”思想的引导下，“元四家”的绘画实践确立了文人画的主流地位。山水

① （北宋）欧阳修：《试笔》，载周积寅编著：《中国画论辑要》，江苏美术出版社2005年版，第254页。

画继承北宋文人画并且更重意境和主观意兴的抒发，突出笔情墨趣，重视书法趣味，并开始在绘画中讲究落款题诗，用朱红印章配合和补充画面。于是，把绘画、诗文和书法融为一体成了此时中国绘画的特点。"元四家"之一的倪瓒淡泊名利、孤高自许，他的山水画笔墨松秀简淡，书法和提拔精美无比。他一生不愿为官，散巨款广造园林，筑清閟阁、云林草堂、朱阳馆、萧闲馆等。当他投入这些园林的设计时，心境澄明、一无俗尘的人格精神必然与其同构，园林便具有文学意味、抒情功能和文化色彩，高雅的书卷气使园林步入了"文之极"的境界。

明朝，吴门画派继承宋元画的传统而成为当时画坛的主流。绘画继续讲究诗书画的有机结合，虽然在观念上没有更新，但却使文人画的地位得到了进一步的巩固。文人参与造园的现象也比过去更为普遍。吴门画家文徵明栖游于园，寄情于园，咏园、记园、画园，还亲自设计自己的园林停云馆，藻饰苏州名园徐墨川紫芝园，手绘甚多园林如《独乐园图》《高人名园图轴》等。他的作品里含有丰富的园林审美体验和园林审美思想，集中反映了园林艺术与绘画以及诗文书法诸艺的亲缘关系。

清代，董棨在《养素居画学钩深》中言："画贵有神韵、有气魄，皆从虚灵中来，若专于实处求力，虽不少规矩，而未知入画之妙。"① 说明中国画创作有意识地高度重视"虚"，并合理控制处理"实"。笪重光在《画筌》中言："空本难图，实景清而空间现；神无可绘，真境逼而神境生。位置相戾，有画处多属赘疣；虚实相生，无画处皆成妙境。"② 不仅说明意境的创造表现应是真境和

① （清）董棨：《养素居画学钩深》，载周积寅编著：《中国画论辑要》，江苏美术出版社 2005 年版，第 245 页。

② （清）笪重光：《画筌》，载周积寅编著：《中国画论辑要》，江苏美术出版社 2005 年版，第 262 页。

神境的统一，而且意境的欣赏表现为实的形象和虚的联想的统一，且虚实相生的关系被点明。“山实，虚之以烟霭；山虚，实之以亭台”[①]，则表明画面的虚与实是相对的，而非绝对的。王翚也注意到了艺术境界里的虚空要素，更加肯定虚的作用，说“人但知有画处是画，不知无画处皆画。画之空处全局所关。即虚实相生法，人多不着眼。空妙处在通幅皆灵，故云妙境也。”[②]方士庶则强调了游心于虚的审美体验和化虚为实的绘画创作方法，他说：“山川草木，造化自然，此实境也。因心造境，以手运心，此虚境也。虚而为实，是在笔墨有无间，故古人笔墨具此山苍树秀，水活石润，于天地之外，别构一种灵寄。”[③]秦祖永就画面的虚实布置曾言：“章法位置总要灵气往来，不可窒塞，大约左虚右实，右虚左实，布景一定之法，至变化错综，各随人心得耳。”[④]以上所有的关于虚实的绘画理论都直接影响了园林的营造。而同期朱耷、石涛、扬州八怪等人的写意山水画已不同于吴门恬适闲雅的意趣，完全赋予物象以强烈的个人情感，直抒激荡不平的心情。绘画中人的主体地位的发现和挖掘，带动了造园中更加重视园主在园林建设与思想中的中心地位，表现了文人更为自由的艺术观念和审美理想。书画家米万钟在北京就建有三座宅园：湛园、漫园和勺园，其中勺园最负盛名。因为文人群体的参与，此时的园林已发展成为表现文人情怀，集山池、建筑、园艺、雕刻、书法、绘画等多种艺术的综合体。

① （清）笪重光：《画筌》，载周积寅编著：《中国画论辑要》，江苏美术出版社 2005 年版，第 410 页。

② 周积寅编著：《中国画论辑要》，江苏美术出版社 2005 年版，第 262 页。

③ （清）方士庶：《天慵庵笔记》，载周积寅编著：《中国画论辑要》，江苏美术出版社 2005 年版，第 263 页。

④ （清）秦祖永：《桐阴画诀》，载周积寅编著：《中国画论辑要》，江苏美术出版社 2005 年版，第 412 页。

（二）写意园林

随着山水园林的成熟，在唐代园林已出现的写意式空间意识基础上，文人园林借物抒情，通过题材或题名这种写意特质的外在表现，并且在“即物穷理”、构建“天人之际”的理学宇宙体系思想的影响下，以小见大的壶中观念基本确立，文人写意园开始出现。

写意式园林以山石写意。园林的叠石造山一直是造园的主要内容，构建富有林壑气象的山体也是文人寄寓隐逸之志的主要方法。以宋徽宗所营万寿山艮岳和倪瓒所营的狮子林为写意园林叠山的代表。园林的叠石造山由以往的全景山水缩移模拟的写实与写意相结合的创作手法，转化为以写意为主。明末造园家张南垣所倡导的叠山流派，就截取大山一角而让人联想到山的整体形象，即“平岗小坂”“陵阜陂陀”的作法，此作法是写意山水园的意匠典型。它以“一峰则太华千寻”的写意手法，用一座厅山、几块石峰象征名山巨岳，如南宋宫苑用一峰石象征飞来峰，和园用小山象征蓬莱，网师园用数根石峰象征庐山五老峰等。造园者除了让园山具有自然山体的基本特征外，还要为整座园林创造一种趋向自然野致的意态和趣味。土石构建的园山，有的如上海豫园的黄石假山，叠峰造谷，在有限的空间里塑造具有自然意态的山体；有的如苏州惠荫园的小林屋，少逼真的模拟，多审美的意趣；有的如耦园书斋“织帘老屋”周边的假山，与主体连在一起营造山居环境，表达“幽人不出门，岚翠环廊庑”的理想境界。原为临济宗禅寺的苏州狮子林，主景假山创造的就是“净土无为、佛家禅地”的意境。《园冶》总结道：“或有嘉树，稍点玲珑石块；不然，墙中嵌埋壁岩，或顶植卉木垂萝，似有深境也。”[①] 可见，写意园林用几片山石和数枝植物结合的写意手

---

① （明）计成著，陈植注释：《园冶注释》，中国建筑工业出版社 1981 年版，第 201 页。

法表现了寄有文人情致的深境。

写意式园林以水写意。两汉的“一水三山”的模式就确立了水体的主体地位，在“壶中天地”这有限的水体中表现文人的江湖之志也是写意园林的重要内容。写意园林的水体丰富，有池沼、溪涧、泉源、渊潭等，象征着自然界的江湖和泉瀑，也象征着社会江湖，是对自然作抒情写意的艺术再现。儒家的“智者乐水”推动了园林中对水进行写意的趋势。然而，园水与文人向往的江湖还是存在很大差别，因此，对园水的审美需要依靠造园者的写意和想象才能实现。比如，沧浪亭园外的一湾曲水，水明天淡，喻以“隔绝尘嚣”之意，耦园东花园的深潭临下，喻以“深山濠濮”之兴等。因为水流动的特质，写意式园林也注重创造自然之趣。如挖池听雨、赏水中倒影、观游鱼、听瀑声等。望月、听瀑、观鱼等关于水景的行为也是为了衬出文人心中的“静”，静以养性修身，为了涤荡心灵的污垢，反映出一种高旷怀抱的心境。虽然在体量上园水与江湖相差甚远，但造园者通过与周围环境的配置以及题额对景观旨趣的揭示等造园手法，使水景能表达出个体情感，比如“受月池”“濠上观”“浴鸥”等。文徵明有诗言道：“埋盆作小池，便有江湖适”①，可见，写意园林用水创造象外之境，直抒情怀。

写意式园林以题额写意。写意式园林与自然山水园林的不同在于诗、画、文学、书法的融入。景题、匾额、对联在园林中的普遍使用，使意境的传达直接借助于文字、语言，通过状写、寄情、言志、象征等方式而增加了体验的信息量，只言片语、一联一对即将园林景观与个体对人生和宇宙的理解融为一体，园林意境的蕴藉变得更为深远。比如，三径、沧浪、不二、澄观、抱瓮、蹈和等这样的题额就蕴含着儒道释三教思想，往往成为某种思想的文化符号；

① （明）文徵明著，周道振辑校：《文徵明集》，上海古籍出版社 2014 年版，第 19 页。

狮子林的“真趣亭”，悟得山林真正意趣之亭。喻指忘却计较或巧诈之心，自由恬淡与世无争，陶然忘机，方能悟出山林真趣；网师园的“濯缨水阁”，喻指用清水洗涤干净世俗的尘埃，表达清高自守之志。留园有一屏对曰：“餐胜如归，寄心清尚；聆音俞漠，托契孤游”，“寄心清尚”“托契孤游”取自东晋陶渊明的《扇上画赞》，“聆音俞漠”取自陶渊明的《自祭文》。此对联以眼前景色入题，因景色的秀色可餐，有如归家中的感觉，于是激起了寄托清洁高尚的情致于自然的想法；因倾听自然界天籁之音，感到环境的寂静宁馨，于是想到志同道合的隐逸群体。全联寄寓了文人寄心自然、啸傲山林、清高闲雅、企羡隐逸的情趣。题额对于园林景观的升华除了藻绘点染外，还通过寄情寓意、托物言志而实现。

可见，写意式园林之“写意”，是为了表达文人的“林泉之志”。尚雅黜俗的文人在世俗生活中主动寻找和实践着对“意”的解释，并将写意式山水园林作为独立的人格、精神和情趣的载体。写意式山水园林较自然山水园林，除了有实用和审美的共同功能外，还具有寄托情性、抚慰心灵的功能。它们大多都有主题，或如耦园般的守拙归园，或如听枫园般陶融自然、与风月与侣，或如一亩园般的知足常乐、容膝自安，或如怡园般的怡亲娱老。应该说写意式山水园林已“进技于道”，是人的性灵的传达。虽然在园林中具体的写意手法千差万别，但通过园林景观激发人的心理活动，通过艺术想象而突破园林景观在空间中的局限是相同的。写意式园林的特点是通过园林景观“意”的呈现把园林审美引入造园者心仪所向的境界。

综上所述，对园林虚实问题历史的分析，可以说明园林的虚实问题首先是构成层面上的，具体表现在园林空间的布置上；其次是形上层面上的，具体表现在园林意境的营造上；最后是心理层面上的，具体表现在园林的审美体验上。

第二节　园林中的虚实观念

把哲学中对虚实概念的界定落实到园林这一具体的艺术形式当中，划分清楚园林中的“虚”“实”概念与其他艺术形式的“虚”“实”概念的边界，清楚园林中的“虚”和“实”各自具体的所指。

一、何谓园林中的实

哲学中“实”的概念是可见、但不一定可触及的稳定的物质性存在；是形而下者，是一切客观存在的事物以及实际显现的现象；是作为意识之“心”所观照和反映出来的一切客观世界的事物和现象。鉴于哲学中“实”概念里强调的“可见”“客观”“物质性”，首先来分析园林中的“实”概念，它包括园林的实体和园林的实空间。

（一）园林的实体

一说到园林的实体，很多人第一时间想到园林的各种具体的构景要素：山水、建筑、植物、桥、塔、墙等。这说明园林的实体是园林中存在的任一物质性的事物，其客观的存在造就了园林的视觉欣赏性，成为实现园林可游、可居、可望的直接载体。实体在园林中不可置疑地承担着一定的功能，这也是园林客观存在的实体和界画中描绘的实体的最根本的区别。

1. 实体的视觉可视性

从魏晋开始，自然山水作为独立的审美对象进入了园林中，这个审美对象是因为自身所具有的视觉形式性而被欣赏的。这个视觉形式包括事物的形状、大小、颜色、质感等一切物理性属性，它是自然之象的呈现。

园林设计中面对的第一个实体就是地形，山、水、平地的布局奠定了园林景观环境的基本轮廓。地形就相当于绘画中的纸，《园冶》说：“凡结林园，无分村郭，地偏为胜，开林择剪蓬蒿”[①]，“园基不拘方向，地势自有高低；涉门成趣，得景随形，或傍山林，欲通河沼”[②]，一个被塑造了的山水地形，就是自然美和人工美相统一的艺术形象。园林里自然山体在视觉上是大的，或硬朗或俊秀，“园林惟山林最胜，有高有凹，有曲有深，有峻有悬，有平而坦，

图 2—1　苏州网师园月到风来亭

① （明）计成著，陈植注释：《园冶注释》，中国建筑工业出版社 1981 年版，第 44 页。

② （明）计成著，陈植注释：《园冶注释》，中国建筑工业出版社 1981 年版，第 49 页。

自成天然之趣”，[1] 山体的视觉形式的丰富性增加了园林的可赏性，决定了整个园林的总体基调。园林里人工营造的山为“假山”，它不同于由大自然地壳运动所造山体的千岩万壑，是由土山和石山造成的，土和石既有不同的视觉质感，石也有不同的品质和形态，《园冶》和《长物志》中对石的形态和皴法就作过详细的说明。“取巧不但玲珑，只宜单点；求坚还从古朴，堪用层堆。须先选质无纹，俟后依皴合掇；多纹恐损，无窍当悬”[2]，石不仅本身有各种姿态的差别，通过堆垒方式的不同又可呈现不同的视觉形式。掇山较置石更为复杂多变，仿佛在作画，山峰的位置、高度，山脉的走向、转合，山脚的进退、收放，点石的轻重、聚散，驳岸的曲折、顿挫等都是所掇之山的视觉属性，它们都是实体山的物质性边界。园水利用水的流动性把水源做成流泉、飞瀑等景观。泉是地下涌出的水，自下而上；瀑是断崖跌落的水，自上而下，其方向性和由此引发的气势上的差别在视觉上是很明显的。泉源一般都做成了石窦之类的景观，瀑布有线状、帘状、分流、跌落等形式，溪涧则是泉瀑之水从山间流出的一种动态的水景，且多弯曲，以自然石岸为伴。园水形式还有池塘、湖泊等，池塘形式简单，平面方整，湖泊则广阔而集中，往往岸线曲折，通过透视产生流域广阔、极目不尽的视觉效果。湖中用桥梁或汀步连接，增加了视觉的空间变化和景深层次。从园林的发展来看，山和水的自然形式美感是最早被发现和挖掘的。

园林中除了山水以外，体块面积比较大的就是建筑了。因为它形式的多样性，在园林布局中可独立成景，比如：厅、堂、斋、馆、室、楼、阁、亭、轩、廊、榭、舫等。《园冶》中说：“前添敞

① （明）计成著，陈植注释：《园冶注释》，中国建筑工业出版社 1981 年版，第 51 页。
② （明）计成著，陈植注释：《园冶注释》，中国建筑工业出版社 1981 年版，第 214 页。

卷，后进余轩；必有重椽，须支草架；高低依制，作业分为。当檐最碍两厢，庭除恐窄；落步但加重庑，阶砌犹深升拱不让雕鸾，门枕胡为镂鼓。时遵雅朴，古摘端方。画彩虽佳，木色加之青绿；雕镂易俗，花空嵌以仙禽。”[①] 从对于屋宇结构的描述中，可知道建筑式样本身因为人的创造力而变得纷繁琳琅，光建筑屋顶的结构就有硬山、悬山、庑殿、歇山、卷棚、攒尖、盝顶等诸多类型，它的反曲、伸展、起翘、收缩等都表现出或简朴、或素雅、或华丽的形式美。亭、廊、台、榭是园林中最常见的景观建筑。以亭为例，亭多用木构瓦顶，也有木构草顶，也有石材或竹材的，这是可见的质感上的差别；北方的亭一般屋角起翘低而缓、色彩艳丽，南方的亭一般屋角起翘高且陡、色彩多为青灰，这是外形和色彩上的差别；亭有多边形亭、圆亭、异形亭、组合亭等，这是平面形式的差别；亭还有单檐、重檐、三重檐之分，这是立面造型的差别。从亭的这些差别中，不难探到建筑造型的丰富多彩了。建筑实体的大小因为各种建筑形式的不同而各有不同，在园林中所占据的空间范围也不同。但它总体是以面的构成形式存在的。

从外观构成形式上讲，在园林中以线和点的形式存在的是植物。从现代观赏植物学的视角来看，植物有观花类、观果类、观叶类、林木荫木类、藤蔓类、竹类、草木类及水生植物类等。文人的很多游记中都有对植物的描述，如明代郑元勋的《影园自记》中就言：“室隅作两岩，岩上多植桂，缭枝连卷，溪谷崭岩，似小山招隐处。言下牡丹，蜀府垂丝海棠、玉兰、黄白大红宝珠茶、磬口腊梅、千叶榴、青白紫薇、香橼，备四时之色”，[②] 可见，植物在园林中首先是以色悦人。枝干当然有助于构成花的姿态美，叶丛有助于

① （明）计成著，陈植注释：《园冶注释》，中国建筑工业出版社 1981 年版，第 71 页。

② （明）郑元勋：《影园自记》，载陈从周、蒋启霆选编，赵厚均注释：《园综》上，同济大学出版社 2011 年版，第 41 页。

表现花的色泽美。同样，果也以色泽、形态各异的圆形实体来充斥着人的视觉，如橘、柚、梨等。而林木、藤蔓、竹类等植物以竖状的、线形的、有意味的构成方式协调着园林的构成空间。以柳为例，柳树的美在于枝叶的修长和纤弱，其倒垂拂地，随风起舞，姿态万千，远观如薄纱轻笼，风情万种。柳树植在岸边，水中倒影的姿态与其相呼应，牵风引波，美不胜收。

应该说，园林各实体的可欣赏性是审美的表象，是认知活动和审美活动的基础形象，是审美的基本单位。

2. 实体的功能性

园林是文人隐逸的居所，具有生活空间的效用，所以，园林实体还具有一定的功能性。山水是园林物质生态建构序列中必不可少的要素。山麓叠石不仅作为观赏的对象，还有挡风墙的作用，有助于“气”在园林中的迂回流动。水体有灌溉、防火、滋润土壤、保持大气湿度改善小气候的功能。从水对于人或植物的生理需求和生态意义上来说，水比山更为重要一些。清代潘耒在《纵棹园记》中说：“盖为园最难得者水，水不可以人力致，强而蓄焉，止则浊，漏者涸。兹地在城中，而有活水注之，湛然渊渟，大旱不枯，宜园之易以为胜，而至者乐而忘归也”[①]，有了活水，园林才不会失绿，就能嘉木葱茏、花卉繁茂。正因为水的重要功能性，《园冶》说：“卜筑贵从水面，立基先究源头，疏源之去由，察水之来历”[②]，可见水的重要性。

建筑主要是满足人们能与自然要素紧密相联系的生活理想，满足人们林泉起居、驻足观景及遮阴避雨等多方面的实用需求。《墨子·辞过》中说：“为宫室之法，曰：室高，足以辟润湿，足以圉

① （清）潘耒：《纵棹园记》，载陈从周、蒋启霆选编，赵厚均注释：《园综》上，同济大学出版社 2011 年版，第 75 页。

② （明）计成著，陈植注释：《园冶注释》，中国建筑工业出版社 1981 年版，第 49 页。

风寒；上，足以待霜血雨露”，[①]建筑的三个相关联部分的各种功能，建筑的台基是为了避免积水和渗水带来的潮湿；中间的墙壁是为了与外界隔离，从而抵御风寒；上部的屋顶是为了防止霜血雨露的侵入。从现代科学的角度讲，台基还有增加稳定、烘托建筑主体的作用，屋身还有流通空气、减低湿度、利于采光的作用，屋顶造型还有象征性的作用。建筑的功能性是依附在造型上的，于是，建筑的造型与目的合为一体，成了呈现的样子。文震亨的《长物志》有言："忌旁无避弄，庭较屋东偏稍广，则西日不逼；忌长而狭，忌矮而宽。亭忌上锐下狭，忌小六角，忌用葫芦，顶忌以茅盖，忌如钟鼓及城楼式。楼梯须从后影壁上，忌置两旁，砖者作数曲更雅。"[②]他对建筑的功能性设计予以了多方面的考虑。在园林设计中，建筑实体的功能性是放在欣赏性之前的。比如，廊是为了在两个景观之间起到过渡的作用，能起到步移景换的景观通道的作用，所以，廊变为了由两排列柱顶着一个不太厚实的屋顶的形式。合目的性的建筑结构设计是人必需的追求。

植物有改善土壤、净化空气、绿荫乘凉等功能。它不但能通过光合作用和基础代谢释放出人赖以生存的氧气，而且能对有毒气体进行分解和吸收，稀释空气污染，增加空气的纯粹度。同时还可以通过滤尘起到滤菌、杀菌的作用。当然，绿色空间的土壤能保持相当的湿度，树叶也能蒸发出水汽，从而调节了空气的湿度，改善了生态气候。

所以，园林内的实体是可见的具有可观赏和可使用两个方面内容的物质性的事物。在此，笔者把园林设置为一个方形的盒子，地为底，天为顶。可以肯定地面上的物质是实体，比如石头、青苔

---

① （春秋战国）墨子著，辛志凤、蒋玉斌译注：《墨子译注》，黑龙江人民出版社2003年版，第20页。

② （明）文震亨著，汪有源、胡天寿译：《长物志》，重庆出版社2008年版，第29页。

等，肯定了连接顶与底的垂直面上存在的物质是实体，比如树木、建筑，那么顶面的天空中存在的物质比如云是否能被认为是实体呢？鉴于哲学中“实”概念为“可见、但不一定可触及的稳定的物质性存在”，笔者认为天空中的物质也是实体，因为它是可见、稳定的物质性存在，它有形态有颜色甚至有厚度，尽管它在天空中遥不可及，但在园林的构成要素中仍应该认定其为园林中的实体。天空中飘落而下的雨、雪只要落在了园林中，就不应该将其简单地看作自然现象，而应该将其看作是园林实体，是园林景观的重要构成要素。

（二）园林的实空间

园林的实空间应该是由各种不同的园林实体组合而成的可见的园林空间部分。或者说是由自然环境和人造环境围合成的可见的物质性的整体。它决定了园林的布局和空间序列组织。这是园林作为实实在在的空间艺术，不同于山水画的一个重要方面。

实空间应该属于实体所占据的建筑场所，“围合”是生成园林实空间的一种基本手段，即是用墙体、建筑物等实体要素将范围的边界环绕成一个实体空间。而实体要素分为以墙体、走廊、列柱为代表的建筑要素和以植物、水体为代表的非建筑要素。实空间不仅具有物质形态，还有建筑的遮风挡雨功能而引发的安全感和归属感。室内空间由顶部、垂直面和底面完整地围合而成，具有明显的限制和隔离的特点，它与室外的联系是通过开启和闭合的门窗来实现的，比如斋、室、楼、阁、屋等。

园林的实空间需要造园者的位置经营和章法布局，通过把握山水、树石、建筑、路径的相关性，山路和水源的联络性，植物和建筑的多样性，将园林空间作为一个整体，用实体路径将其他各个

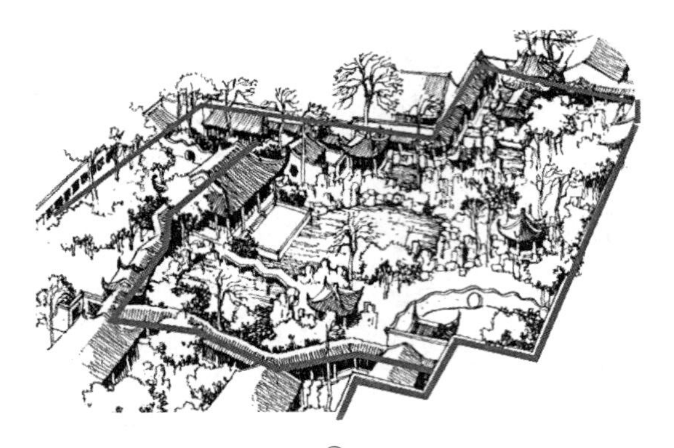

图 2—2　苏州怡园[2]

独立的实体连接起来。首先，在宏观上会对园林空间进行分割以确立景观层次或者说景观主体。明代祁彪佳在《越中园亭记》中写密园时说："旷亭一带以石胜；紫芝轩一带以水胜；快读斋一带以幽邃胜；蔗境一带以轩敞胜"[1]，这四个主题实体不同的单元空间，鲜明地展现了造园者的四种主要观念，避免了重复感，寓多样的形式变化于统一的主题中。其次，根据园的主题，选择一种呈闭合的、环形的观赏路线，根据这种形式的观赏路线组织实体空间的分布序列。以清代叶燮的《海盐张氏涉园记》中的一段描述为例分析：

> 入门西北行，石径阔三尺，两旁皆高厓，缘厓箐筱密布，高六七八尺不等。丛筱中高梧老梅，夹路倚厓，如垣如屏，厓外缭以石墙。行二十五步许，得门，门隙墙中，广四尺，名"栖贤"……进栖贤门，有两路，大路自门往西，折北，又折西折北，三共得三十六七步，至来青门。栖贤至此，两厓益隘，伏怪石箐间，高低百数，不可伏。路逐坂上下，坂下登潭涟漪，杜芷霍靡，高目荫不见天，名"桐阴蒿径"。来青门作圆照，进照三、四步，又一门，

① （明）祁彪佳：《越中园亭记》，载陈从周、蒋启霆选编，赵厚均注释：《园综》下，同济大学出版社 2011 年版，第 115 页。

② 底图引自彭一刚：《中国古典园林分析》，中国建筑工业出版社 1986 年版，图版，第 20 页。

门题青莲句“月下飞金镜，云生结海楼”。复西南行三折，又折西，坂益高，树丛益密益幽，步五十余，始出谷，临希白池、颓云岩石壁下。[①]

这段精彩而简洁的描述，富于动态地展示了一个园林的空间序列，其中每个实体或景区都界域分明，有序而不杂乱。它体现了一般小园的空间序列的特点：保留住园中心的活动范围，并建有中心实体，园的周边安置建筑物，而园的入口处经过有意的引导步入中心，又由此分散各个路径通达其他景区。涉园就是以石墙进行围合，入口处开始以水体、小竹林、梧桐、梅相夹而成的石径为引导进入栖贤门的，水体、小竹林、梧桐、老梅的实体围合构成了立面的三个实体层次，低段的水体，中段的竹林和老梅，高段的梧桐，在视觉上有了实体的空间节奏和疏密的布置，也与相对空旷的三尺的石径形成实体形态的对比，实体形态的丰富性会使视觉感知舒适。栖贤门是一个起转折作用的中心实体，引导进入园林实体的高潮段“桐阴蒿径”。沿园的水体变小，怪石与竹林结合，潭沼与花木相间，高木与石门呼应，这些序列性的由物质实体构成的多种空间能成功地引发游兴，园林实体在实体空间中的藏与露、起伏与错落、疏朗和密集、柔软与坚硬等都通过实体的形态、质感等物质性属性的对比得以展现。之后，路径又复曲折，通过中心部分空间的扩展或延伸进入实体序列的尾声，而越来越幽密的树丛和走高的小路就是中心部分空间扩展或延伸的实体。此涉园建筑主体较稀疏，主体形态较丰富，从始段—引导段—高潮段—尾声段，构成了完整的实体序列，围合了一个完整的建筑场所。它通过石墙来限定空

① （清）叶燮：《海盐张氏涉园记》，载陈从周、蒋启霆选编，赵厚均注释：《园综》下，同济大学出版社 2011 年版，第 65 页。

间，用栖贤门和青门来划分空间，用竹林、潭沼、怪石、花木来形成区域，用树丛、路径来增加景深，用水体、小竹林、梧桐、老梅的围合来丰富空间层次，所有的这些实体的围合就构成了园林的实空间。

当然，园林的实空间规模是有大有小的。所举的涉园只是一个小的实空间的案例。但大的实体空间是通过小的实体空间组合而成的。比如苏州留园，就整体来看，它并没有指示明确的游览路线，但它却是由几个紧密联系的空间实体组合而成。中部以山池为主题，东部以建筑为主题，北部以田园为主题，西部以山林为主题。各自不同的主题就确定了与之相应的主体实体和附体实体。留园进

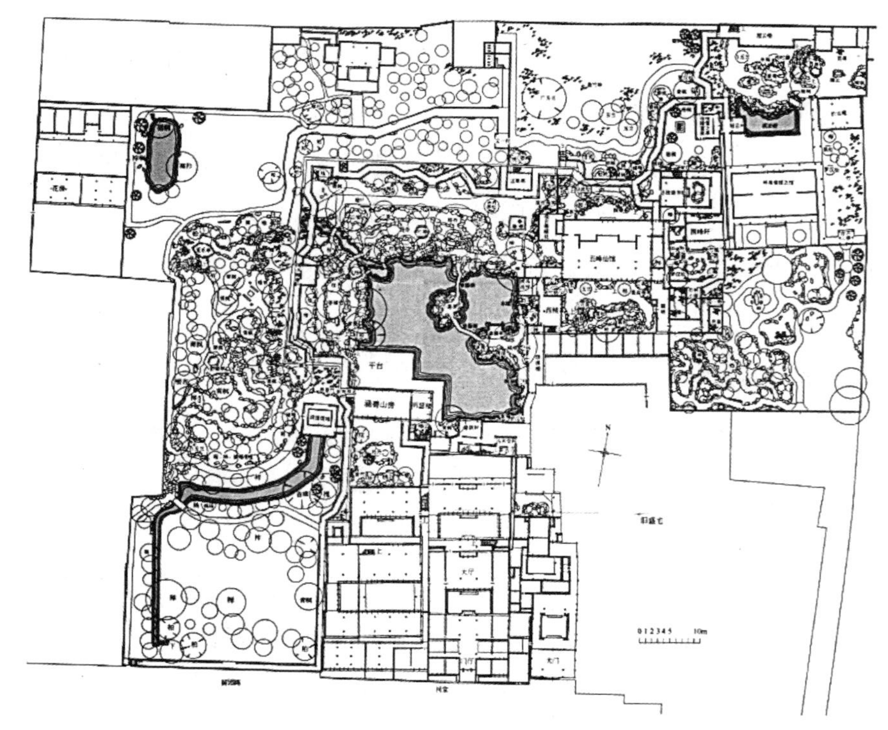

图 2—3　苏州留园平面图①

① 引自刘敦桢：《苏州古典园林》，中国建筑工业出版社 2005 年版，第 342 页。

园门后，也是先要经过一段曲折、封闭的小空间将人的视野极度收束，至古木交柯处分两头，待到绿荫实空间时豁然开朗，环顾中部景区，可见曲谿楼、西楼高大华丽的外观，自向西而东的路径返回古木交柯处，再向东可到五峰仙馆前院，到此处，视觉上就有了一开一合的对比，视觉画面会显得丰富。当穿过石林小院等一系列小空间到达鸳鸯厅时，实体空间变大，景观变化尤为丰富。五峰仙馆前后院、石林小院、冠云峰庭院的主体组合形式也各有特点，且相互区别，毫不重复，区区殊致的景观实体使园林意趣笃增。返回路线有两条，一条经曲廊回到中部景区，一条绕过园的北部景区回到起点。清代俞樾的《留园记》写道："改名留园，大加修葺，有涵碧山房、洞天一碧、揖峰轩、石林小院、闻木樨香轩、绿荫亭、半野草堂，自在处、远翠阁、佳晴喜雨块雪之亭，花好月园人寿轩，仙苑停云又一村，亦吾庐，又增东、西二园。"①可见，大型园林的实体空间实际上就是一种综合式的实体空间序列的组合。

综上分析，因为园林的实空间是通过围合的方式来实现的，所以园林实空间可以被理解为"面空间"。面空间又以山水、建筑这类实体类型为主，其中一个重要的原因在于它们和其他景物相比，体量特别大或者比较大，能有力地占据一定范围的空间场所，或严密地围合一定的空间，主导园林空间的布置。因此，面空间作为整体的景观构成要素，不仅可以用于限定空间、划分空间、形成区域、增加景深和空间层次，而且通过面与面的组合，可以造成园林景观极其丰富的变化。

---

① （清）俞樾：《留园记》，载陈从周、蒋启霆选编，赵厚均注释：《园综》上，同济大学出版社 2011 年版，第 248 页。

二、何谓园林中的虚

哲学中“虚”概念在构成层面上是指不可见、不可触及但却可被感知的物质性的存在，具体在园林中表现为园林空间的布置，它对应着园林审美感知层面的“虚”；哲学中“虚”概念在本体层面上是形而上者，无形而表现于有形的抽象的规律，是超越一切相对的绝对，具体在园林中表现为园林意境的营造，它对应着园林审美意境层面的“虚”；哲学中“虚”概念在心理层面上是指作为意识之“心”的一种空明的运动着的状态，具体在园林中表现为园林的审美体验，它对应着园林审美体验层面的“虚”。

（一）审美感知层面的虚

相对园林中“实”概念的两个组成部分：实体和实空间，审美感知层面的“虚”概念也有两个组成部分：虚体和虚空间。虚体实质上就是物质性的不可见的气，它紧紧地包合着园林实体。而虚空间实质上就是在园林中，除去实体占据的空间所剩的那部分负空间，它的存在形式是虚无。从物质“气”流动性的角度上讲，虚体可以等同于虚空间，虚体存在于虚空间中，虚空间中只流通着虚体“气”。因此，可以把审美感知层面的“虚”理解为名词意义上的“虚空”，它是园林实体在空间布置的过程中有意识或无意识所创造出来的物质性“气”的空间，是在多维度中可以被感知的存在。

审美感知层面的虚体也具有功能性，它是与实体并列而存、缺一不可的，与实体是一种虚实相生的关系，被称为虚邻。《园冶》中就提道：“板壁常空，隐出别壶之天地。亭台影罅，楼阁虚邻。”[①]

---

① （明）计成著，陈植注释：《园冶注释》，中国建筑工业出版社 1981 年版，第 102 页。

每面墙壁处都要留出空间以隐显壶中天地，亭台要多留出洞隙以透出光影，楼阁也要临靠在虚空之处。每一个实体周围都尽量与虚体紧靠着，计白以当黑。这是从绘画中过渡来的用虚之法。园林中在讲各种建筑类的虚体时，常用“虚阁荫桐”“堂虚绿野”“窗虚蕉影”“北牖虚阴”等词，通过有无相生、虚实兼融、黑白绚素互用，达到造景成境的目的。《园冶》中还有一些关于虚体的描绘，比如《园说》说：“窗户虚邻，纳千倾之汪洋”①；《相地》说：“临溪越地，虚阁堪支；夹巷借天，浮廊可度”②；《借景》说：“凭虚敞阁，举杯明月自相邀”③；《门窗》说：“处处邻虚，方方侧景”④等。这充分说明，园林景观实体之间，必须留意一定的空地，即使是一缝一隙也是有作用的。这也是为什么计成在《立基》中说“筑垣须广，空地多存”⑤的原因。在规划园林时，对虚体的利用也是很重要的，要在拟建的各种实体之外，在被围墙分割的单元空间之间，预留较为广阔的虚体，以便与实体相互作用，营造种种奇妙的景致。

园林中的实和虚是相生相长的。实体组织得疏一些，虚空间就显现出来，实体组织得密一些，实空间就显现出来。虚实际是借实的对比而存在的。虚与实的对立也体现在许多方面。以园林中的假山为例，假山是三维立体的山石实体。因为山石所具有的通、透、漏的属性，“嵌空穿眼，宛转相通”⑥，不同的角度就会产生不同的虚和实。从侧面看，此处是虚，但从正面看，此处可能就是实。所以此时的虚实的划分只能站在一个固定的观赏点去界定。虚和实的本质体现于强弱、轻重、体量以及质感上的不可见与可见

① （明）计成著，陈植注释：《园冶注释》，中国建筑工业出版社 1981 年版，第 44 页。
② （明）计成著，陈植注释：《园冶注释》，中国建筑工业出版社 1981 年版，第 49 页。
③ （明）计成著，陈植注释：《园冶注释》，中国建筑工业出版社 1981 年版，第 233 页。
④ （明）计成著，陈植注释：《园冶注释》，中国建筑工业出版社 1981 年版，第 163 页。
⑤ （明）计成著，陈植注释：《园冶注释》，中国建筑工业出版社 1981 年版，第 63 页。
⑥ （明）计成著，陈植注释：《园冶注释》，中国建筑工业出版社 1981 年版，第 225 页。

在物质空间上的对比。明代张岱在《陶庵梦忆》中有一段关于瓜州于园假山的描写："前堂石坡高二丈，上植果子松数棵，缘坡植牡丹、芍药，人不得上，以实奇；后厅临大池，池中奇峰绝壑，陡上陡下，人走池底，仰观莲花反在天上，以空奇。"① 假山的"实"与"空"说明了虚与实的互生性。文徵明也是看重用虚的造园家，他的园林题咏中有很多关于"虚"的描述。比如，"虚斋坐深寂，凉声送清美"②"间门夕未掩，月出虚庑静"③"何处得秋多，凌空有虚榭"④"短莎摇露来，虚牖纳松光"⑤"梧飘玉露秋声早，月转银沐夜色虚"⑥"蕉花方丈竹窗虚"⑦"虚亭寂寂俯迴塘"⑧ 等，凡此种种描述，都是妙用虚体、虚实相生的结果。他诗中所言的虚窗、虚亭、虚阁、虚牖、虚庑等词汇说明在园中，虚则通透，气息流通，虚使景活，面面俱应。狭小的空间易被各种建筑景观所挤占，产生堆砌填塞的拥挤感，所以造园讲虚实并用，但虚更难求。

在中国园林中，建筑物的立面也有实体和虚体两部分。实体部分就是墙体，虚体部分就是门窗孔洞，它们围合在一起构成了建筑物立面的造型。在通常情况下，不会虚实各半，只有一方占据主导地位。以留园为例，南立面由绿荫、明瑟楼、涵碧山房等建筑组成，因为空廊、槅扇所占的比重很大，虚体充斥的范围很广，所以虚占据了主导地位。而东立面因曲谿楼、西楼、五峰仙馆等建筑，墙面所占的比重很大，所以实体处于主导地位，在此，不仅两立面

① （明）张岱:《陶庵梦忆》，中华书局 2007 年版，第 59 页。
② （明）文徵明著，周道振辑校:《文徵明集》，上海古籍出版社 2014 年版，第 11 页。
③ （明）文徵明著，周道振辑校:《文徵明集》，上海古籍出版社 2014 年版，第 51 页。
④ （明）文徵明著，周道振辑校:《文徵明集》，上海古籍出版社 2014 年版，第 768 页。
⑤ （明）文徵明著，周道振辑校:《文徵明集》，上海古籍出版社 2014 年版，第 818 页。
⑥ （明）文徵明著，周道振辑校:《文徵明集》，上海古籍出版社 2014 年版，第 966 页。
⑦ （明）文徵明著，周道振辑校:《文徵明集》，上海古籍出版社 2014 年版，第 1000 页。
⑧ （明）文徵明著，周道振辑校:《文徵明集》，上海古籍出版社 2014 年版，第 1156 页。

各自本身有虚体和实体的对比，同时，两个立面之间也具有了虚空间和实空间对比的关系。

以景物实体为界面所造成的封闭性空间是实空间的特点，而以虚拟的边界造就的开放性的空间是虚空间的特点，它们也是相互结合作用于园林景观的。虚空间对实空间有完全的依赖性，但没有虚空间就无所谓实空间。袁枚有一设喻："一室之内，人之所游息焉者，皆空处也。如窒而塞之，虽金玉满堂，而无安放此身处，又安见富贵之乐耶？钟不空则哑矣，耳不空则聋矣。"[①] 可见，当其无，有室之用。园内如同室内一样，如果失去了空无，就必然毫无实用价值可言。以扬州小盘谷为例，小盘谷入园就是小庭院，坐北花厅三间，视为实空间，南面沿墙堆筑土石小型假山，此处的空间视为实体占主导的过渡性空间，绕过花厅东侧现假山水池，豁然进入了虚空间。花厅的北侧有水榭，与游廊连接。水榭与太湖石假山相

图 2—4　扬州小盘谷

① （清）袁枚著，顾学颉校点：《随园诗话》，人民文学出版社 1960 年版，第 461 页。

对，是虚中有实，曲桥可达到大假山的山洞口，山洞幽曲深广，也是虚空间，具有天然采光的洞景则是实。山顶的风亭是实体，却沉浸在虚空间中。坐在亭中可以俯瞰东西两半的全景及园外的景色。亭的东南有迭落廊循山而下，廊一侧的墙上开了大面积的漏窗，此廊的空间视为虚空间。到此段，小盘谷的空间虚实关系已经很明显，开端以实为主体，实中有虚，中段开始以虚为主体，虚中有实。水面的大小、假山的高度、建筑物的体量是决定虚实关系的要素，游廊的漏窗既有分割又能通透，形成虚实空间的流动。如果没有虚空间，园林整体空间会闭塞密集，虚空间的存在反而增添了实空间的幽曲多姿，促成了园林整体的多空间层次。

虚在空间是可以感知到的存在，天坛里用于祭天的祭台，这个祭台面对着的是一片虚无的苍穹，这是将整个宇宙作为庙宇，这种开放式的虚无与西方教堂封闭式的雄伟有着根本的区别。中国建筑常说"墙倒而屋不塌"，因为墙的围合的消失，实空间变成了虚空间。空间中的"虚霏无"为开放建筑提供了可能。虚空间的存在使中国建筑可以通过对围护结构的调节而变成过渡性的虚空间。比如厅、堂、轩、榭、亭、廊等。《园冶》说："古者之堂，自半已前，虚之为堂。"① 因为过渡性空间的开放性，人可以透过开放式的厅堂，从此处看到另一侧的彼处，视线可以由外而内，也可由内而外，从而使更多层次的内外空间相互渗透，于是空间层次的变化就更丰富了，视觉感受就更多元了。在这里需要强调的是，过渡性虚空间的意义只有在这些空间实体的游览过程中才能反映出来，它使表面上具有封闭性的园林呈现出了内外开放空间的性质。向内，它通过空间层次的变化而达到虚实相生的效果；向外，它通过不断外连的虚空间而达虚无极的界地。

---

① （明）计成著，陈植注释：《园冶注释》，中国建筑工业出版社 1981 年版，第 75 页。

因此，审美感知层面的“虚”需要通过“实”才能显现出来。但“虚”在园林空间构成中很重要。无论是虚体还是虚空间，都是因为围合的消失，虚拟的边界造就的开放性的空间而产生的空间流动。

（二）审美意境层面的虚

意境是中国艺术的最高目标，也是园林艺术的最高追求。宗白华说：“以宇宙人生的具体为对象，赏玩它的色相、秩序、节奏、和谐，借以窥见自我的最深心灵的反映；化实景而为虚境，创形象以为象征，使人类最高的心灵具体化、肉身化，这就是‘艺术境界’。……艺术家以心灵映射万象，代山川而立言，它所表现的是主观的生命情调与客观的自然景物交融互渗，成就一个鸢飞鱼跃，活泼玲珑，渊然而深的灵境；这灵境就是构成艺术之所以为艺术的‘意境’。”[①] 叶朗说：“‘意境’不是表现孤立的物象，而是表现虚实结合的‘境’，也就是表现造化自然的气韵生动的图景，表现作为宇宙的本体和生命的道（气）。这就是‘意境’的美学本质。”[②] 将有限的景观融汇到无限宇宙之中是中国园林特有的审美方式，其目的是为了以审美的形式从有限景观中领悟到作为宇宙本体的“道”，从而构建与万物合一的理想境界。因此，可以把审美意境层面的“虚”理解为形容词意义上的“虚无的”。“虚无的”物象是利用“实有”的园林景观引导而产生的审美想象空间，是通过“实”的存在而展现的想象中的灵境。

尤侗在《艮斋杂说》中写道：“杜诗云：‘水流心不竞，云在意

① 宗白华：《艺境》，商务印书馆 2014 年版，第 183 页。

② 叶朗：《中国美学史大纲》，上海人民出版社 2013 年版，第 276 页。

俱迟。'邵尧夫诗云：'月到天心处，风来水面时。'子美非知'道'者，何与尧夫之言若合也。予集为一联云：'水流云在，月到风来。'对此景色，可以目击道存矣。"[1] 杜甫的诗为"有我之境"，邵雍的诗为"无我之境"，但两者都写出来游心观物后超然自得的灵境，且两者都体现了"道"的存在，只前者为"舒徐"之道，后者为"清虚"之道。尤侗将两者结合起来为一联，表达了意境的两个层面。在园林中，这一联物化为了两个著名的景点，一是避暑山庄的"水流云在"亭，一是网师园的"月到风来"亭。

陶渊明的《读山海经》写道："孟夏草木长，绕屋树扶疏。众鸟欣有托，吾亦爱吾庐。既耕亦已种，时还读我书。穷巷隔深辙，颇回故人车。欢言酌春酒，摘我园中蔬。微雨从东来，好风与之俱。泛览周王传，流观山海图。俯仰终宇宙，不乐复何如？"[2] 他用草、木、屋、树、鸟等眼之所见耳之所闻的田园村舍之物，成功地将平凡的自然提升到了一种美的至境，用耕、种、读、摘等动作将隐仕的最初的情感趋向淡化平息。在他对平凡之物观照和体悟下，诗化的田园、艺术化的人生风范都完全融入了景色之中。随心率性、任真自得的"舒徐"之道饱含在"有我之境"中，并把个人情感提升到整个宇宙和生命的高度，赋予了田园情感以本体的意义。陶渊明的园林是一方未被世俗污染的纯洁乐土，自然且清新，呈现了一种"真"的意境，这种意境蕴含了他对宇宙和人生的感悟。这种"真"的园林意境，追求精神超越，追求自然、隐逸，自觉地把"情"作为一种人生价值，追求内心的逍遥适性和玄远超脱。因此，在这"虚"的审美想象空间里，超功利的诗意化的审美态度驾驭了这些自然之物，并与自然之物结合在一起，呈现出田园村舍的灵

① 转引自金学智：《中国园林美学》，中国建筑工业出版社 2009 年版，第 429 页。

② （晋）陶渊明著，逯钦立校注：《陶渊明集》，中华书局 1979 年版，第 40 页。

境。也因为此灵境，中国园林中多吾爱庐、耕读斋、耕学斋、还我读书处、还我读书斋等景境。

王维的辋川别业，宛如佛陀的鹿野苑，此心灵的净土是其契道的物化产物，他将自己的烦恼消除在带有禅悦之感的幽寂净静的山林之境中。他这样描述自己的辋川别业：

> 北涉玄灞，清月映郭。夜登华子冈，辋水沦涟，与月上下。寒山远火，明灭林外。深巷寒犬，吠声如豹。村墟夜舂，复与疏钟相间。此时独坐，僮仆静默，多思曩昔，携手赋诗，步仄径，临清流也。当待春中，草木蔓发，春山可望，轻鲦出水，白鸥矫翼，露湿青皋，麦陇朝雊，斯之不远，倘能从我游乎？非子天机清妙者，岂能以此不急之务相邀。然是中有深趣矣！①

此诗中的清月、辋水、寒山、远火、林外、深巷、寒犬、村墟、草木、春山、轻鲦、白鸥等园林景境的出现，都让人感受到了万物生生不息的乐趣，园林中充斥着由这些不同色彩、不同形态的自然之物带来的视觉冲击和听觉感受，自然的美与心境的美完全融合为一体，创造出了如水月镜花般的纯美灵境。辋川别业的虚境中，出现的是一个远离俗尘的萧瑟静寂但又身心自由的天地，在其中，王维对仕途及万物生灭都坦然视之，并将有限的自我投入到万象浑化的宇宙之中，将参禅悟道后的超越存有的指向与园林山水融为一体，表现了“身在家，心出家”的“空”的意境，这也就是王维所言的“深趣”了。这种“空”的园林意境，往往通过超逸缥缈

① （唐）王维著，赵殿成笺注:《王右丞集笺注》，上海古籍出版社 1961 年版，第 332 页。

的自然意象，加上一种对大自然的深层禅意的观照，契合佛禅的“空”义，产生若有若无、刹那生灭的境象。于是，识心见性、佛道自成的“清虚”之道饱含在这“无我之境”中。因此，在这“虚”的审美想象空间里，虚幻的心性附以虚幻的物象，幻化出诗情画意的灵境。也因为此灵境，中国园林中有华子冈、竹里馆、看云起时、眠云亭等景境。

白居易的庐山草堂可谓幽僻嚣尘外、清凉水木间。他在《草堂记》中写道：“堂中设木榻四，素屏二，漆琴一张，儒、道、佛书各三两卷。乐天既来为主，仰观山，俯听泉，旁睨竹树云石，自辰及酉，应接不暇。俄而物诱气随，外适内和。一宿体宁，再宿心恬，三宿后颓然嗒然，不知其然而然。”① 园林是白居易践行“中隐”的载体。知足保和的心境，让他陶醉在大自然的美景中。而后物诱气随，从身到心，外适内和，达到“不知其然而然”的境界。士人独步园林，在仰俯之间，人与物、与天地因气相通，此境界既是生活空间的清幽宁静，又是精神空间的平淡安和，表达了一种纵心山水、怡情自然的“适”的意境。这种“适”的园林意境，是对真正自我的把握。它使得士人在独自面对自然时，能够倾听自我的真情实性和宇宙的天籁之音，达到一种道通天地的精神境界。因此，无论出处仕隐，在这“虚”的审美想象空间里，仕人都将个人情感交付于自然景物，通过自然景物的灵性使繁闹的心灵得到沉淀，使人性得以复归，呈现出林泉丘壑的灵境。也因为此灵境，中国园林中有净深亭、濠上观、志清意远、退思草堂等景境。

可见，“心与境合”所构的意境不是简单的一种景物和一种情

---

① （唐）白居易：《草堂记》，载陈从周、蒋启霆选编，赵厚均注释：《园综》下，同济大学出版社 2011 年版，第 205 页。

感的对应，也不是机械地用某一景物象征某一情感，它是人的审美情感和审美心态与一切可及的园林景观之间完全的、无间的浑融。在这种虚境中，自然之物并没有明显的人格化的痕迹，但却又无不体现着主体的思想境界，无不体现着人与园林、与宇宙之间平等、合一的关系。元代胡助在《隐趣园记》中写道："东风花柳，禽鸟和鸣，佳木阴浓，池莲香远，水清石瘦，黄菊满篱，雪积冰坚，挺秀苍翠，四时之景可爱，而千载之心攸存，慨然飞云之想，而不忘太山之瞻，斯为无忝乎隐趣云尔"。[①] 境心相遇的园林意境使人通过完美的形式，体会到了天人合一的隐趣。在"虚"的审美想象空间里，人通过对自然界和园林中景物的审美，将其宇宙观浑然无迹地表现出来。

"意境的创造，表现为真境与神境的统一，诚如清笪重光在《画荃》中说：'空本难图，实景清而空景现；神无可绘，真境逼而神境生。'意境的欣赏，表现为实的形象与虚的联想的统一。"[②] 可见，意境层面的"虚"是在感知层面基础上，在有无之间所创构的一种体"道"的灵境，它表现为以玄对园林的"真"的意境、以佛对园林的"空"的意境、以情对园林的"适"的意境。但无论哪种审美观照下产生的意境，都显现了一种园林通达"道"后的呈象，它是人的不可见的、精神性的、情感性的、联想性的个体内容，是通过超越个体的有限而到达无限的一种精神状态。

（三）审美体验层面的虚

魏晋南北朝的文人雅士将自然作为审美及体道适性的对象。

---

① （元）胡助：《隐趣园记》，载陈从周、蒋启霆选编，赵厚均注释：《园综》下，同济大学出版社 2011 年版，第 144 页。

② 浦震元：《中国艺术意境论》，北京大学出版社 1999 年版，第 14 页。

宗炳在《画山水序》中说道："圣人含道暎物，贤者澄怀味像。至于山水，质有而趣灵。……山水以形媚道，而仁者乐。"[1] 形而上的"道"并含于圣人体内而映于形而下的"物"上，有高深道德修养的人澄清自己的怀抱以品味客观物象，而山水以其形态将"道"表现得更加完美，以使仁智者受到教育。可见，品味指的就是审美体验过程，是"乘物以游心"的运作，以便在审美体验中完成对"道"的体悟，也就是在山水中静观悟道，与道冥合，达到天人合一的审美极致。体道的"游心"就是园林审美体验层面的"虚"。因此，可以把审美体验层面的"虚"理解为动词意义上的"游于虚"。老庄的"虚静"作为"道"的重要内容之一，是"体道"的重要方式，是"心"的一种极致状态，也是对精神内涵的深度显示和对宁静状态的追求。"虚静"是"物我两忘"的"心"的最高境界，"游心"就是"游于虚"。人在园林的山水景观中忘却现实的"物"和"我"，以心的虚静动作"游"超越周围环境和现实时空，达到物我高度融一。"游"是有过程性和时间性的自由的活动和运作，它是个体性的、主观的。同时，它意味着思维空间的扩大和精神境界的提升，是主观对客观的超越。也只有"游心"的动作，才能使内心调畅、精神净化。可以说，审美体验层面的"游于虚"动作连接了形而上的"道"和形而下的"器"，使"道"和"器"完满地合成所现之象。

清代钱大昕在《网师园记》中写道：

> 因以"网师"自号，并颜其园，盖托于渔隐之意，亦取巷名音相似也。……石径屈曲，似往而复，沧波渺然，

---

① （南北朝）宗炳、王微著，陈传席译解：《画山水序·叙画》，人民美术出版社 1985 年版，第 1 页。

一望无际。有堂，曰“梅花铁石”，山房曰“小山丛桂轩”。有阁，曰“濯缨水阁”。有燕居之室，曰“蹈和馆”。有亭于水中，曰“月到风来”。有亭于厓者，曰“云冈”。有斜轩，曰“竹外一枝”，有斋曰“集虚”。皆远村目营手画而名之者也。数只数亩，而有纡回不尽之致，居虽近廛，而有云水相忘之乐。柳子厚所谓“奥如旷如”者，殆兼得之矣。①

该文描述了审美的第一和第二个层次即感知和体验，也就是钱大昕先对园林各山水景观表象有了感性认识，然后加以主观的“游于虚”的心理动作，将客观世界与主观知觉的映射结合起来，从而获得园林给人心灵上的体验。这是从触景—体验—感性—意象的过程，而这个过程是通过审美体验层面的“游于虚”的动作实现的。园林中的景物只是人主观活动的媒介，唯有其所具有的情感象征性和文化的蕴含性，才能使“游于虚”成为可能。园主用“网师”之名，所取的就是“渔隐”之意，“渔”者意不在隐，而在于游。用“隐”来隔绝尘世的各种纷扰，以便获得恬淡自由的心境，用“游”来超越自己，超越肉身，纵性独往，兴怀高蹈，以获得更广阔的精神空间。苏州网师园中的“集虚斋”，这一建筑的题名就来自《庄子》的“气也者，虚而待物者也。唯道集虚，虚者，心斋也”。此“虚”就是“心”可以自由活动的空间存在，以便于心的“游”，而它就是“空”。只有“道”才能集纳“虚”，而只有“虚”才可以集纳万物。“集虚斋”体现了园主形而上的追求，将此斋作为虚静体道之所，赋予了园林建筑一定的精神内涵。唐君毅就曾说：“然凡虚实相涵之处，皆心灵可悠游往来之处。而此中美感之所自生，亦即在此心之所无

① （清）钱大昕：《网师园记》，载陈从周、蒋启霆选编，赵厚均注释：《园综》上，同济大学出版社 2011 年版，第 221 页。

滞碍，玲珑自在，以悠然往来。”[①] 因此，游园实际上是在游心，是造园者或游园者的心性与自然景物之间的流通和呼应，上下与天地同流，以获云水相忘之乐，集虚以包举宇内，总揽天地，故而“奥如旷如”。“濯缨水阁”也亦通过自然的水和阁来体验濯性灵之缨，以此洗涤心灵、提升心灵，使心灵回归原初的自然无为的、自由自得的虚静的状态。由此可见，审美体验层面的“虚”是沟通天地之道与自然万物之间的桥梁。

常熟虞山之麓有一“虚霩园”，又称“曾园”。这个面积不大的宅园，其园名就取自《淮南子》的:“道始于虚廓，虚廓生宇宙，宇宙生气”，可见，园主也是在借目所绸缪的虞山，将个人虚而待物之气与宇宙之气相连，欲借此通向宇宙虚廓，表达与形而上的不可见的虚无的道的融合。“虚霩园”突出了中国园林审美体验的一个特征，即是欲在对自然景物的欣赏和领悟过程中，理解天地万物所蕴含的深渊妙旨，在“游于虚”的审美体验活动中，使心性进入无限的宇宙时空，以达到天人合一的境地。

《世说新语》写道:“会心处不必在远。翳然林水，便自在濠、濮间想也，觉鸟兽禽鱼自来亲人。”[②] 园林已作为悟道的最佳媒介，“会心”即表达了人与自然景物之间的主客体关系，而“濠濮”即表达了人与自然景物之间融合无间的关系。“会心”是人主动发出的对自然的心领神会的感悟，它激发了自然与自我之间的互成。园林是自然世界的转喻，它让人的心智在形而上的“道”与形而下的“器”之间游走，让人透过花草繁盛的世界，去追寻无形之理的踪迹。于是，庄子“濠梁观鱼”而领悟到万物天机自在的故事成了园林表现的经典性主题，人在“观濠”“濠濮”等园林景观的形态和

① 唐君毅:《中国文化之精神价值》，广西师范大学出版社 2005 年版，第 233 页。

② （南朝宋）刘义庆编，朱碧莲、沈海波译注:《世说新语》，中华书局 2011 年版，第 119 页。

空间中通过“游于虚”的动作，“会心”到园林景观所要表现得比较深致的内涵。或者说，“会心”这种审美体验也是一种“悟”。在对园林山水的审美过程中，虚静的心理状态还原了人的本心，揭示了心灵的本来面目，在与自然之物接触之时，心之本然又创造了一个与之相关的新的世界，这个新的世界又将心灵深处的东西揭示出来，悟后的世界是蕴含“道”与“器”的。唐代白居易在《白苹洲五亭记》中言:“大凡地有胜境，得人而后发；人有心匠，得物而后开，境心相遇，固有时耶。”[①] 因此，在审美体验之前，园林是我之所见的物境，审美体验之后，园林是我之所感的悟境。虽然都是具体的物象的显现，但悟境已经经过“游于虚”的心灵的处理而加入了“道”的内涵，已然成了没有被功利、世俗污染的真实的物，“游心于物之初”应该就是这样一种对“物”的理解。

文徵明的园林诗句中也多次用到“会心”，比如“会心非在远，悠然水竹中”[②]“自古会心非在远，等闲鱼鸟便相亲”[③]“水竹悠然有遐思，会心何必在空山”[④]“会心何必在郊垧，近圃分明见远情”[⑤]等。这些诗句说明文徵明体认到了在园林的审美体验活动中，只有进入心与物会、思与景融的状态，才能获得园林欣赏的真谛。由小园近圃，眼前的水竹鱼鸟诸多景物，经过“游于虚”的心理活动，悠然如身在郊野空山一般。于是，虽一拳石一勺水，观之也觉高深。园中一花一草各类景物只是用其各有千秋的美及相互组合的空间，触发主体的深思遐想，通过思与想的“游于虚”的活动，读出其中的远意远情，创出合乎“道”的美妙物象。“游于虚”的活动

① （唐）白居易:《白苹洲五亭记》，载赵雪倩编注:《中国历代园林图文精选》第一辑，同济大学出版社 2005 年版，第 295 页。

② （明）文徵明著，周道振辑校:《文徵明集》，上海古籍出版社 2014 年版，第 19 页。

③ （明）文徵明著，周道振辑校:《文徵明集》，上海古籍出版社 2014 年版，第 233 页。

④ （明）文徵明著，周道振辑校:《文徵明集》，上海古籍出版社 2014 年版，第 391 页。

⑤ （明）文徵明著，周道振辑校:《文徵明集》，上海古籍出版社 2014 年版，第 1171 页。

过程使景物已超出对原来景物的直接摹写，而进入了心之本然所创造的意象世界，此世界不遗眼前之景，且含邈远之意，对原有意蕴的生发和创造，重构了眼前之景，使景中含“道”、含“情”。“会心”就是“游于虚”的动作，这一领悟和创造的动作需强调审美主体的能动性和差异性。审美主体应是圣人或有文化道德修养的人。综合素质修养的差异，决定了对同一审美对象感知和体认的差异，决定了“游于虚”的活动范围的差异。

综上所言，审美体验层面的“虚”应作动词意义上的理解，是用“乘物以游心”的运作以达到“虚静”的心理状态，即用“游于虚”的动作将园林的物境转化为悟境，通过“虚静”将超物引向了极致。它是连接审美感知层面的虚和审美意境层面的虚的桥梁。人在园林中由感知层面的“虚”，而后经过审美体验层面的“虚”，才能到达审美意境层面的“虚”。这三个层面“虚”的逐步递进深入的过程，实质上就是从物境到心境再到意境的审美全过程。

第三节　尚虚的美学传统

经典的中国园林，总是虚实相生的产物，其中的意境的产生亦是如此。然而，在“虚实”关系中，无论是从哲学的角度还是从园林的角度，“虚”的作用和地位都要高于“实”，尽管它是不可见的。对“虚”的重视，追根溯源，是因为中国古代哲学中对本体之“道”的追求，亦是对“无”的追求。从老庄“有无相生”的空间观，到汉代《淮南子》的“夫无形者，物之大祖”，再到魏晋时期的“贵无”或“尚虚”论，一直都在用“无”或“虚”突破实体界域的拘囿，实现对无限的追求。在中国园林中，不管是从哲学的构成层面过渡来的审美感知的“虚”，还是从哲学的本体层面过渡来的审美意境的“虚”，或是从哲学的心理层面过渡来的审美体验的“虚”，其中都渗透着“尚虚”的思想。

一、贵无：以无为有

清代尤侗在《揖青亭记》中说：

> 亦园，隙地耳。问有楼阁乎？曰无有。有廊榭乎？曰无有。有层峦怪石乎？曰无有。无则何为乎园？园之东南，岿然独峙者，有亭焉。问有窗棂栏槛乎？曰无有。有帘幕几席乎？曰无有。无则何为亭？凡吾之园与亭，皆以无为贵也。……今亭之内，既无楼阁廊榭以束吾身，亭之外，又无丘陵城市之类以塞吾目，廓乎百里，邈乎千里，皆可招其气象，揽其景物，以献纳与一亭之中。则夫白云青山为我藩垣，丹城绿野为我屏茵，竹篱茅舍为我柴栅，名花语鸟为我供奉，举天地所有，皆吾有也。①

此处的“无”就是园林景观构成的虚的空间。而此段的论述中心就是“以无为贵”。但这个“无”并不是绝对的空无，其中蕴含着在审美感知层面和体验层面综合出现的更高层次的“有”。揖青亭内有楼、阁、廊、榭、层峦、怪石等一系列具体的物质性的实用，但如果没有文中所说的一系列的“无”，“有”就不可能得以呈现，涌纳在一亭之中。《淮南子》中有言：“使之见着，乃不见者

① （清）尤侗：《揖青亭记》，载黄卓越辑著：《闲雅小品集观》下，百花洲文艺出版社 1996 年版，第 112 页。

也”①，此“不见者”就是“无”，就是在空间中存在的物质性的“无”。它既是楼阁内可以容纳人身的“无”，也是室外视线开阔的“无”，更是驻亭凭高而远眺的“无”。也就是说，园林景观“有”的显现关键在于空间上的“无”的预先存在，“无”相对于“有”具有优先性。

（一）园林建筑的用虚

“有之以为利，无之以为用”，苏州亦园揖青亭就是园林中“贵无”论的典型。因此，由于中国文化中“贵无”的思想，园林设计中高度重视“用虚”，“虚”在园林中不仅是指它是园林空间构成的要素，还指示着对于这个要素进行利用的方法，即空间上的“虚化”，减有形增无形，这需要更高的修养和想象。

明代祈彪佳在《寓山注·妙赏亭》篇写道：“此亭不昵于山，故能尽有山。几叠楼台，嵌入苍崖翠壁，时有云气，往来缥缈，掖层霄而上，仰面贪看，恍然置身天际，若并不知有亭也。”②说明了“无”在园林建筑中的运用。亭作为园林建筑的一种形式，以窗或柱的形式开启了“虚”的空间，以获得与宇宙虚廓合而为一的生生之气。“不昵于山，故能尽有山”的空间运用是为了一种意境层面“虚”的实现，是为了形成囊括云烟之变的宏大意象。明代钟惺在《梅花墅记》中言：“高者为台，深者为室，虚者为亭，曲者为廊”③，说明亭的首要特点就是“虚”。此“虚”说明了亭的建筑形式。相

① （汉）刘安著，（汉）许慎著，陈广忠校点：《淮南子》，上海古籍出版社2016年版，第409页。

② （明）祁彪佳：《寓山注》，载陈从周、蒋启霆选编，赵厚均注释：《园综》下，同济大学出版社2011年版，第127页。

③ （明）钟惺：《梅花墅记》，载陈从周、蒋启霆选编，赵厚均注释：《园综》上，同济大学出版社2011年版，第186页。

比其他的园林建筑，亭的建筑屋身与屋顶的结构关系，已经因为“用虚”的需要而转化为亭柱和屋顶的结构关系。无论是网师园的冷泉亭，还是留园的冠云亭，或是虎丘的涌翠亭；无论是立于山巅的南山积雪亭，还是隐于林中的雪

图 2—5　苏州网师园冷泉亭

香云蔚亭，或是构于水际的沧浪亭，都以飞檐起翘的造型构成，使得本来沉重下压的屋顶，显示出向上的轻快感，也便有获得最大范围的视野，从各角度不遮挡人的视线。并都以虚空的内部与周围的空间环境发生联系，以一种无形的、不可度量的连续流动着的客观存在而被感知，以达到“并不知有亭”的境界。因为对“虚”的运用，亭成了人与自然空间之间的媒介。可以说，亭将自己的有限空间沉浸于宇宙的无限空间之中，并构建了自然山水和人的体验之间的中介空间。因此，亭的构建多从外部的空间环境入手。需要强调的是，中国园林作为一个相对封闭的“有”的内部空间，开放“无”的空间就显得重要一些。而这就要求内部空间具有通透的特质。即使再小的园林，因为有通透洞达的内部空间，也不会觉得闭塞窒碍。因此，园林建筑除了亭的设计突出了用虚之外，其他的建筑也都不同程度的涉及用虚。比如《园冶》就说：“临溪越地，虚阁堪

支；夹巷借天，浮廊可度。”[①]“虚”“浮”二字说明了阁、廊空间上疏通空阔的结构特点；清代刘凤诰的《个园记》说：“曲廊邃宇，周以虚槛，敞以层楼”[②]，“曲”“虚”“敞”三字也说明了廊、楼空间上开阔显豁的结构特点。故而，就中国园林的内部空间而言，就园林建筑的结构特点而言，用“虚”是为了“有”能更好地显现，“无”具有存在意义上的优先性和预设性。

（二）园林意境的用虚

由于园林空间上对“虚”的运用，其形成的“围而不隔，隔而不断”的空间布局有效地化解了空间的封闭性，使声音的传播、光影的虚幻、香气的四溢成为可能。于是，在园林景观之中，声音、光影、香味之类无形之物的锦上添花，也是园林“贵无”“用虚”的重要原因和必要手段。声音、光影、气味之类非视觉的虚的因素也是园林的构成要素，它创造的是园林虚象，即园林在时间和空间双轴线上的虚境。

清代张潮在《幽梦影》中写道：“春听鸟声，夏听蝉声，秋听虫声，冬听雪声，白昼听棋声，月下听箫声，山中听松风声，水际听欸乃声，方不虚此生声。”[③] 园林一年四季具有不同的听觉感受。园林声音环境的应时变换不仅具有流动、变化的时间维度，而且深化了人对园林的空间感受，但其中无形的时间占了主导作用。留听阁园就有诗句：“留得残荷听雨声”（李商隐），“夜雨连明春水生，娇云浓暖弄微晴，帘虚日薄花竹静，时有乳鸠相对鸣”（苏舜钦），

---

① （明）计成著，陈植注释：《园冶注释》，中国建筑工业出版社 1981 年版，第 49 页。

② （清）刘凤诰：《个园记》，载陈从周、蒋启霆选编，赵厚均注释：《园综》上，同济大学出版社 2011 年版，第 66 页。

③ （清）张潮：《幽梦影》，中州古籍出版社 2017 年版，第 130 页。

"柳外轻雷池上雨，雨声滴碎荷声"（欧阳修），对声音不同的感知也表达了在同一虚景中人所进入的不同的虚境，因心不同而情有所异。

光影是时间的代言人，光随着时间的不同运转而运动，影则随着光的强弱和方向角度的变化而浓淡不一。影是形的映像，如花下的碎影、冬日的梅影、水中的倒影、粉墙的竹影等，它们利用倒影触手不及的特点，与园林的实景相呼应产生虚景，让人回味而成为虚象。"云破月来花弄影"（张先），"粉墙花影自重重，帘卷残荷水殿风"（高濂），这些效果的产生得益于设计者对"虚"的理解和运用，使得在任何一个季节里，虚境与实境能相互呼应，在"游于虚"审美体验下产生美的虚境。于是，拙政园有了倒影塔、塔影园，还有以影命名的园林——影园。

拙政园的"香远益清"、沧浪亭的"闻妙香室"等是以香味命名，留园的闻木樨香轩、拙政园的海棠春坞等则是以此处所种的树木命名。园林植物散发的芳香从嗅觉上引导游园者的遐想而达到虚境，虽然香气是有时限的，但其虚境是无限绵长的。通过嗅觉来达到对自然美的感触和珍惜，恐怕只有在园林这种艺术形式中方能实现。士大夫偏爱梅花、荷花等清雅脱俗的暗香和冷香，其中追求的是孤傲雅洁的审美情趣和真实独立的人格心性。香气是抽象的，又是具体的，于是在虚与实的转化中，香气使园林空间弥漫着美感。

园林匾联的"诗化"也是用"虚"使园林更为自觉地融入了诗情画意。网师园殿春簃书斋小屋的楹联："巢安翡翠春云暖，窗护芭蕉夜雨凉"。翡翠、芭蕉、春云、花窗、鸟巢、夜雨构成一幅朦胧美的春雨图。园林中的景色与诗词中的意象有着共同的指向，通过审美体验层面的"游于虚"而相互融合，从而进入审美意境层面的"灵境"。

园林用虚景实现的虚境启动了人心灵的主观能动性，使物境跟心境融为了一体。园林意境的虚境在声音、光影、气味和时间的构建下丰富了意境的层次。

综上所言，因为中国文化中“贵无”思想，园林设计中高度重视“用虚”，“虚”在园林中不但具有形式的意义（即作为园林构成的一部分）、方法的意义（即作为园林设计中“虚化”的处理方法），而且具有表现精神内涵的意义（即作为表现情感和想象、创造园林意境的手段）。

二、崇简：删繁就简

道禅“贵无”哲学的影响是重视当下直接的体验，推崇简约纯净的美感。绘画理论也强调简的风格。明代沈周说：“繁中置简，静里生奇”①，董其昌说：“山不必多，以简为贵”②，恽向强调：“画家以简洁为上，简者简于象而非简于意。简之至者缛之至也”③，绘画创作中对“简”的崇尚直接影响了园林。李渔就有“宜简不宜繁，宜自然不宜雕斫”④ 的观点，“简”在园林空间中即是“以小见大”的原则，壶纳天地。比如浙江的天一阁，用“天”和“一”寓指“小”与“大”的关系，园虽小仅占地半亩，然可以从“一”见“天”，以“小”观“大”，以“有”见“道”之无。一沤就是茫茫大海，一假山就是巍峨连绵。“小”代表园林是天地的代表，园林

① （明）沈周：《江山鱼乐图》，载周积寅编著：《中国画论辑要》，江苏美术出版社2005年版，第415页。

② （明）董其昌：《画禅室随笔》，载周积寅编著：《中国画论辑要》，江苏美术出版社2005年版，第415页。

③ （明）恽向：《论画山水》，载周积寅编著：《中国画论辑要》，江苏美术出版社2005年版，第415页。

④ （明）李渔撰，杜书瀛校注：《闲情偶寄·窥词管见》，中国社会科学出版社2009年版，第116页。

是宇宙天地的微缩物，之所以由小达于大，由有达于无，就在于顺乎自然，以简求之。而“沧浪”“蓬莱”则是人虚静追求的意义。

从南北朝开始，士人开始思考在狭小的空间内表现独有的文人趣味和审美追求。如北周庾信写有《小园赋》，在其“一壶之中”中，数亩弊庐，水中养有一寸二寸的小鱼，路边有三竿四竿的竹，再加一片假山，建一两处亭台就满足了。这幽深清寂的空间将园林分寸之余的趣味表现得淋漓尽致。在如此之简的园林内，在极有限的天地内却也创造出了深广的艺术空间。雅朴自然的“小园”不在乎几亩小院一座破旧的小屋，而在乎主人与自然合二为一的自在休闲的心理享受。“鸟多闲暇，花随四时。心则历陵枯木，发则睢阳乱丝。非夏日而可谓，异秋天而可悲。”[①] 可以探出庾信屈仕敌国、南归无望的无奈心情。因此，他便在此小园中开始体味羡慕已久的隐居生活。可见，简致的小园导致园的物质功能下降，但就他构想的小园及园居生活，虽原朴、宁静、拙陋，但与纷乱喧嚣的尘世和华丽的宅第形成鲜明的反差，精神享受功能得到空前的提高。可以说，庾信构想的小园成了园林尚简风尚的极致。唐朝刘禹锡也有诗云:“看画长廊遍，寻僧一径幽。小池兼鹤净，古木带蝉秋。客至茶烟起，禽归讲席收。浮杯明日去，相望水悠悠。”[②] 诗人在简约的世界中安置自己的光远之思，在禅悦的“简”中寻求栖息心灵的淡泊境界。园林的池木鹤禽也因主人倾心禅悦，也情染禅悦。“简”在此不光是指园林的空间布置和景物数量，同时也是指士人简约的有禅意的生活方式。看画、寻僧、小池、古木、客至、禽归、浮杯、相望，这些景物和动作的相陪相伴，将“淡然离言说，悟悦心

---

① （北周）庾信:《小园赋》，载陈从周、蒋启霆选编，赵厚均注释:《园综》下，同济大学出版社 2011 年版，第 223 页。

② （唐）刘禹锡:《秋日过鸿举法师寺院便送归江陵》，载（清）彭定求等编:《全唐诗》，中华书局 1960 年版，第 4015 页。

自足”的高士情怀展现无余。唐代白居易更是成为以小见大风尚的推动者。他说：“庾信园殊小，陶潜屋不丰。何劳问宽窄？宽窄在心中。”[①] 园林在他看来，实际上就是为了帮助士人不迷失初心，正视自己的内心世界，不攀附不自弃，既要以平淡的心态安抚仕途的失意，又要以超凡的体验褪去庸俗的享乐。可见，小园的“简”是以体道而通无为基础的，其构建了一个自在圆足的世界，在此世界中，士人欲通过微小精致的“简”展现广阔悠远的境界，在一勺池水、一拳顽石、一竿青竹、一枝枯木中，去实现自己的审美理想和心灵体验。

宋代的文人更是沉迷于“壶中天地”的精妙。冯多福在《研山园记》中写道：

> 夫举世之宝，不必私为己有，寓意于物，固以适意为悦，且南宫研山所藏，而归之苏氏，奇宝在山地间，固非我之所得私，以一拳石之多而易数亩之园，其大若不侔，然己大而物小，泰山之重，可使轻于鸿毛，齐万物于一指，则晤言一室之内，仰观宇宙之大，其致一也。[②]

对于园林的“简”而言，“适意”体现了它的审美标准，“齐万物于一指”体现了自然和园林景观不仅仅是一种客观的对象，还是其人格理想的寄寓，“仰观宇宙之大”则体现了人通过景物与宇宙的组合关系，这些种种最后落实到了“致一也”，即在拳石草舍之间，在对简的自然审美中仍能实现人与天地万物的融合，于心凝形

① （唐）白居易著，朱金成笺校：《白居易集笺校》，上海古籍出版社 1988 年版，第 2232 页。

② （宋）冯多福：《研山园记》，载陈从周、蒋启霆选编，赵厚均注释：《园综》上，同济大学出版社 2011 年版，第 33 页。

释的“简”中达到与万化冥合。

明代刘士龙在《乌有园记》中写道：

> 乌有，则一无所有矣。……况实创则张设有限，虚构则结构无穷，此吾园之所以胜也。……他如山鸟水禽，鸣蛙噪蝉，时去时来，皆属佳客，偶闻偶见，俱属天机，此又吾园人物之胜也。至于竹径通幽，转入愈好，花间迷路，壁折复还，则吾园之曲也。广岫当风，开襟纳爽，平台得月，濯魄欲仙，则吾园之畅也。出水新荷，嫩绿刺眼，被亩清蔬，远翠海空，则吾园之鲜也。积雨阶坪，苔藓班驳，深秋霜露，蒹葭离披，则吾园之苍也。怪石如人，隽堪下拜，闲鸥浴浪，淡可为朋，则吾园之韵也。孤屿渔矶，夕阳晒网，烟村酒舍，竹杪出帘，则吾园之野也。瀑惊奔雷，尘不到耳，藤疑悬绠，枝可安巢，亭置危峦，升从鸟道，桥接断岸，度自悬空，则又吾园之奇而险也。园中之我，身常无病，心常无忧；园中之侣，机心不生，械事不作。供我指使者，无语不解，有意先承；非我气类者，望影知懯，闻声欲遁。皆吾之得全于吾园者也。[1]

刘士龙用“吾园人物之胜”“吾园之曲”“吾园之畅”“吾园之鲜”“吾园之苍”“吾园之韵”“吾园之野”“吾园之奇而险”将此园所有的园林要素进行了情致的归纳，说明乌有园“实创则张设有限”，而“虚构则结构无穷”。竹径、新荷、清蔬、苔藓、怪石、闲鸥、孤屿、烟村、竹杪、瀑、藤、枝、亭、桥这些精微的园林实体

① （明）刘士龙：《乌有园记》，载陈从周、蒋启霆选编，赵厚均注释：《园综》下，同济大学出版社 2011 年版，第 231 页。

在园林空间的放置是多维度的，可重叠的，它们构建了一个有限的简约的世界，然而，在鸣蛙、噪蝉、嫩绿、远翠、霜露、夕阳、积雨这些虚景的衬托下，于精微处见到了广大、见到了神气，“简”的意蕴也油然而生。乌有园简致的布局，不仅使人获得了全面的情致之趣，也实现了自我的“身常无病、心常无忧”。“机心不生、械事不作”的园中之侣是园主对园林景物的心性观照，是以我之心见物之性。乌有园有限的景观，寻求和满足了园主个性的自适，渗透了他对“一无所有”的理解和感悟。“乌有”乃“至简”，“至简”将世俗生活消除到了极致，使人的心性在自我审视中，窥见小就是大、有即是无，使人产生超出园林自身的远思逸致。

明代文震亨在《长物志》中写道：“元代画家云林的居所在高山丛林中，只设一几一塌，却令人联想到山居风致，顿觉通体清凉。”① 此句对“简”的利用说明，只有情性超朗虚恬者才能得到园林的真趣。虽只有一几一塌，比“无”多一，但却因为主人对物质环境的超然态度，以平常心对待一切事物的禅宗观念，展现出了山林至简生活的恬静清幽。明代陆绍珩的《醉古堂剑扫》有多处对“简”的描述，“辟地数亩，筑屋数楹。插槿作篱，编茅为亭。以一亩荫竹树，一亩栽花果，二亩种瓜菜。四壁清旷，空诸所有”②“疏帘清簟，销白昼唯有棋声。幽径柴门，印苍苔只容屐齿”③“园中不能办奇花异石，惟一片树阴，半庭藓迹，差可会心忘形”④“净几明窗，一轴画，一囊琴，一只鹤，一瓯茶，一炉香，一部法帖。小园幽径，几丛花，几群鸟，几区亭，几卷石，几池水，几片闲云”⑤。

① （明）文震亨著，汪有源、胡天寿译：《长物志》，重庆出版社 2008 年版，第 379 页。
② （明）陆绍珩编著：《醉古堂剑扫》，岳麓书社 2016 年版，第 115 页。
③ （明）陆绍珩编著：《醉古堂剑扫》，岳麓书社 2016 年版，第 93 页。
④ （明）陆绍珩编著：《醉古堂剑扫》，岳麓书社 2016 年版，第 57 页。
⑤ （明）陆绍珩编著：《醉古堂剑扫》，岳麓书社 2016 年版，第 59 页。

描述中出现的“一”既代表少，也代表无，代表少是指它的数量和体块，代表无是指“一即一切，一切即一”，是至上的本体的无。“二”“四”“半”“几”则代表了人对这个世界和万物的观照，它不是对现实的写照，而是对心灵的写照。心灵深层的直接体验来自这一亩竹树、一亩花果的至简生活方式，来自一瓯茶、一炉香的至简生活态度。

清代的俞樾在《曲园记》中感叹道：“嗟乎，世之所谓园者，高高下下，广袤数十亩，以吾园方之，勺水耳，卷石耳。……《传》曰：‘小人务其小者’，取足自娱，大小固弗论也。”① 曲园的曲尺形的园基平面，从南到北，长 40 余米，宽 10 余米，而从西到东，长 10 余米，宽 20 余米，可谓是真正的小园了。然正是在这小园中，“取足自娱”恰恰表达了园不求大，只求能流连、守拙、隐退和归复自然的文人情怀。在园中求的不是物质的“有”，而是精神的“无”。清代郑板桥说：“十笏茅斋，一方天井，修竹数竿，石笋数尺，其地无多，其费亦无多也。……何如一室小景，有情有味，历久弥新乎！对此画，构此境，何难敛之则退藏于密，亦复放之可弥六合也。”② 在一方天井中弥合六虚，实现从天井中见到天地，小世界中见到大宇宙。园林正是以这种可以实现的“简”的方式来完成从小我见天地的转化。也正是这种以有限的“实”表现无限的“虚”的心理需求，将园林有意识地设计为“简”成了一种风尚。

“贵无”思想的影响下所推崇的“简约”，不仅体现在文人园林的空间布局、生活方式上，还体现在文人园林的色彩上。老子言

① （清）俞樾：《曲园记》，载陈从周、蒋启霆选编，赵厚均注释：《园综》上，同济大学出版社 2011 年版，第 248 页。

② （清）郑燮：《郑板桥全集·板桥题画》，中国书店 1985 年版，第 25 页。

"五色令人目盲"[1]，庄子言"五色乱目，使目不明"[2]，雕饰彩绘的美被认为是俗的。宗白华指出，从魏晋六朝开始，中国人的美感已经"认为'初发芙蓉'比之于'镂金错采'是一种更高的境界。"[3]法天贵真，不拘于俗的思想，使文人倾向于清真朴素的色彩。于是，至简的园林对应的不是错彩镂金的华贵美，而是清水芙蓉的淡雅美。文人园林的建筑因此具有雅洁素朴的色调，配以花草竹木的装饰色彩。如苏州网师园的冷香亭，其攒尖顶是黑色的，漏明窗是白色的，粉墙黛瓦，黑白相映，素净简淡。园林中繁多的色彩都被这黑白二色所构成的围墙所包围和稀释。黑和白作为色彩序列的两极，把持着"无"在园林色彩的主导地位。

综上所述，中国园林对"无"的追求投射到了园林"简"的风格上，文人引一湾溪水、置几片假山，用"简"的格局构建了一个虚灵的空间和虚空的世界。人在目之所见的有意蕴的景致里，首先看到了自己契合大道的，荡却一切俗尘世念的心。园林景致也因心的观照而在虚空的氤氲中显示出意义。

三、因借：巧于因借

园林执着于对"无"的追求，努力用"有"实现"无"，于是，就产生了虚而待物，打破界域，扩大空间的创构审美意境的重要方法——借景。也因为园林的"小"和"简"，为了拓展园林空间、丰富园林内涵，借景成为园林设计的必备手段，"巧于因借"，通过借"实"来实现"虚"。

计成在《园冶》卷三《借景》中说："构园无格，借景有因。……

---

① 陈鼓应：《老子注译及评介》，中华书局 2009 年版，第 104 页。

② 陈鼓应：《庄子今注今译》，中华书局 2009 年版，第 359 页。

③ 宗白华：《中国美学史论集》，安徽教育出版社 2006 年版，第 15 页。

高原极望，远岫环屏，堂开淑气侵人，门引春流到泽。……山容蔼蔼，行云故落凭栏；水面粼粼，爽气觉来欹枕。南轩寄傲，北牖虚阴；半窗碧隐蕉桐，环堵翠延萝薜。”①可见，借景就是要以园外空间来丰富园内景观的层次，达到虽在外犹在内的视觉效果。“园林巧于因借，精在体宜，愈非匠作可为，亦非主人所能自主者；须求得人，当要节用。因者：随基势之高下，体形之端正，碍木删桠，泉流石注。互相借资；宜亭斯亭，宜榭斯榭，不妨偏径，顿置婉转，思谓‘精而合宜’者也。借者：园虽别内外，得景则无拘远近，晴峦耸秀，绀宇凌空，极目所至，俗则屏之，嘉者收之，不分町畽，尽为烟景，斯所谓巧而得体者也。”②此段将“巧于因借”分为了两个要素，“因”与“借”。“因”即指造园所要依据的环境和条件，应顺势而成，巧用天时地利；“借”即指借景，对客观已存在的环境和景物加以利用。因与借是相辅相成、相互统一的。“因”是园林内在的组成部分，“借”是园林外在的组成部分。“借”是主观对客观的选择和利用，是根据主体对客观景物的鉴赏所作出的屏或收的决定。而被借的景物本就是“有”，一种“有”就是园林周围的自然环境，可以借来作为整个园林的背景，以烘托园林外在景境的深邃。这种借往往是对园林整体环境的营造，比如承德避暑山庄就充分地利用了全方位的山体环境。一种“有”就是某个山水景物的外在特征，可以借来丰富园林内在景观的层次，以烘托园林的自然天成。但无论是何种“有”，都是为了进行有限空间向无限空间的转化，通过“有”实现“无”，从而达到内外呼应，浑然天成的视觉效果。借景将零散的景观构成有机的整体，有时此景观的主景又可成为彼景观的借景，让一景发挥多种作用，即使园外之景也

① （明）计成著，陈植注释：《园冶注释》，中国建筑工业出版社 1981 年版，第 233 页。

② （明）计成著，陈植注释：《园冶注释》，中国建筑工业出版社 1981 年版，第 41 页。

可以纳入观者的视野，既丰富了层次又多变了景观，可以说是一种高明的以小见大、无中生有的艺术手法。因此，计成就强调“夫借景，园林之最要者也”[①]。

祈彪佳在《越中园亭记》中对曲水园进行了这样的描述：“先大夫所构为寓也。然而卧龙盘旋，雉堞外诸山环列，登朝来阁，望千岩万壑，使人应接不暇，居然城市山林，盖寓也而实园矣。”[②]概述曲水园对于周围自然环境的整体利用，感慨院内景观的丰富和充实，尽管美景都在园外。此曲水园就是一起借景的优秀案例。因为曲水园很小，院内无法通过实实在在的“有”实现园林景观的丰富，于是通过“借”的方式开阔了视野，增加了园林内容，将园外之“有”变成了院内之“有”，从而实现园林审美体验和审美意境的“无”。曲水园成功的借景说明“因借无由，触景俱是”。“无由”就是没有具体的死板的规定性的条件，关键就在于“触景”，也就是要利用到客观环境中已存在的优势景观。“因借无由”也就是要想尽一切办法达到对已存在的优势景观的充分利用。祈彪佳在《寓山注》中描述选胜亭时说：

> 乾坤自开辟，山水自浑濛也。此亭北接松径，南通峦雉，东以达虎角庵，游者之屐常满，然而素桷茅榱，了不异人意，惟是登亭回望，每见霞峰隐日，平野荡云，解意禽鸟，畅情林木，亭不自为胜，而合诸景以为胜，不必胜之尽在于亭，乃以为亭之所以生也乎！[③]

---

① （明）计成著，陈植注释：《园冶注释》，中国建筑工业出版社 1981 年版，第 237 页。

② （明）祁彪佳：《越中园亭记》，载陈从周、蒋启霆选编，赵厚均注释：《园综》下，同济大学出版社 2011 年版，第 101 页。

③ （明）祁彪佳：《寓山注》，载陈从周、蒋启霆选编，赵厚均注释：《园综》下，同济大学出版社 2011 年版，第 125 页。

亭之胜就在于“合诸景以为胜”，即借景的成功。此借景极大限度地扩展和深化了视觉空间，使得院内之亭与无穷的朦胧天际融为一体，霞峰隐日，平野荡云，呈现深远之感。“山水自浑濛”似在提示在自然环境中到处都存在着“因借”的可能性，只要设计者“巧于因借”，则“触景俱是”。

清代袁起在《随园图说》中写道：“登阁四顾，则长干塔、雨花台、莫愁湖、冶城、钟阜，虎踞龙蟠，六朝胜景，星罗棋布于窗前，遥望三山，白鹭洲，江光帆影，映带斜阳，历历如绘，非山之所有者，皆山之所有者。”① 袁起的“皆山之所有者”与祈彪佳的“亭之胜”是同一个道理，皆是通过“借”将非我之物纳为唯我之物。唯我可对眼前的画面进行取舍、剪裁和赏析，将园外的自然美景借入园内为我所用，使园景扩延至无穷，同时也增加了园林的野趣。不得不说，借景是造园特别是造小园必需的手段。它景延展了景观视域的深度，加大了景观视域的宽度，使视觉的平面构图可以随意组合，最大限度地利用了内与外、虚与实、远与近、敞与闭等多种对比关系，在园林“无”景的情况下完成视觉的“有”景，在视觉的“有”境的情况下完成审美的“无”境。

园林的“借”具体借些什么呢？

（一）借山。因为大自然的天成条件，易得群峰连绵、远岫如屏，所以在园林借景的案例中，最多的就是借山。如宋代司马光的独乐园就有“见山台”，拙政园有“见山楼”等。山开辟了视野的“空”和“有”，“空”是就深度而言，“有”是就景物的存在而言。山的“空”与“有”使园内景色平添幽远之境。明代王穉登在《寄畅园记》中写道：“寄畅园者，梁溪秦中丞舜峰工别墅也，在惠山之麓”，“登

① （清）袁起：《随园图说》，载陈从周、蒋启霆选编，赵厚均注释：《园综》上，同济大学出版社2011年版，第149页。

此则园之高台曲树，长廊复室，美石嘉树，径迷花、亭醉月者，靡不呈祥献秀，泄密露奇，历历在掌，而园之胜毕矣”。[①] 说明园林借山景可获得的山林之趣。明代徐有贞在《先春堂记》中有言：“余常过之，季清请余登焉，坐而四望，左凤鸣之冈，右铜井之岭，邓尉之峰其上，具区之流汇其下，扶疏之林，葱蒨之圃，棋布鳞次，映带于前后。”[②] 说明园外的山景大大地丰富了园林的视觉内容，这也是很多园林选择依山而建的重要原因。

（二）借水。水是自然的重要组成，但因为水较之山，资源相对比较难获得，所以园林借景的案例中，借水少于借山。且借水更多用于面积比较大的庄园别墅或皇家园林。明代刘侗所作的《帝京景物略》中就有较多的借水的案例。如：

> 但坐一方，方望周毕。其内一周，二面海子，一面湖也，一面古木古寺，新园亭也。(《英国公新园》)
>
> 三里河之故道，已陆作乂，然时雨则渟潦，泱泱然河也。武清侯李公疏之，入其园，园遂以水胜。以舟游，周廊过亭，村暧隍修，巨浸而孤浮。(《李皇亲新园》)
>
> 近都邑而一流泉，古今园亭之矣。……堤柳四垂，水四面，一渚中央，渚置一榭，水置以舟，沙汀鸟闲，曲房人邃，藤花一架，水紫一方。(《钓鱼台》)[③]

可见，水开辟了视野的“曲”和“静”，“曲”是就水的形态而

① （明）王稚登：《寄畅园记》，载陈从周、蒋启霆选编，赵厚均注释：《园综》上，同济大学出版社 2011 年版，第 130 页。

② （明）徐有贞：《先春堂记》，载陈从周、蒋启霆选编，赵厚均注释：《园综》上，同济大学出版社 2011 年版，第 173 页。

③ （明）刘侗：《帝京景物略》，载陈从周、蒋启霆选编，赵厚均注释：《园综》上，同济大学出版社 2011 年版，第 6—9 页。

言，“静”是就水体的状态而言。水的“曲”与“静”使园内景色平添秀丽之境。

（三）借建筑。造园者为了满足视野的饱和度，通常也将园外或远或近的特色建筑视为借景对象，其中以视点较高的塔居多。如宋代李格非在《洛阳名园记》中曾这样描述环谿：“榭北有风月台，以北望，则隋、唐宫阙楼殿，千门万户，岧峣璀璨，亘十余里，凡左太冲十余年极力而赋者，可瞥目而尽也。”[①] 此段的描述，将园外建筑的浮华热闹引入了园内，增添了园内的人气。明代王世贞在《游金陵诸园记》中写道：“亭西高阜，亭其上，曰‘碧云深处’，可以远眺朝天宫，北望清凉、瓦宫、浮图、乌龙之灵应观，亦佳处也。”[②] 清代张英的《涉园图记》中写道：“然后为深堂邃阁，曲磴长廊，以襟带乎其中。”[③] 这些描写都说明对建筑形态、色彩、整体动势的借用，极大地丰富了视觉画面的形式感，充实了园林的构图语言。

（四）借花木。《园冶》中有句“堂开淑气侵人，门引春流到泽”[④]，说明要将园外的古木名花都“嘉则收之”，增加园林视觉的线形和点形元素。园记中多有关于花木的画面记载，如：

> 曰“椒庭”者，广除也，可以眺山椒。曰“爽台”者，踞椒庭而耸，梧竹承之，是不尽丽于山水者也，然而山水

① （宋）李格非：《洛阳名园记》，载陈从周、蒋启霆选编，赵厚均注释：《园综》下，同济大学出版社 2011 年版，第 167 页。

② （明）王世贞：《游金陵诸园记》，载陈从周、蒋启霆选编，赵厚均注释：《园综》上，同济大学出版社 2011 年版，第 140 页。

③ （清）张英：《涉园图记》，载陈从周、蒋启霆选编，赵厚均注释：《园综》下，同济大学出版社 2011 年版，第 69 页。

④ （明）计成著：陈植注释：《园冶注释》，中国建筑工业出版社 1981 年版，第 233 页。

之致袭焉，故曰“兼所丽”也。[①]（明·王世贞《安氏西林记》）

晋陵多陂池竹木之胜，而西南之滨，尤饶逸致。碧流三尺，红芷百寻，郭穑接天，檐牙隐树，早畦未剪，菜香袭衣，远陇相环，麦秀成浪。时值春寒，芳桃满枝，忽闻鸟声，落蕊盈陌，十里五里，飞花有台，朝阳夕阳，游丝亘路。[②]（清·方履篯《春暮游陶园序》）

可见，花木的形、色、香都是园林借用的作用内容，它在借景的地位虽比不上借山借水，但却对调节园林气氛起了很重要的作用。应该说，花木之借既借了“实”也借了“虚”。实则为花木的形态和颜色，虚则为花木的香味和声音，如风吹竹林的声音等。对花木的借用活跃了园林的生动性，投入了对生命的关注，也反映了园林中人与万物平等且融合的关系，一种对“道”的追求。

粗看，园林是在借山、水、建筑、花木的“实”；细嚼，园林在借山、水、建筑、花木的“虚”。清代张潮说：“山之光、水之声、月之色、花之香、文人之韵致、美人之姿态，皆无可名状、无可执著，真足以摄舍魂梦、颠倒情思。”[③]这些不可名状的摄舍魂梦的“虚”是来自“实”的。于是，在实处借虚，在虚处借实，淡而不薄，厚而不滞。“虚”之所借应四时之变而有所异。春见山容，夏见山气，秋见山情，冬见山骨，所借之景的变化会带来所成之境的变化。当然，园林的借景不是机械的，而是一系列所借景物的相互组合，互妙相生，共同完成园林意境的生成。如《园冶》说：

① （明）王世贞：《安氏西林记》，载陈从周、蒋启霆选编，赵厚均注释：《园综》上，同济大学出版社 2011 年版，第 129 页。

② （清）方履篯：《春暮游陶园序》，载陈从周、蒋启霆选编，赵厚均注释：《园综》上，同济大学出版社 2011 年版，第 118 页。

③ （清）张潮：《幽梦影》，中州古籍出版社 2017 年版，第 55 页。

“泉流石注，互相借资”[①]“窗虚蕉影玲珑，岩曲松根盘礴”[②]“花间隐榭，水际安亭，斯园林而得致者”[③]。《幽梦影》说：“有青山方有绿水，水唯借色于山”[④]“筑园必因石，筑楼必因树，筑榭必因池，筑室必因花”[⑤] 等。可见，一系列所借景物的互妙相生，就是因为它们于天地之间所存在的联系。正如《幽梦影》中所说：“园亭之妙，一字尽之，曰借，即因之类耳。”[⑥] 借是因为它们是相互关联的事物，说明了世界万物并不是孤立存在的，它就是“有”与“无”的相生相长，也更说明了宇宙是一个整体，每一事物都在相互联系和相互转化中，更好地体现着这个整体。

李渔也在《闲情偶寄》中从多个侧面比较系统地论述了自己关于“取景在借”的思想。“借景”是为了“生境”，生出画境和意境。造园者利用“借”的方式将小空间虚幻成大空间，实现画面中的借无生有，意境中的借有生无。“借”首先完成了平面的构成形式，不但有峰峦丘壑、竹树云烟，而且还有楼台亭榭，构成丰富的视觉层次，构成画境。其后完成了立体的虚境意象，画面的形成为园林意境的产生做好了铺垫，通过心与境的契合，构成意境。因此，借景只是园林设计的重要手段，而“虚”的显现和意境的实现才是园林设计的根本，最终都体现着对“无”的执着追求。

---

① （明）计成著，陈植注释:《园冶注释》，中国建筑工业出版社 1981 年版，第 41 页。
② （明）计成著，陈植注释:《园冶注释》，中国建筑工业出版社 1981 年版，第 53 页。
③ （明）计成著，陈植注释:《园冶注释》，中国建筑工业出版社 1981 年版，第 68 页。
④ （清）张潮:《幽梦影》，中州古籍出版社 2017 年版，第 162 页。
⑤ （清）张潮:《幽梦影》，中州古籍出版社 2017 年版，第 229 页。
⑥ （清）张潮:《幽梦影》，中州古籍出版社 2017 年版，第 229 页。

第三章　虚实与园林景观构成

中国文人用“俯仰自得”的精神，通过园林这一载体来欣赏宇宙，经过“游心于虚”的体验过程而进入“俯仰终宇宙，不乐复何如”的境界。中国园林由各种景观要素组合构成所表现出来的空间美感，也是和中国独特的空间意识和宇宙情怀分不开的。可以说，作为“人化自然”的园林，其中每一个景观构成要素，每一个“静、远、深”的景，也都是文人淡泊宁静心态的物化。

宋代郭熙在《林泉高致》中说：“谓山水有可行者，有可望者，有可游者，有可居者”[①]，中国园林是由多门艺术在多维空间内组成的一个综合体，其中的物质构成要素众多，常见的亭台楼阁、水石花木，不仅可以满足人视觉欣赏的要求，还可以通过围合形成人起居休憩的生活空间。园林生活空间的功能性，是园林区别于山水画的一个最重要方面。而且，从实践功能看，园林首先要满足其物质功能，才能实现其精神功能。北宋朱长文《乐圃园》就描述了园林的生活及其物化：

---

① （宋）郭熙著，周远斌点校：《林泉高致》，山东画报出版社 2014 年版，第 16 页。

圃中有堂三楹，堂旁有庑，所以宅亲党也。堂之南，又为堂三楹，命之曰“邃经”，所以讲论六艺也。邃经之东，又有米廪，所以容岁储也。有鹤室，所以畜鹤也。有蒙斋，所以教童蒙也。邃经之西北隅有高冈，命之曰见山冈。冈上有琴台。琴台之西隅，有咏斋，此余尝拊琴赋诗于此，所以名云。……池中有亭，曰“墨池”，余尝集百氏妙迹于此而展玩也。池岸有亭，曰笔溪，其清可以濯笔。溪旁有钓渚，其静可以垂纶也。钓渚与邃经堂相直焉。有三桥，度溪而南出者，谓之招隐；绝池至于墨池亭者，谓之幽兴。①

在这个园林的物质性构建中，有体现物质性功能要求的，如供宅亲、储粮，更多地体现精神性功能要求，如供讲经、畜鹤、见山、抚琴、赋诗、赏书、垂钓、归隐等。这是借助于物质性功能而实现“游于艺”的审美理想的景观构成布局。虽然，在中国园林的景观构成中，特别是在文人写意园中，精神生活的要求重于物质生活的要求，但是，这些要求的满足都必须通过物质性的实体来实现。中国园林的精神都依附在了园林景观的形质上，园林的每一景观构成要素上都寄寓了中国人的思想和情感，它是中华民族文化心理、审美习惯、美学追求和生活理想的集中体现。

园林作为一个可行、可望、可游、可居的物质性实体，其中有一部分是景观构成要素组成的实景，而有一部分是景观构成要素引发的虚景。那么，其中有哪些重要的景观可以帮助实现可行、可望、可游、可居呢？它们分别被寄寓了怎样的审美情感和理想呢？

① （宋）朱长文:《乐圃园》，载陈从周、蒋启霆选编，赵厚均注释:《园综》上，同济大学出版社 2011 年版，第 163 页。

被寄寓了审美情感和理想的景观构成要素又是如何显现园林中的虚实关系的呢?

第一节　园林中的实景

中国园林中的山水、建筑、植物以面、线、点的构成形式组构了园林空间的布局，并以各自不同的形质在园林营造中发挥着各种不同的作用。对于一个典型的中国园林而言，它们三者缺一不可。它们在形态、比例、质感、色彩等方面都存在着对比，但在造园空间里又各得其所。园林实景使得园林既有多样性，又有统一性；既有差异和对比，又有协调和一致；既存在相反，又存在相同；既有动势，又有均衡。可以说，园林把不同性格的景物，通过空间上的布置统一到了整个园林之中。

一、建筑景观

图 3—1 （宋）李嵩《水殿招凉图》（绢本设色　24.5×25.4 厘米　台北故宫博物院藏）

中国园林建筑是以木结构为主的建筑体系。体块的量感，使它在相对柔性的山水花木等自然景物的衬托下，外形轮廓显得越发分明，空间范围显得越发集中。也因此更加容易集中观者的视线，成为整个园景的景观中心。建筑本身具有遮阴避雨、满足游览休息和居住的实用功能，所以，园林空间中的休憩性的景观建筑一般会放置在欣赏景致最佳的位置，方便观者在休息时能“俯仰自得”。于是，建筑以自身独特的外观和独特的实用功能，成为园林中“望”与“被望”的对象。它的双重身份显示出它的实用和观赏的双重功能。例如，陈继儒在《小窗幽记》中就说到楼的功能性：“读书宜楼，其快有五：无剥啄之惊，一快也；可远眺，二快也；无湿气浸床，三快也；木末竹颠，与鸟交语，四快也；云霞宿高檐，五快也。”[①] 楼的这些功能既满足了人的身体需求，又满足了人的心理需求。因此，园林建筑既要满足人们“外适内和”的生活需要，达到可行、可望、可居、可游，又要与自然文化协调相融。生理需求和精神欲求决定了建筑形式的多样性：堂、厅、楼、阁、馆、轩、斋、榭、舫、亭、廊、桥等。它们各自不同的体块造型决定了它们在构成层面的虚实关系中的作用。

就虚实关系来谈论园林建筑，可将建筑的形式分为两种。一种是封闭性的园林建筑，如：堂、厅、楼、馆、阁、斋等；一种是开放性的园林建筑，如榭、廊、亭、桥等。

（一）封闭性的建筑

封闭性的建筑，一般将其室内空间视为实空间，室外空间视为虚空间。而连接虚、实空间的建筑要素就是窗。从实用的角度讲，窗能够通风、采光、启闭，打破封闭局促的格局，能够让虚实空间的物质之“气”连成一片波流，以此获得开敞空灵的空间美感。封闭性建筑通过窗，使整个空间具有了内外交流、虚实相生的可能性，这种气息周流的空间体现了中国建筑“隔”与“透”、“亏”与

① （明）陈继儒著，陈桥生评注：《小窗幽记》，中华书局2016年版，第184页。

图 3—2　苏州网师园窗棂

"蔽"的统一。

窗作为"被望"的对象，本身就具有美的特质。《园冶》《闲情偶寄》《长物志》都对窗的样式作了充分的说明。各式花纹木框的窗，既有从现实中概括出来的具象，又有几何形的抽象，在艺术造型上具有中国独创的审美特色。窗作为"望"的对象，主要体现在了"开窗莫妙于借景"[①] 上。通过窗框架或其中的花格来实现对外部空间的借景或对景，实际上是建筑为人提供了自内而外的审美观照方式，使人能从有限的实空间过渡到无限的虚空间，从有限的物质空间过渡到无限的心灵空间，从有限的构成空间过渡到无限的意境空间。

一个好的窗就是一个好的画框，室内人在面对窗时，将窗外之景纳入扇面，"窗"和"景"就形成了扇面画，"卧游"其中，别有趣味。李渔在《闲情偶寄》中说："窗棂以明透为先，栏杆以玲珑为主"[②]，突出了窗"空灵"的特质。只有空与透，人才能通过窗和挂落栏柱所构成的框格来欣赏外界的景物，吐纳远近的空间，形成了各种窗意。如：

---

① （明）李渔撰，杜书瀛校注：《闲情偶寄 · 窥词管见》，中国社会科学出版社 2009 年版，第 119 页。

② （明）李渔撰，杜书瀛校注：《闲情偶寄 · 窥词管见》，中国社会科学出版社 2009 年版，第 116 页。

独怜幽竹山窗下，不改清阴待我归。（唐·钱起《暮春归故山草堂》）

闲卧北窗呼不醒，风吹松打雨凄凄。（宋·苏轼《逍遥堂》）

吾亦爱吾庐，芸窗几卷书。（元·陆祖允《菩萨蛮》）

乞得赵州柏树子，当窗乱插两三枝。（明·袁宏道《法华庵移柏树》）

日长挂起篷窗卧，满院野花蝴蝶飞。（清·敦诚《初夏村居》）

可见，窗是不同窗框格似无心而实为有心的生动画面，更是“唯道集虚”“虚而待物”的追求手段。李渔在描述舫窗的时候，说道：

四面皆实，独虚其中，而为“便面”之形。实者用板，蒙以灰布，勿露一隙之光；虚者用木做框，上下皆曲而直其两旁，所谓便面是也。纯露空明，勿使有纤毫障翳。是船之左右，止有二便面，便面之外，无他物矣。坐于其中，则两岸之湖光山色、寺观浮屠、云烟竹树，以及往来之樵人牧竖、醉翁游女，连人带马尽入便面之中，作我天然图画。且游时时变幻，不为一定之形。非特舟行之际，摇一橹，变一像，撑一篙，换一景，即系缆时，风摇水动，亦刻刻异形。是一日之内，现出百千万幅佳山佳水，总以便面收之。[1]

① （明）李渔撰，杜书瀛校注：《闲情偶寄·窥词管见》，中国社会科学出版社 2009 年版，第 119 页。

人在封闭的船空间，利用有心制作的窗孔，摄取了千变万化的景色，这正是“虚”在发生着作用，用一便面“虚而待物”。

“以内观外，固是一幅便面山水；而以外视内，亦是一幅扇头人物。”这“望”与“被望”皆是画面，充分说明了园林建筑所具有的双重身份。“同一物也，同一事也，此窗未设以前，仅作景物观；一有此窗，则不烦指点，人人俱作画图观矣。”①

在此，“作景物观”是非审美的视域，仅仅是对客观世界的观看。而“作画图观”是审美的视域，是对艺术美的观照。窗的设立，完成了从“观看”到“观照”的转换，实现了从“实”到“虚”的过渡。“非虚其中，欲以屋后之山代之也。坐而观之，则窗非窗也，画也；山非屋后之山，即画上之山也。不觉狂笑失声，妻孥群至，又复笑予所笑，而‘无心画’、‘尺幅窗’之制，从此始矣。”②此“无心”就是“虚其中”的“虚”，是以窗外的立体景色当作画面而已。“尺幅窗”的形质将分散的景色进行了限制，控制了视域范围，约束了视野，独立了画面的构成形式。

总之，无论是“无心画”还是“尺幅窗”，都是封闭性建筑借以在微观中窥见大千世界的物质手段，它凭借“无”才能“虚而待物”，凭借“虚”才能由“作景物观”到“作画图观”，由有限空间到无限空间。

（二）开放性的建筑

开放性的建筑一般顶部或底部是实体性的，其他部分是开敞

① （明）李渔撰，杜书瀛校注：《闲情偶寄·窥词管见》，中国社会科学出版社2009年版，第119页。

② （明）李渔撰，杜书瀛校注：《闲情偶寄·窥词管见》，中国社会科学出版社2009年版，第120页。

的，它既具有与外部空间相连的统一性，又有相对的独立性。

图 3—3 上海古猗园水榭

园林中的榭，一般是体量不大的开敞性的个体建筑。《园冶》说："《释名》云：榭者，藉也。藉景而成者也。或水边，或花畔，制亦随态。"① 说明榭的依附性。一般是在水边架起一个平台，一半伸入水中，一半架于岸边，用低平的栏杆绕平台一周。它根据景观意境的不同可建成适合的形式，也因此结构形式多变且灵活。如苏州拙政园的芙蓉榭、退思园的水香榭、上海古猗园的水榭等。它们都胸廓虚敞，依附于景，临水而筑，与山石花木配合成景。清代高士齐的《江村草堂记·酣春榭》就对榭的特点进行了描述："榭在瀛山之西，盈盈隔水，窗棂三面，递倚小山，上有海棠、绣球，自瀛山观之，繁艳迷目。岩葩砌草，更助芳菲。霞旦风宵，清谈娱客，樵苏不爨，酣春而已。"② 榭的虚廓的形质使它本身能很好地与周围的环境融为一体，还丰富了空间环境。

园林中的廊，一般由两排列柱顶着一个不太厚实的屋顶构成。《扬州画舫录》中写道：

> 浮桴在内，虚簷在外。阳马引出，栏如束腰，谓之廊。板上甃砖，谓之响廊，随势曲折，谓之游廊。愈折愈曲，谓之曲廊。不曲者修廊。相向者对廊。通往来者走

① （明）计成著，陈植注释：《园冶注释》，中国建筑工业出版社 1981 年版，第 81 页。

② （清）高士齐：《江村草堂记》，载陈从周、蒋启霆选编，赵厚均注释：《园综》下，同济大学出版社 2011 年版，第 60 页。

图 3—4　苏州网师园曲廊

廊。容徘徊者步廊。入竹为竹廊。近水为水廊。花间偶出数尖，池北时来一角，或依悬崖，故作危槛，或跨红板，下可通舟，递迢于楼台亭榭之间，而轻好过之。①

此段将廊“轻好”的特质突出，并说明其形式和功能的多元性。总的来说，廊的开放性空间或分隔或围合了部分园林空间，它是两个景观之间的过渡空间，引导了园景的观赏路线，同时自身也具有形式的可塑性和观赏性，如北湖静心斋随势起伏的爬山廊、扬州寄啸山庄上下两层的复道廊、苏州网师园迂回依傍的曲廊。

园林中的亭，体积小巧，造型别致多样。通常柱间通透，有的

① （清）李斗著，汪北平、涂雨公点校：《扬州画舫录》，中华书局 1960 年版，第 421 页。

图 3—5　苏州拙政园塔影亭

也设有矮墙。《扬州画舫录》写道："行旅宿舍之所馆曰亭。重屋无梯，从槛四植。"[①]《园冶》说："造式无定，自三角、四角、五角、梅花、六角、横圭、八角至十字，随意合宜则制，惟地图可略式也。"[②] 可见，亭的灵活性很大，只要有一小块地方，就能形成独特的园林景观。既生发了景色，又节省了空间。形式不同、处境各异的亭，既具有独立性和多变性，又因为自身开敞的特点具有较强的组合性，能够和周遭的环境结合在一起。如拙政园的塔影亭、怡园的南雪亭、狮子林的观瀑亭等。清代的黄图珌在《看山阁闲笔》中就对亭的建造之处有所描述，他说："古人必择有奇峰怪石、老树清泉之处，相就结构亭台，使一林丘壑环绕窗楹；高卧其间，自得天人图画之胜。"[③]

① （清）李斗著，汪北平、涂雨公点校：《扬州画舫录》，中华书局 1960 年版，第 420 页。
② （明）计成著，陈植注释：《园冶注释》，中国建筑工业出版社 1981 年版，第 80 页。
③ （清）黄图珌著，袁啸波校注：《看山阁闲笔》，上海古籍出版社 2013 年版，第 161 页。

图 3—6　苏州拙政园廊桥

园林中的桥，具有交通和观赏的功能。水体的美往往要桥来点缀才能更好地显现出来。中国园林中有很多以桥为主要构景元素的景观，如寄畅园的七星桥、颐和园的十七孔桥、北海静心斋的单孔小石桥等。园桥造型多变，因地制宜。平桥有凌波信步之感，可营造乡野气息；曲桥用来增加水面层次，变换观赏视线，陪衬水上亭榭，起到移步换景、延长游览行程的效果；拱桥则造型优美，赋予动态感，简朴雅致，自成画面；廊桥具伏波枕流之妙，既可遮阳避雨，又增加了桥的形体变化。园桥在自身形态变化的基础上，既利用了上部的虚廓的园林空间，又开放了下部的水体空间。倒影荡漾于碧波，平添了园林的秀丽之色。

综上所言，开放性的建筑虽然自身是建筑实景，有各自的功能和各种丰富多变的形态，作为“被望”的对象，是装饰性和游赏性很高的实体园林景观。但是，当它作为“望”的基点的时候，它利用的是更为广阔的“虚”的空间。由此，可以更加明确，虚无和实用是不能分而存之的，“有之以为利”和“无之以为用”是不可偏废的。建于天地间供人依托的建筑作为园林的实有，将“天、地、人”贯通一气，用各种形质去造就了意境的生成。

当然，园林建筑在园林中的构建并不是孤立的，往往更重视由各种建筑实体组合而成的群体景观。虽然群体的建筑景观有对称式、自然式和混合式多种格局，但都遵循中和、含蓄而深沉的美学风格。中国园林建筑善于运用借景手法，将远近高低之景、四季之相、天籁之音、天光云影都纳入视野范围之中，从而从有限的咫尺天地进入无限的大千世界，而后再从无限回到有限。于是，建筑帮助了观者从构成层面的虚实达到精神层面的虚实。

二、山石与水体景观

自从魏晋南北朝的文人雅士将自然山水作为审美和体道适性的对象开始，山水不仅在物质领域与人有了关系，同时也在精神领域与人有了关系。文人作为审美主体，凭借着山水，展示着自己精神世界的追求。他们开始撷取自然山水的形态和神韵，用于园林池山，以承载自己的山水情感。

（一）山石

孔子言“仁者乐山”，陶渊明吟“性本爱丘山”，辛弃疾叹“我见青山多妩媚，料青山见我应如是”，文人雅士的名言诗句，都在体现山这个实体是文人精神世界的客观物化。隐逸风尚引发了文人对山林的情怀。于是，日涉成趣的园林假山成了文人寄意丘壑山林的物质载体。无论是园山、楼山还是池山、阁山，都旨在营造林下雅趣，成为园主归隐山林的可视标准。

叠山造山，是中国园林的特色之一。明代张岱在《陶庵梦忆·记于园》中说："瓜州诸圆亭，俱以假山显，胎于石，娠于螺石之手，男女于琢磨搜剔之主人，至于园可无憾矣。"① 可见假山在园林造景中的重要地位。园林假山，利用山石点缀而达到"古、雅、奇"的艺术效果。唐宋以后的叠山艺术开始成熟，并趋精雅。宋徽宗所筑的假山艮岳，更是叠山艺术的高峰，其结构巧妙，规模庞大，可谓空前绝后。到了明代，园林山体的形质就发展出了 17 种形式。现存的苏州环秀山庄和耦园、上海豫园、扬州个园都是明清时代园林造山的佳作。园林中的假山都不再是大自然山岳、峰峦的真实摹写，而是造园者"搜尽奇峰打草稿"，把对自然真山的结构、规模、块面、线条等经过精心的提炼概括，成就出物理空间中实中

图 3—7　苏州留园冠云峰

① （明）张岱：《陶庵梦忆·记于园》，载陈从周、蒋启霆选编，赵厚均注释：《园综》上，同济大学出版社 2011 年版，第 69 页。

有虚、虚中有实的景物雕塑，将自然界的险峰佳景和千仞万壑浓缩于方丈尺寸之间。

明代潘允端在《豫园记》中说：“出祠东行，高下纡回，为冈、为岭、为涧、为洞、为壑、为梁、为滩，不可悉记，各极其趣。”① 山的类型是很丰富的，其不同的形质，将触发不同的审美感受。在文人眼里，园林假山当以真山视之。高耸峻立的峰、峦、岫，对于近观者，有仰视峻拔之感，对于远观者，有若即若离的深远感。且单块的湖石李峰可以给人以峰高插云的幻觉，堆叠的假山也可有险峰的意态。苏州狮子林的石峰，横向堆叠，三峰呈现不同的飞势，既符合参差的形式美，又妙在有意无意之间。陡险峭拔的壁、崖、岩，往往伴随着山林险趣。《园冶》论述了“悬岩峻壁，各有别致”的书房山，“宜坚宜峻，壁立岩悬”的内室山，以及“墙中嵌理壁岩”的厅山。壁上往往有文人的石刻，给狭窄的空间增添了诗意。幽暗深邃的洞府，其中虚的空间特征则伴随着一种神秘的审美心态。扬州个园的黄石假山洞府，洞外明亮之感与洞内光影变幻的幽暗形成强烈的对比，多洞门、多层次的形质构成窈然的景境，勾起观者奇妙的尘外之想。平坦旷远的坡、垅、阜，则是种植花木和放置怪石的最佳地带，它是形成对比和完成过渡的重要的空间环节。坡度不大的平地往往给人平易近人的现实感。祁彪佳的《寓山注》中写道：“余园率以亭台胜，独野区尚少，于是积土为坡，引流为渠，结茅为宇，蘋蓼萧萧，俨是江村沙浦，芦人渔子，望景争途。坡上中西溪古梅百许，便是林处士偕隐细君栖托者。”② 园林的坡垅给园林带来了旷野情趣。文人在这单纯的疏林空间中，可以扶古木而远

① （明）潘允端：《豫园记》，载陈从周、蒋启霆选编，赵厚均注释：《园综》下，同济大学出版社 2011 年版，第 2 页。

② （明）祁彪佳：《寓山注》，载陈从周、蒋启霆选编，赵厚均注释：《园综》下，同济大学出版社 2011 年版，第 131 页。

望，坐顽石而冥想，在山林野趣中观照自身。可见，园山不同的类型构建了不同情致的景观。

园山通常与建筑、植物相配合，出现各种角度的小视野的景观。如登山塌跺、山巅筑厅、堂后布石、墙角镶隅等。它们的组合促成了景观的完整性，渲染和丰富了园林的环境。园山不仅利用植物来营造山林之趣，还利用光的规律，注重采光和投影在山体所形成的立体效果。如临水假山的倒影、假山石缝的漏光在水中的反射、不同光照下石色的变化等。光在园山上的运用，延伸了园林的欣赏维度，拓展了园山的艺术语言。当然，土石相间的园山，土多者土山带石，石多者石山带土，但都朴实无华，有真切的山林野趣。

《林泉高致》说："石者，天地之骨也，骨贵坚深而不浅露。"① 石堆砌出了山的风骨。郑板桥的《题画·石》中将品石标准总结为"瘦皱漏透"。这是石的物质美感的评判标准，还有一种以石的情性为评判标准的"顽清丑拙"。"瘦皱漏透"洞悉了石作为三维空间的坚硬实体，所具有的玲珑剔透、虚灵嵌空的体态特点。它只是对奇石点、线、面、体等形态的观察和品赏，此乃"天趣"。白居易描绘过太湖石的"天趣"，他说："富哉石乎！厥状不一，有盘拗秀出、如灵丘鲜云者，有端俨挺立、如真官神人者，有缜润削成如珪瓒者，有廉稜锐刿如剑戟者。又有如虬如凤，若跧若动，将翔将踊，如鬼如兽，若行若骤，将攫将斗者。"② 此段一系列的"如""若"，正是通过对太湖石的物质性体态而获得的迁想妙得，是对太湖石"天趣"的品赏。明代顾大典在《谐赏园记》中也用一系列的"若"形容了石峰的天趣："群峰对峙，有若腾者，有若舞者，有若人者，

① （宋）郭熙著，周远斌点校：《林泉高致》，山东画报出版社 2014 年版，第 50 页。
② （唐）白居易：《太湖石记》，载陈从周、蒋启霆选编，赵厚均注释：《园综》下，同济大学出版社 2011 年版，第 228 页。

有若兽者，有嵌空者，有窈窕者，有突兀者，不可指计。”① 从石峰的整体形态和动态上展开了联想，于文字中描绘出了生动的画面。而“顽清丑拙”则投射了造园者的文化素养和情操，在“忘机得真趣”中将石性和人情相融合。《庄子》说：“众窍为虚”②，《淮南子》说：“夫孔窍者，精神之户牖也”③，石的空窍虚中之美、透气通神之妙，经过文人的澄怀观道，升华到了“气”“神”“太虚”的本体层面上。于是，石作为园林构成要素，与其有了异构同气的关系。王世贞在《弇山园记》中写道：“自是俯径之峰，其拙者曰‘似傲’。巧者曰‘残萼’，曰‘碎衲’，拙而大者曰‘大朴’，屏石之似白云而稍苍者曰

图 3—8　承德避暑山庄文津阁假山

① （明）顾大典：《谐赏园记》，载陈从周、蒋启霆选编，赵厚均注释：《园综》上，同济大学出版社 2011 年版，第 110 页。

② 陈鼓应：《庄子今注今译》，中华书局 2009 年版，第 39 页。

③ （西汉）刘安著，（汉）许慎注，陈广忠校点：《淮南子》，上海古籍出版社 2016 年版，第 155 页。

'苍玉'。"[①] 石或古拙，或朴厚，或瘦秀，或粗豪，其外在的形式美都沉淀为文人的自我写照，或显现自身的一身傲气，或表现自己返璞归真的意愿。可见，石的真趣不仅在物景，更在于人心。石的外形和实质与人的心境相契合，就如白居易在《太湖石记》中所说："百仞一拳，千里一瞬，坐而得之。此其所以为公适意之用也。"[②] 因此，观山赏石，不仅仅是一种感观上的愉悦，更是自我的心理满足。它不是以目观形，而是以心蕴神，通过石的形质，联想出人生的各种境遇，从而悟出生命自然的本质和宇宙的真谛。

因此，园山，无论是真山，还是真假掺杂之山，或是纯系假山；无论是秀润的豫园之山，还是玲珑的个园之山，或是峭拔的耦园之山，都贵在把自然界丰富的山体形象自如地集纳在有限的空间里，满足了文人寄意丘壑的隐逸情思。

（二）水体

《林泉高致》说"水者，天地之血也，血贵周流而不凝滞"，[③] 水能浇花滋木、养鱼育莲、洗庭涤园、降温消防，是园林不可或缺的角色。又说"水以山为面，以亭榭为眉目，以渔钓为精神，故水得山而媚，得亭榭而明快，得渔钓而旷落"[④]。液态的不成形的水是柔性的，它与岸上固态成形的事物刚柔相济，仁智相形，呈气韵生动。宋代李格非的《洛阳名园记》描述过水的这种生态特点："园中有湖，湖中有堂，曰'百花洲'……若夫百花酣而白昼炫，青

---

① （明）王世贞：《弇山园记》，载陈从周、蒋启霆选编，赵厚均注释：《园综》上，同济大学出版社 2011 年版，第 91 页。

② （唐）白居易：《太湖石记》，载陈从周、蒋启霆选编，赵厚均注释：《园综》下，同济大学出版社 2011 年版，第 228 页。

③ （宋）郭熙著，周远斌点校：《林泉高致》，山东画报出版社 2014 年版，第 50 页。

④ （宋）郭熙著，周远斌点校：《林泉高致》，山东画报出版社 2014 年版，第 49 页。

蘋动而林阴合，水静而跳鱼鸣，木落而群峰出，虽四时不同，而景物皆好”①。园林以水为题，因水取景，将水的妙用结合于模拟自然景象的园景中，可谓又进一筹。园林史上的秦上林苑、汉袁氏私园、唐辋川别业，以及苏州园林、岭南庭园，无不造化天地、纵水生辉。

园水，一般由一定的水形和岸形构成。不同的水形和岸形，可以构设出各式各样的水景。这些水景往往因水而平远，因花木而华翠，因景石而古趣，因禽鱼而助兴。如与山林环境结合在一起，便

图 3—9 北京颐和园昆明湖

尤有山情风雅、襟怀舒展之感。园林水形有池沼、溪涧、泉源、渊潭等，它们不是自然江河的简单缩影，而是对自然做艺术抒情的再现，体现了水的情性。

① （宋）李格非：《洛阳名园记》，载陈从周、蒋启霆选编，赵厚均注释：《园综》下，同济大学出版社 2011 年版，第 171 页。

池沼，可方可圆，多随地形地势而凿，以求水体的自然气息。《园冶》就提出："高方欲就亭台，低凹可开池沼"[①]"入奥疏源，就低凿水"[②]。池沼的水面相对较小，呈现出平静清幽的特点。北京皇家园林的池沼多见严整的格调，水形多几何形的图案。如北海静心斋内的水池是长方形，而静宜园见心斋的水池是半椭圆形。江南园林的池沼多见天然的格调，水形多是不规则的、自由式的。如上海南翔古猗园的水池，池岸极不规则，依势而弯，顺势而曲，曲折有致。江南园林池沼的自由与皇家园林池沼的严整形成了对比，也可见文人心中对天趣的尊重，对自由的渴望。苏州的网师园、留园、狮子林等园中的池沼，都现凹凸起伏，随其自然的岸线造型。溪涧，水面狭而细长呈带形。水流因势而绕，曲折迂回，不受拘束，给人幽邃深远之感。且狭长的溪涧能够环绕整个园林，其沟通周流的作用以构成园中之脉。无锡愚公谷就引进园外山麓的真涧，构建了园内的假涧。此涧多曲折，一路水声潺潺、芳草萋萋，极现野趣。南京瞻园精妙堂西侧的溪涧，则联络堂前堂后大小两池，前段湖石沿涧而砌，与堂前叠山壮景连成一气；后段平坡而渡，涧中若大若小，苇草沿溪漫长，循溪而步，涤尽尘俗。泉源，需看天机造化，自然天成。明代王稚登在《寄畅园记》中有这样的描述：

> 环惠山而园者，若棋布然，莫不以泉胜；得泉之多少，与取泉之工拙，园由此甲乙。秦工之园，得泉多而取泉又工，故其胜遂出诸园上……青雀之舳，蜻蛉之舸，载酒捕鱼，往来柳烟雨间，灿若绣缋，故名"锦汇漪"，惠

① （明）计成著，陈植注释：《园冶注释》，中国建筑工业出版社1981年版，第49页。
② （明）计成著，陈植注释：《园冶注释》，中国建筑工业出版社1981年版，第51页。

全支流所注也……台下泉由石隙泻沼中，声淙淙中琴瑟。[①]

将泉为活水，且得天独厚的特点呈现出来。渊潭，一般指临岸深水的水形，瀑布之下，承水成潭。相对于池沼的“平”、溪涧的“曲”、泉水的“源”、渊潭凸显出“深”的特点。明代文徵明在《玉女潭山居记》中描述：“潭在山半深谷，中渟膏碧，莹洁如玉，三面石壁，下插深渊，石梁亘其上，如楣而偃，草树蒙幂，中深黑不可测。上有微窍，日正中，流影穿漏，下射潭心，光景澄澈。俯挹之，心凝神释，寂然忘去”。[②] 渊潭给予人的是一种神妙不可测的审美感受。

图 3—10　承德避暑山庄文津阁

水为面，岸为域。园林水景的成功，离不开岸形的塑造和规划。与水形相适应的岸形，不仅能使水景有协调统一的效果，而且可以使有限的水域空间小而不迫，平远而不空幻。洲，属濒水的片状岸形，仿天然沙洲而成。梁孝王刘武的兔园雁池中就有鹤洲，唐朝裴晋公宅园中就有百花洲。岛，属块状岸形，一般指突出水面的土丘。如苏州环秀山庄的问泉岛、承德避暑山庄的环碧

① （明）王稚登：《寄畅园记》，载陈从周、蒋启霆选编，赵厚均注释：《园综》上，同济大学出版社 2011 年版，第 130—132 页。

② （明）文徵明：《玉女潭山居记》，载陈从周、蒋启霆选编，赵厚均注释：《园综》上，同济大学出版社 2011 年版，第 112 页。

岛。岛外水面萦回，水上板桥相引，岛心立亭，四周花木景石相配，玲珑巧妙。堤，属带形岸形，用于划分水景空间。如杭州西湖的苏堤、北京颐和园的西堤。堤的体量阔而长，由此岸导向彼岸，具有一定的过渡性和引导性。矶，属点状岸形，指突出水面的湖石。避暑山庄就有“石矶观鱼”，苏州拙政园就有“钓矶”。石平多置临岸处，供钓鱼望湖，石古则多置池中，以期被观。

水形的平、曲、源、深与岸形的片、块、带、点的形状相组构，形成了多样的水体。它们或回环，或汪洋，或奔流，或潺湲，或深静。在水的自然本性的基础上，造园者常采用掩、隔、破等拟虚的理水法，通过人工创造，达到“虽由人作，宛自天开”的目的。掩可以打破岸边的视线局限，造成池水无边的视觉效果；隔可以增加景深和空间层次，使水面有幽深之感。破可至一洼水池也似深邃山野风致。清代孙承泽的《春明梦余录》写道：“海淀米太仆勺园，园仅百亩，一望尽水，长堤大桥，幽亭曲榭，路穷则舟，舟穷则廊，高柳掩之，一望弥际”。[①] 表达了造园者的理水格局。在有限的园林空间里，通过掩、隔、破的理水手法，使一勺水尽显汪洋之势。同时，水景也丰富了园林中的游乐活动，比如采莲、垂钓、泛舟、流觞等，还创造了自然之趣，如听雨、望月、观影等。明代张岱在《陶庵梦忆》对砎园的描写将园林理水的巧妙娓娓道来，说明园林设计者将水运用到了极致：

砎园，水盘踞之，而得水之用，又安顿之若无水者。寿花堂，界以堤，以小眉山、以天问台、以竹径，则曲而长，则水之。内宅，隔以霞爽轩，以酣漱、以长廊、以小

① （清）孙承泽：《春明梦余录》，载陈从周、蒋启霆选编，赵厚均注释：《园综》上，同济大学出版社 2011 年版，第 12 页。

曲桥、以东篱，则深而邃，则水之。临池，截以鲈香亭、梅花禅，则静而远，则水之。缘城，护以贞六居、以无漏庵、以菜园、以邻居小户，则阋而安，则水之用尽。而水之意色，指归乎庞公池之水。庞公池，人弃我取，一意向园，目不他瞩，肠不他迴，口不他诺。龙山蹇蜓，三折就之，而水之不顾。人称矿园能用水，而卒得水力焉。①

总之，园水以其洁净、虚涵、流动的美与园山阳刚、虚透、挺拔的美成全了园林画意式的景境。清代李斗的《扬州画舫录》中就描绘了影园如画的景境：

园在湖中长屿上，古渡禅林之右，宝蕊栖之左。前后夹水，隔水蜀岗，蜿蜒起伏，尽作山势。柳荷千顷，萑苇生之。园户东向，隔水南城脚岸，皆植桃柳，人呼为小桃源……阁三面临水，一面石壁，壁上多剔牙松，壁下石涧，以引池水入畦。涧旁皆大石怒立如门，石隙俱五色梅，绕三面至水而穷。一石孤立水中，梅矣就之。②

可见，园山和园水组成了“芳林列于轩庭，清流激于堂宇”③的园林环境，并因“山川与予神遇而迹化”④。

① （明）张岱：《陶庵梦忆》，载陈从周、蒋启霆选编，赵厚均注释：《园综》下，同济大学出版社 2011 年版，第 138 页。

② （清）李斗著，汪北平、涂雨公点校：《扬州画舫录》，中华书局 1960 年版，第 175 页。

③ （南朝）刘义庆编，朱碧莲、沈海波译注：《世说新语》，中华书局 2011 年版，第 654 页。

④ （清）石涛著，周远斌点校纂注：《苦瓜和尚画语录》，山东画报出版社 2007 年版，第 33 页。

三、植物景观

园林中的植物，因其种类的多样性，形态的丰富性，成了园林空间里的弹性内容。因为植物是有机体，在生长的过程中会不断地变换着形态和颜色，所以植物也是园林构成要素中最富有变化的部分，可视为动景。植物不仅丰富了园林的空间，增添了园林的趣味，还可以用来划分景区，可谓作用颇多。造园者在莳花布置时，或摹写自然，或仿古人画意，植黄山松柏、古梅美竹，绘成秋菊竹篱、榆烟杏雨、荷塘月色、芦白江湖的景境。

图 3—11　苏州沧浪亭竹林

《园冶》说：

> 新筑易乎开基，只可栽杨移竹；旧园妙于翻造，自然古木繁花。①
>
> 风生寒峭，溪湾柳间栽桃；月隐清微，屋绕梅余种竹。似多幽趣，更入深情。两三间曲尽春藏，一二处堪为暑避。②
>
> 院广堪梧，堤湾宜柳；别难成墅，兹易成林。③

---

① （明）计成著，陈植注释：《园冶注释》，中国建筑工业出版社 1981 年版，第 49 页。
② （明）计成著，陈植注释：《园冶注释》，中国建筑工业出版社 1981 年版，第 57 页。
③ （明）计成著，陈植注释：《园冶注释》，中国建筑工业出版社 1981 年版，第 53 页。

计成在此强调了植物与园林、与人之间的关系，也强调了植物所具有的功能性。因此，箬竹叶阔，低矮成片，就植于山石之间；像竹竿大而直，成片可遮阳避暑；紫竹竿叶纤细，可置于墙角屋隅。移竹当窗，则可以填补空白或者遮挡视线，就如留园的辑峰轩。为了不使建筑孤立，园中亭阁常种树木，正如沧浪亭掩于树木之中，拙政园绣绮亭出于错落有致的低矮花木之外。以上所举，说明植物的实用功能和观赏功能性决定了它在园林环境中的位置。张潮在《幽梦影》中就植物不同的观赏功能做了划分：

花之宜于目而复宜于鼻者：梅也、菊也、兰也、水仙也、珠兰也、莲也。止宜于鼻者：橼也、桂也、瑞香也、栀子也、茉莉也、木香也、玫瑰也、腊梅也。余则皆宜于目者也。花与叶俱可观者，秋海棠为最，荷次之，海棠、酴醿、虞美人、水仙又次之。叶胜于花者，止雁来红，美人蕉而已。花与叶俱不足观者，紫薇也，辛夷也。①

这种划分说明，植物以其形、其色、其香、其叶点缀着园林，充实着园林。形态上讲究的是对比，古树的凌霄而上，莲花的亭亭玉立，俨然是两种不同的风姿。它们构成了园林高低错落的两个空间层次。多植物组合的植群的形态可以形成空间的多个层次，看似散乱，实则相互呼应。色彩上讲究的是缤纷，园林建筑和山水的色彩相对而言是简单的，而植物缤纷绚烂的色彩会使整个园林活泼生机。不同花色、花期的花木可使园林月月有花，季季有景。香味上讲究的是雅淡。园林植物的香味往往是随着自然之象的风在气中弥漫的。它虽然不及视觉，但却开放了嗅觉，使人的感官尽可能地投

① （清）张潮：《幽梦影》，中州古籍出版社 2017 年版，第 75 页。

入了景境之中，帮助了审美体验的完成。叶子讲究的是季相。叶色在一年春季发叶时由浅入深，到秋季换叶时由深而浅，以致枯黄凋谢，似有“梧桐一叶落，天下尽知秋”的意蕴。《扬州画舫录》中就花木的色彩作了诗意的描述：

涵虚阁之北，树木幽邃，声如清瑟凉琴。半山槲叶当窗槛间，碎影动摇，斜辉静照，野色连山，古木色变。春初时青，未几白，白者苍，绿者碧，碧者黄，黄变赤，赤变紫，皆异艳奇采不可殚记。颜其室曰“珊瑚林”，联云：“艳采芬姿相点缀，珊瑚玉树交枝柯”。[①]

园中植物在空间中的配置，还注意到其作为背景的环境。审美感知层面的虚实相生，在此体现得尤为明显。花色浓艳的植物多放置在粉墙前，犹如纸上设色。花色清淡的植物则放置在绿丛前或空旷处，犹如画中提白。它们之间质感、姿态、色彩的对比，丰满了构图，柔化了环境。可见，植物的花、果、叶、枝、干能分别地或综合地呈现出点、线、色、姿、香的静态或动态的美。它们或分散、或交替、或集中地分布在一个园林中，与其他园林要素一起构成可见的有意味的景境。《乌有园记》中就描绘了植物美的景境：

而其次在树木。秾桃疏柳，以妆春妍；碧梧青槐，以垂夏荫；黄橙绿桔，以点秋澄；苍松翠柏，以华冬枯。或楚楚清圆，或落之扶疏，或高而凌霄拂云，或怪如龙翔虎踞。叶栖明霞，枝坐好鸟。经行偃卧，悠然会心。此吾园树木之胜也。而其次在花卉。高堂数楹，颜曰“四照”，

① （清）李斗著，汪北平、涂雨公点校：《扬州画舫录》，中华书局1960年版，第273页。

合四时花卉俱在焉。五色相错，烂时锦城。四照堂而外，一为春芳轩，一为夏荣轩，一为秋馥轩，一为冬秀轩，分四时花卉各植焉。艳质清芬，地以时献。衔杯作赋，人以俟乘。此吾园花卉之胜也。①

刘士龙将花、木在园林中的姿色作了分别的描述，其变化之丰富，足以将园林点缀得勃勃生机。宋代洪适在《盘洲记》中更是将园中之美景中的植物作了详尽的分类：

白有：梅桐、玉茗、素馨、文官、大笑、末利、水栀、山樊、聚仙、安榴、衮绣之球；红有：佛桑、杜鹃、赪桐、丹桂、木槿、山茶、看棠、月季。葩重者：石榴、木蕖；色浅者：海仙、郁李；黄有：木犀、棣棠、蔷薇、踯躅、儿莺、迎春、蜀葵、秋菊；紫有：含笑、玫瑰、木兰、凤薇、瑞香为之魁。两两相比，芬馥鼎来。卉则：丽春、剪金、山丹、水仙、银灯、玉簪、红蕉、幽兰，落地之锦，麝香之萱。既赤且白：石竹、鸡冠；涌地幕天：荼蘼、金沙。生意如鹜，蝶影交加，厥亭“花信”。林深雾暗，花仙所聚，厥亭“睡足”。……木瓜以为径，桃李以为屏，厥亭“琼报”。西瓜为坡，木鳖有棚，葱薤姜芥，土无旷者，厥亭“灌园”。沃桑盈陌，封植以补之，厥亭；“茧瓮”。启六枳关，度碧鲜里，傍柞林，尽桃李蹊，然后达于西郊。②

---

① （明）刘士龙：《乌有园记》，载陈从周、蒋启霆选编，赵厚均注释：《园综》下，同济大学出版社 2011 年版，第 230 页。

② （宋）洪适：《盘洲记》，载陈从周、蒋启霆选编，赵厚均注释：《园综》下，同济大学出版社 2011 年版，第 210 页。

如此细致的描绘，宛如一幅田园风情图。四时不谢之花尽补园林之不足，可谓“纳千顷之汪洋，收四时之烂漫”。植物以其姿、其色、其花、其果、其叶，其中每个实体部分配合着园林景境的完成，与周围环境形成对照、渗透、过渡等关系。这些关系的形成其实都是虚实关系在园林中的延伸。

植物与园林环境的相配，除了功能的因素，还有的是植物气质。《幽梦影》说：“梅令人高，兰令人幽，菊令人野，莲令人淡，春海棠令人艳，牡丹令人豪，蕉与竹令人韵，秋海棠令人媚，松令人逸，桐令人清，柳令人感。”① 植物气质与人的情性的契合，使它与人之间有了更为密切和深层的关系。《醉古堂剑扫》言：“昔人有花中十友：桂为仙友，莲为净友，梅为清友，菊为逸友，海棠名友，荼蘼韵友，瑞香殊友，芝兰芳友，腊梅奇友，栀子禅友。”② 植物的生态习性、外在形态以及内在性格与文人的品性相互辉映，就成了文人的情感载体。如遗世独立的隐士欣赏梅花醉人心目的神姿，崇

图 3—12　承德避暑山庄沧浪屿

① （清）张潮：《幽梦影》，中州古籍出版社 2017 年版，第 136 页。

② （明）陆绍珩编著：《醉古堂剑扫》，岳麓书社 2016 年版，第 104 页。

雅绌俗的宋人更是追随着梅的清贞人格，观照着自身的神清骨爽，将爱梅赏梅视为风尚，将植梅视为陶情守志之举；陶渊明了悟桃花不事张扬的朴野美，并创构了理想中的集“美”“善”于一体的桃花源；竹秀逸有神韵，空心谦逊，弯而不折，凌云有志，既有挺拔的意象，又与文人的情怀相吻合，自古以来就是文人置园的首选植物；杨柳积淀了“家”的情愫，柳絮也是多愁善感的抒情对象，柳的姿态与水的柔性形成呼应，成为文人寄远望乡的情感因子；兰花独具气清、色清、神清、韵清，它孤高自傲的品格为历代文人所歌咏；莲的亭立洁净被比喻为人性的至善、清净和不染，于是成就了远香堂、藕香榭、曲水荷香等园林景观。园林中还有许多有气质的植物，它们往往综合运用在园林之中。明代张岱在《陶庵梦忆》关于不二斋的描述就说明了园林植物与环境在功能和气质上的相配。“不二斋，高梧三丈，翠樾千重；墙西稍空，腊梅补之。但有绿天，暑气不到。后窗墙高于槛，方竹数竿，潇潇洒洒，郑子昭‘满耳秋声’横批一幅，天光下射，望空视之，晶沁如玻璃、云母，坐者如在清凉世界。”[1] 可见，梧桐、腊梅、方竹在不二斋的放置，不仅有功能上的清凉作用，更有心理上的“坐忘以悟道”的作用。

不难发现，由于人的缘故，植物都蕴养着气质，并被赋予了各种被欣赏时的情感样式，说明审美感知层面的“实”是园林审美的重要载体。

四、实景的精神内涵

文人将园林实景作为审美的对象，实则是欲通过静观方式，由

---

① （明）张岱：《陶庵梦忆》，载陈从周、蒋启霆选编，赵厚均注释：《园综》下，同济大学出版社 2011 年版，第 138 页。

实达虚，由身外达心内，由观看自然达观照自我。正是这种移至心灵的审美视点，淡化了实景的物理存在，而浓化了人与万物共生共存、交流运动的心性存在。因此，园林中的每一个构景要素都被赋予了与其物理情性相符的精神内涵，当然，个体对自然的领悟会有所差异，会有自我的理解和创造。比如士人视山水为归隐的山野江湖，而帝王则视山水为万寿福海。尽管如此，园林实景所蕴含的妙理，仍是营造者和观赏者情趣的返照。他们在领悟到物中妙理之后，才能返归于内在心灵的自得。

《长物志》说，石令人古，水令人远，园林中的水石，最不可或缺。

（一）石的精神内涵

石乃山之体，乐山者也必好石。《周易》注："六二：介于石，不终日，贞吉"；疏："'介于石'者，得位履中，安夫贞正，不苟求逸豫，上交不谄，下交不渎，知几事之初始，明祸福之所生，不苟求逸豫，守志耿介似于石。"① 这里给石赋予了君子的德行。"介"为硬的意思，因此，石性延伸出来耿介、正直、刚强之意。文徵明就有诗赞石，曰"贞姿利用心难转，介气冲霄玉有光"②。郑板桥在《题画》中称赞说："介如石，臭如兰，坚多节，皆易之理也，君子以之。"③ 石的坚固可经得起时间的考验，也衍生出返璞、归真、守拙之意。《幽梦影》中就石的特性做了说明，说："梅边之石宜古，松下之石宜掘，竹旁之石宜瘦，盆内之石宜巧"，④ 此将植物的情性

① （魏）王弼注，（晋）韩康伯注，（唐）孔颖达疏：《周易注疏》，中央编译出版社 2013 年版，第 119 页。

② （明）文徵明著，周道振辑校：《文徵明集》，上海古籍出版社 2014 年版，第 974 页。

③ （清）郑燮：《郑板桥全集》，中国书店 1985 年版，第 18 页。

④ （清）张潮：《幽梦影》，中州古籍出版社 2017 年版，第 94 页。

与石的情性相匹配，意指人的中正。唐代的白居易、刘禹锡、李德裕，宋代的苏轼、米芾、叶梦得等都是爱石成癖的文人代表。在白居易的咏石诗里，奇石已然与人的情性完全结合在了一起，他赞叹石的精神、形态、气色、怪、丑、奇等。他对太湖石钟爱有加，称其为石族之甲品，他的《太湖石记》更是确立了太湖石在品石谱中的地位。李德裕的平泉山庄收集了各种名山大川的奇石。康骈的《剧谈录》这样描述平泉山庄的奇石："有平石，以手磨之，皆隐隐见云霞、龙凤、草树之形。"① 李德裕说："又得江南珍木奇石，列于庭除。平生素怀，于此足矣。"② 米芾拜石，这种爱而亲之的狂热行为，一方面说明了石所具有的种种美质，另一方面说明石完全成了文人自我观照的对象。叶梦得号称石林居士，把自己的园林称为"石林"，设有"石林精舍"，并将自己的著作都与石林联系起来，著有《石林诗》《石林燕语》等。以上文人的种种行为都说明了他们对石的钟爱。他们将石"待之如宾友，视之为贤哲，重之为宝玉，爱之为儿孙"③，将石看作园林之骨，其根本原因在于石所具有的精神内涵。"石"业已成为反映文人墨客理想的符号。

（二）水的精神内涵

《楚辞》中的沧浪之水，渐以成为隐逸的象征符号。文人用水的清浊来暗喻世道的清浊，用水本身的清浊来暗喻人的道德修养的优劣。唐代韩愈在《燕喜亭记》中言："池曰'君子之池'，虚以钟

---

① 陈从周、蒋启霆选编，赵厚均注释：《园综》下，同济大学出版社 2014 年版，第 165 页。

② （唐）李德裕：《平泉山居戒子孙记》，载陈从周、蒋启霆选编，赵厚均注释：《园综》下，同济大学出版社 2011 年版，第 164 页。

③ （唐）白居易：《太湖石记》，载陈从周、蒋启霆选编，赵厚均注释：《园综》下，同济大学出版社 2011 年版，第 229 页。

其美，盈以出其恶也。”[①] 在此，韩愈用池指君子的度量，水虚与其中喻以聚集美德，水盈与其外喻君子的节操能去除恶行。且水的流动洗涤的功能强调了自我修养、清静无为的重要性。明亮平静又有微动的水正如文人澄澈的心境。所以，园林中的水就具有了“隔绝尘嚣、淡泊名利”的精神内涵。北海的濠濮间想、颐和园的知鱼桥、沧浪亭的濠上观，就取水的内涵造景，象征着对名利的超脱，对高洁人格的自省。清代钱大昕的《网师园记》中用“沧波渺然，一望无际”来形容水的远。水远则令人思。颐和园的谐趣园，以水池为中心，周边的主体建筑为“涵远堂”，意指堂前的水将远方的空间、万物、气都涵于其中，人在此观赏水景，也静观了宇宙，返照了自身。拙政园的“志清处”在沧浪亭之南，下瞰平池，渊深浤渟，俨如江湖，谓之“临深可以志清”。文徵明就有诗曰：“岂无风月供垂钓？亦有儿童唱濯缨。满地江湖聊寄寓，百年鱼鸟已忘情。舜钦已矣杜陵远，一段幽踪谁与争。”[②] 于是，有限之水就化成无限之虚，引发了江湖之远意。水既在说明物质，也在暗示人品，它在情景互涵的观照之中，在水的物质性和精神性的清濯净化的审美功能中，更加注重借助物质性的“实”的载体，实现精神性的“虚”的追求。

（三）石舫的精神内涵

园林中的“石舫”，是仿照船舟的造型置于水中或者旱地的建筑。狮子林的石舫是写实的建筑，退思园的闹红一舸是写实与写意结合的建筑，而耦园的藤花舫则是完全写意的建筑，皆有似静而

---

① （唐）韩愈：《燕喜亭记》，载赵雪倩编注：《中国历代园林图文精选》第一辑，同济大学出版社 2005 年版，第 270 页。

② （明）文徵明著，周道振辑校：《文徵明集》，上海古籍出版社 2014 年版，第 1173 页。

动、似动而静的美感。老子言："道不行，乘桴浮于海"①；庄子言："巧者劳而知者忧，无能者无所求，饱食而敖游，泛若不系之舟，虚而敖游者也。"②可见，舟不仅去劳解忧，而且能远离危险，任由逍遥的运作正符合隐逸的归想。庄子还曾以虚舟和实舟比喻无我和有我，认为"人能虚己以游世，其孰能害之"③，于是，虚己游世而无碍成了舟舫的一个重要内涵。上海南翔古猗园中依岸而建的舫，其匾额为"不系舟"，点明了舫泛虚而不系的似舟非舟的特点。不受牵绊、来去自由的超功利的生命境界在石舫这一园林实景中得以体现。

许多文人以舟来表达自己高才济世的情怀，如"人生在世不称意，明朝散发弄扁舟"（李白《宣州谢朓楼饯别校书叔云》），"永忆江湖归白发，欲回天地入扁舟"（李商隐《安定城楼》），"湖天重屋小于舟，日日忘机对白鸥"（郑真《赋野航》）。园林品题更是将这种精神内涵呈现无余。苏州怡园的画舫斋中，有辑辛弃疾词句的对联，曰："还我渔蓑，依然画舫清溪笛；急呼斗酒，换得东家种树书。"④此联表达了辛弃疾在得不到当权者的重视后，寓垂钓江湖，不再关心世事而泛舟隐居的意愿。画舫斋后舱悬额"舫斋赖有小溪山"，取自宋黄庭坚的"舫斋闻有小溪山，便是壶公谪处天"，描写了舫舟景境的审美联想。上海曲水园的旱船，以"舟居非水"为题额，似以陆为水，以坐为行，既有烟水之趣，又无风波之险；松江醉白池的旱船，有董其昌书额曰"疑舫"；嘉定秋霞圃也有"舟而不游轩"等。舟作为抒情扬志的载体，与水的洁净功能紧密相连，表达以获得人格净化、清廉寡欲的意义。苏州畅园船亭名为"涤我

① 杨伯峻:《论语译注》，中华书局 2009 年版，第 42 页。

② 陈鼓应:《庄子今注今译》，中华书局 2009 年版，第 882 页。

③ 陈鼓应:《庄子今注今译》，中华书局 2009 年版，第 539 页。

④ 曹林娣:《苏州园林匾额楹联鉴赏》，华夏出版社 2011 年版，第 241 页。

尘襟”，寓意襟怀澄澈，以获得完美的人格。拥翠山庄的月驾轩，匾额为“不波小艇”，一方面点明是陆地上的旱船，具写实意义，另一方面也隐含没有政治风波的意思。其对联曰：“在山全清，出山泉浊；陆居非屋，水居非舟”①，此对联以“在山”喻隐逸，“出山”喻出仕，比喻了佳人宁可在山中幽谷保持一身纯贞，也不愿离山堕随污浊的红尘。舟再次成了清贫寡欲、不尚荣利的形象载体。而避暑山庄的云帆月舫则有“水能载舟，亦能覆舟”的警诫之意。

因此，石舫是园林实景中，寓意明显的代表。王廷陈言“天地一虚舟”，解缙则以虚舟代表“息机、与物无竞”的生命态度，他们都从舟的物质层面感悟到生命情蕴和人事理则。观者以静观的方式，从它的物质层面进入审美体验层面。

（四）植物的精神内涵

园林中的花木亦有它的精神属性。园林就运用植物的精神属性给亭阁命名，起到画龙点睛、使山水生色的作用。例如拙政园的“枇杷园”和“海棠春坞”、怡园的“碧梧栖凤”，它们就分别以所种的枇杷、海棠、梧桐命名。

园林中最有代表性的就是清标雅韵的梅花、幽谷品逸的玉兰、节格刚直的青竹、操介清逸的菊花，被视为“四君子”。明代袁中道的《筼筜谷记》全面地解释了竹受人所爱的原因：

> 筼筜谷，周遭可三十亩，皆美竹。……竹为清士所爱，然为有植之几树万个，如予竹之多者。予耳常聆其声，目常揽其色，鼻常嗅其香，口常食其笋，身常亲其冷翠，意

① 曹林娣：《苏州园林匾额楹联鉴赏》，华夏出版社 2011 年版，第 260 页。

常领其潇远，则天下之受享此竹，亦未有如予若饮食衣服，纤毫不相离者。[①]

竹在感知层面和精神层面给人满足。清代刘凤诰在《个园记》中写道："主人性爱竹，盖以竹本固，君子见其本，则思树德之先沃其根；竹心虚，君子观其心，则思应用之务宏其量；至夫体直而节贞，则立身砥行之攸系者实大且远；岂独冬青夏彩，玉润碧鲜，著斯州筱荡之美云尔哉？主人爱称曰'个园'。"[②] 不仅从视觉上观照了竹的姿态和色泽，还从精神上品赏了竹的清韵。"个"字状如竹叶，既表达君子高节之意，又隐含孤芳自赏之意。竹成为隐士的代名词，竹林茅舍亦成为隐士居地的象征。明代张岱在《陶庵梦忆·记范长白园》中写道："竹大如椽，明静娟洁，打磨滑泽如扇骨，是则兰亭所无也。地必古迹，名必古人，此是主人学问。但桃则溪之，梅则屿之，竹则林之，尽可自名其家，不必寄人篱下也。"[③] 竹是文人人格理想的载体，象征着弯而不折、折而不断的做人原则。且因为竹是空心的，它也成为佛教"空"和"心无"的物质体现。正如白居易所说"心空以修道"，亦是修其心智，以充实无物之腹，才能摆脱世俗。因此，园中必有竹。如唐代王维的辋川别业有"竹里馆"，并有诗云："独坐幽篁里，弹琴复长啸。深林人不知，明月来相照"。借竹观照般若实相，体会"身在家，心出家"的真谛。明代吴门画派的沈周，其园林名"有竹居"；清末朴学大师俞樾，其园林中置有"小竹里馆"；狮子林置

① （明）袁中道：《筼筜谷记》，载陈从周、蒋启霆选编，赵厚均注释：《园综》下，同济大学出版社 2011 年版，第 201 页。

② （清）刘凤诰：《个园记》，载陈从周、蒋启霆选编，赵厚均注释：《园综》上，同济大学出版社 2011 年版，第 66 页。

③ （明）张岱：《陶庵梦忆·记范长白园》，载陈从周、蒋启霆选编，赵厚均注释：《园综》上，同济大学出版社 2011 年版，第 254 页。

有“修竹阁”，所谓“青青翠竹，尽为法身”，竹影摇曳，氤氲着佛教“空”和“无”的教义。

清代高士奇在《江村草堂记・菊圃》中写道：“岁花将晚，草木变衰，唯菊傲睨霜露……秋来花绽放，如幽人韵士，虽寂寥荒寒，味道之腴，不改其乐，可为岁寒交矣。”① 菊花的悠然野趣，寓意了人素雅坚贞的品性。陶渊明的“采菊东篱下，悠然见南山”，赋予了菊“花之隐逸”的意蕴。于是，菊花的野逸与人的心性相结合，在闲适与宁静中体会到了人与自然的结合。明代祈彪佳在《寓山注・松径》中写道：“园之中，不少矫矫虬枝，然皆偃蹇不受约束，独此处俨焉成列，如冠剑丈夫，鹄立通明殿上。余因之疏开一径，友石榭所繇以达选胜亭也。”② 松蟠虬古朴、抗严寒风霜的体魄被赋予了大丈夫、英雄的品性，寓意正直长青、坚强不屈、保有本真，含有景仰之意。怡园有“松籁阁”，颐和园有“松堂”，避暑山庄有“万壑松风”，狮子林有“古五松园”。在园林中，有很多这样将松的苍老盘曲与松的坚毅和不朽相结合所构置的景境。同时，松作为“长寿”的象征出现在了园林铺地、塑窗等图案中。

园林中的植物大多都有一定的寓意，比如红豆相思，紫薇和睦，萱草忘忧，石榴多子等，它们的这些寓意在园林植物配置和图案上都大加运用，以引起丰富的联想和内心的共鸣。用芝兰寓意德操高洁。当春兰与秋菊搭配时，寓意各擅其美，当兰与石搭配时，则寓意人的资质之美。气清、色清、神清、韵清的兰，是花中君子的象征。用梅寓意幸福吉祥。当梅与喜鹊搭配时，则寓意喜上眉

① （清）高士奇：《江村草堂记》，载陈从周、蒋启霆选编，赵厚均注释：《园综》下，同济大学出版社 2011 年版，第 63 页。

② （明）祁彪佳：《寓山注》，载陈从周、蒋启霆选编，赵厚均注释：《园综》下，同济大学出版社 2011 年版，第 124 页。

梢，欢乐祥和。园林铺地大量运用冰梅图案，寓意人高洁不凡的品格。用海棠寓意美好和理想。它常与玉兰、牡丹、桂花相配植，寓意玉棠富贵和万福荣华。牡丹色、姿、香、韵俱佳，视为富贵花，用它寓意繁荣昌盛。当它与海棠搭配时，寓意光耀门庭；与寿石搭配时，寓意富贵长寿。用荷花寓意人性的至善、清静和不染。用梧桐寓意引凤朝阳，高洁幽雅等。可见，植物的性情与寓意都与文人品格和理想相辉映，逐渐成了文人的情感载体，成了民族的文化符号。

综上，园林实景的生成并不只是构成层面的虚实相生，在每个实景要素中都承载着一定的文人精神内涵。文人取意于景，在景之"实"中加入欲言之意，期望在"真趣"中获得"天机"。

第二节　园林中的虚景

园林中的可品景观除了前面提到的实景，还有一部分是虚景。实景是依靠其在空间造型中的线与形而得以显现的。而虚景则是依靠人五官的感知而得以显现的，它全方位地调动了五官的各种生理机能，将对园林的感知最大化。且虚景不能独立成景，它们都必须依附某一实景而使自身显现出来，并通过人的感知而具有意义。但正是这些可见、可闻但不可触的虚景增加了意境产生的可能性，提高了园林的可赏性，为文人从"静观万象"走到"静观自得"提供了途径。应该说，园林中的虚景是比实景更为重要的存在。其中的无色之美、有情之声、可感之时成就了人在园林景境中的惬志怡神和澄怀观道。

一、光与影

在园林中，用“光”来表示其所受的照射属性，如有日光、月光等，而其中常用“照”强调光线主动投射的状态，也用“映”来强调光投射所形成的状态。当然，光的时间性是不以人的意志为转移的，随着光线的强弱、方向和颜色的变化，园林景象也会变幻起来。明代萧士玮在《春浮图记》描述：“台南古树百章，孙枝旁柯，咸可蔽牛，日月至此，辄相隐蔽，光如雨点，自枝间堕，微风鳞鳞，时碧时白，如千尺雾縠布地上也。”[①] 从树枝间穿过的犹如雨点的光，使眼前的画面空间意味更加强烈，也使园林有了生机和变化。光使色显，有光才会有色，日光首先展示出了园林的色彩美，桃红柳绿，榴红槐绿等。陈从周就强调：

图 3—13　扬州白塔晴云粉墙

园林中求色，不能以实求之。北国园林，以翠松朱廊

① （明）萧士玮：《春浮图记》，载陈从周、蒋启霆选编，赵厚均注释：《园综》下，同济大学出版社 2011 年版，第 213 页。

> 衬以蓝天白云，以有色胜。江南园林，小阁临流，粉墙低压，得万千形象之变。白本非色，而色自生；池水无色，得色最丰。色中求色，不如无色中求色。故园林当于无景处求景，无声处求声，动中求动，不如静中求动。景中有景，园林之大镜、大池也，皆于无景中得之。①

这段话深悟了“大象无形”，并将此哲学灵活巧妙地运用到了园林之中。于“无色中求色”更强调了光在其中的作用。虽然光自身是无形的，但它借助于其他“实”的物体使自身显现。所以只有当光照到物体的界面被感知时，园林欣赏才变得有意义。在光的照耀下所呈现的建筑、植物的色彩，才能给园林增添活泼灵动的生命力。

明代王世贞在《游金陵诸园记》中多处描写了日光下的色彩，如

> 莫向碧天天末望，楼东一抹缀红霞……
>
> 一点妖红泛绿波，曲池芳树影婆娑……
>
> 修竹晴看绿雪飞，古墙深巷隐双扉……
>
> 小池微亚绿杨低，黄鸟春晴不住啼……
>
> 庭中牡丹盛开，凡数十百本，五色焕烂若云锦。……从牡丹之西窦而得芍药圃，其花盖三倍于牡丹，大者如盘，白于玉，赤于鸡冠，裛露迎飔，娇艳百态……傍一池，云有金边白莲花，甚奇。②

其中，日光下显现的色彩，多是通过光借天、水、各种花木的

① 陈从周：《园林谈丛》，上海人民出版社2008年版，第33页。

② （明）王世贞：《游金陵诸园记》，载陈从周、蒋启霆选编，赵厚均注释：《园综》上，同济大学出版社2011年版，第136页。

载体显现出来，从而将园林点缀得生机勃勃。虽然文字中没有对光的任何表述，但在墙上、地上、水中都能直视到光与影的交响。这虚景绘制了有意味的构成图画，其中有画意，有诗情，更有色调。清代李斗的《扬州画舫录·净香园》中也有对光的描述："外画山河海屿，海洋道路，对面设影灯，用玻璃镜取屋内所画影，上开天窗盈尺，令天光云影相荡漾，兼以日月之光射之，晶耀绝伦。"[①] 园林利用自然光线产生的明暗对比、色相对比，配以空间的收和放，达到了渲染环境的效果。还有"半山槲叶当窗槛间，隐碎动摇，斜晖静照，野色连山，古木色变，春初时青，未几白，白者苍，绿者碧，碧者黄，黄变赤，赤变紫，皆异艳奇采，不可殚记，颜其室曰'珊瑚林'"[②]。在园林中，光的独立存在是没有意义的。只有通过园林中的载体，通过人的精心构思，将光与园林空间的需求结合起来，光才能发挥其重要的作用，呈现出绝美的景致。留园的"古木交柯"一景，正是花木随着日照投映在白墙之上，所形成的落影斑驳的动景。此景由暗到明，由窄到宽，一排漏窗，光影迷离。透过窗花，山容水态依稀可见。回头而望，雪白的粉墙衬托着朴拙苍劲的古树一株。漏透的光影成为掩映的入口和空敞的绿荫之间的过渡。在此，光线稀释了暗，柔和了亮，满足了人感知的渐进性，起到了很好的调节作用。因此，"坐对当窗木，看移三面阴"（唐·段成式《闲中好》）正是园林对光影的构设和运用。

杭州西湖的"葛岭朝暾"和北京颐和园的"迎旭楼"都是对晨旭的运用。人们可以在此处欣赏旭日东升和夕阳西下，感受光明与黑暗的奇幻交替，领略生命和美好的翩然来临。西湖的"雷峰夕照"和避暑山庄的"锤峰落照"则是对夕阳的运用。康熙帝有诗云："诸

---

① （清）李斗著，汪北平、涂雨公点校:《扬州画舫录》，中华书局 1960 年版，第 270 页。

② （清）李斗著，汪北平、涂雨公点校:《扬州画舫录》，中华书局 1960 年版，第 273 页。

峰横列于前，夕阳西映，红紫万状，似展黄公望浮岚暖翠图。有山矗立倚天，特作金碧色者，磬锤峰也。”① 存在于空间中的具体景物是静止不动的，但自然之光却在改换着它们的形相，在稍纵即逝的光线的照映下，景物有了活力，有了动感，有了变化。《林泉高致》说：“山朝看如此，暮看如此，阴晴看又如此，所谓朝暮之变态不同也。如此是一山而兼数十百山之意态，可得不究乎？”② 正是自然光的强弱的改变，正是晨曦或夕阳的色调的改变，景观的美感也在发生改变。而这个改变是人力所无法控制的。一切皆是大自然的馈赠，人在这种馈赠中观万物省自身，达到与万物合一的心境。承德避暑山庄的文津阁，阁前设有水池和假山。假山运用“昼月”设计，即利用假山的石缝和日光移动的角度，在水中形成弯月的倒影，实现了在明媚的阳光下也可欣赏到夜晚的明月。

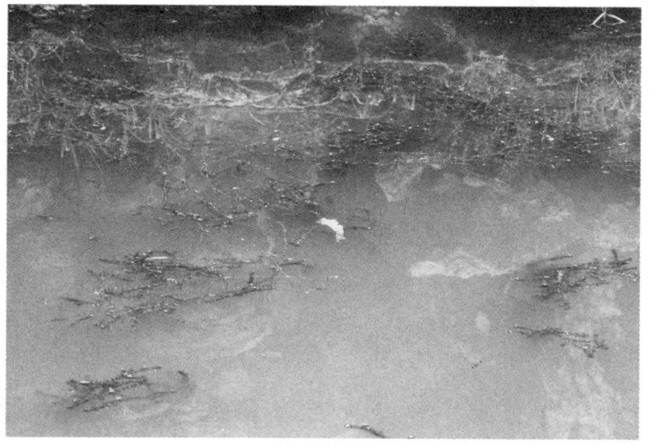

图 3—14 承德避暑山庄文津阁

① （清）康熙：《避暑山庄三十六景诗图》，中国建筑工业出版社 2009 年版，第 32 页。
② （宋）郭熙著，周远斌点校：《林泉高致》，山东画报出版社 2014 年版，第 26 页。

此设计不仅是造园师智慧的体现，更是对光绝妙运用的案例。文津阁作为藏书阁，其静谧的格调在青天白日下一轮弯月的呼应下，在临窗而望的一汪净水的烘托下，显得越发的素净雅致，回归到了“意远在能静”的心灵世界。

日光下的园林如此之美，然夜光中的园林也毫不逊色。宗白华先生在《美从何处寻》中引用了明代张大复的一段文字：

> 天上月色能移世界，果然！故夫山石泉涧，梵刹园亭，屋庐竹树，种种常见之物，月照之则深，蒙之则净，金碧之彩，披之则醇，惨悴之容，承之则奇，浅深浓淡之色，按之望之，则屡易而不可了。以至河山大地，邈若皇古，犬吠松涛，远于岩谷，草生木长，闲如坐卧，人在月下，亦尝忘我之为我也。①

月光变移了现实空间原有的色、形以及由此产生的气氛和情调。同时，月光也创造出来不同白日的深、净、醇、淡、奇、空、古、远的种种静穆温雅的意境。月光开发了园林空间的凝静、超逸和空灵。素月流天，映照出的空间形相似真似幻，若隐若现，黑白二色的世界，呈现出了无色之美。明代章闇在《且园记》中描述了夜晚灯光下的园林景观：

> 深夜树黝，辄悬一灯，遥望隔庭，修竹千竿，时作潇湘雨声，疑是虎蹊断桥两处小影，曳履高崖，森爽满志，剪裁古柏，苍髯秦官，不知有汉。磐磐然大峰陡起，舒翼于高斋翠阁之间，凌虚倒景，坡公所云：高出于屋之檐而

① 转引自宗白华：《艺境》，商务印书馆2014年版，第272页。

止，观者以为山之踊跃奋迅而出也。①

灯光下的园林景观若有若无，将一切鲜艳热烈的色彩都熔炼在统一的色调当中，含虚而照远，虽视之有限，却思接万里。在近乎幻化的夜色世界里，达到与自然的契合。杭州西湖的“平湖秋月”和“三潭映月”，也正是对月光绝好的利用，将实体景观沐浴在皎洁的月光之下，涵泳于一派空明之中，形成虚而幻的景致。网师园的月到风来亭更是将天上真月、水中影月、镜中虚月巧妙地融合在一起，使赏月者在仰视、俯视之后，偶尔地回头一望，还可见镜子的一轮月亮。三轮明月，虚虚实实环映在周围，丰富且妙化了园林空间，成就了园林意境。

光通过园林实体实现了自身的价值。实体物质的界面就是看到光所需的“介质”。而在中国园林中，粉墙就是园林中一个重要的介质，也是中国园林区别于西方园林一个非常重要的特质。园林花木之影与粉墙的美妙组合产生了虚实之景。且影有浅影、疏影、斜影、碎影等多种形态，当它的各种色阶的灰与墙面的白组合在一起时，就构成了现代意义的有层次、有变化、有对比的非彩色的色阶序列。此序列是“见素抱朴”的具体形式，其视觉效果是在无色处见到虚灵。因此，我们在园林中常会看到，竹木花卉、玲珑湖石、参差石笋被置于白墙前。一眼望去，仿佛在一张宣纸上描绘出了立体的静物画。郑板桥说：“范吾画竹，无所师承，多得于纸窗粉壁，日光月影中耳。”② 郑板桥笔下的竹实为影之竹，是粉墙为纸，竹树为绘的水墨画。对于光在粉墙上所形成的影，中国园林多有运用。如网师园的山水园与住宅的界墙上，一棵木香爬在粉墙上，随着光

① （明）章闇：《且园记》，载陈从周、蒋启霆选编，赵厚均注释：《园综》下，同济大学出版社 2011 年版，第 192 页。

② （清）郑燮：《郑板桥全集》，中国书店 1985 年版，题画第 1 页。

线的强弱和光照的移动，墙面上的影由浅到深，由宽到窄，形成了一幅立体的变化的植物画。其琴室南墙前的峭壁山上，植有紫竹和枣树，在光线的照射下，在微风的吹拂下，浮影摇曳，斑驳披离，可谓“粉墙花影自重重”。

当然，园林中不仅只有粉墙这一个界面，还有一个重要的界面就是水面。明代康范生的《偶园记》中写道：“下临澄江，晴光映沼，从竹影柳阴中视之，如金碧铺地，目不周玩。顷之，有小船穿桥东来，掠岸而西，波纹尽裂，乃知是水。”[①] 水借助于反射的光辉，将天物反映与静练不波的似镜水面，将万象收纳其中，仿佛一个现实的镜像世界，可谓“天光云影共徘徊”。陈从周这样描绘网师园的水影：

> 随廊越坡，有亭可留，名“月到风来”，明波若镜，渔矶高下，画桥迤逦，俱呈现于一池之中，而高下虚实，云水变幻，骋怀游目，咫尺千里。……凭阑得静观之趣，俯视池水，弥漫无尽，聚而支分，去来无踪，盖得力于溪口、湾头、石矶之巧于安排，以假象逗人。[②]

水影更加充分地体现了虚实互涵和虚实呼应。水中之形之色皆为岸上实景的互映。于是，舟犹如在空中泛荡，鱼犹如在天上游动，人犹如在镜中行走。正如明代萧士玮在《春浮图记》中所写：“山半峙湖中，从湖视山，如杯；从山视湖，还如螺泛泛于盆中也。陡其巅，鱼游树杪，人行镜中，树影俱从中流而见。”[③] 水面如实地反映

---

① （明）康范生：《偶园记》，载陈从周、蒋启霆选编，赵厚均注释：《园综》下，同济大学出版社 2011 年版，第 214 页。

② 陈从周：《园林清议》，江苏文艺出版社 2009 年版，第 92 页。

③ （明）萧士玮：《春浮图记》，载陈从周、蒋启霆选编，赵厚均注释：《园综》下，同济大学出版社 2011 年版，第 213 页。

和形象地再现，似真似幻。水影的虚幻更增添了有限池岸的虚涵性、意象性和广延性，沧波渺然的含蓄也切合了“网师”和“渔隐”的情怀。随风晃动的水波也可将水中倒影摇曳、分散、扭曲，使亭影、树影、墙影互为嵌合相融，呈现奇异的变形和浮动美。这种动态美变幻不定，闪烁不已，在金鳞般天光的沐浴下，摩荡幻化，真假莫辨。因此，光借用墙或水这一界面，配合园林中的实景，完成了景观一天或四季的色彩气氛的营造，成为天然画本。

图 3—15　苏州网师园水影

影是光在自然界的伴侣，是光学成像，而非实物存在。在园林中常见各种植物细密的投影、水边植物的倒影、水中映着的天光云影，以及窗棂投影所形成的美丽图案等。苏州狮子林小方厅北小园的北墙上有四扇漏窗，分别嵌入了琴棋书画四种图案。当光斜照的时候，在地面上会投射出这四种图案的虚影，其迷离意趣的存在又增添了一份此园古色古香的文化意韵。影作为不可触及的虚象，其不同色阶的黑色对比着光的不同时段的冷暖色，起到了柔化建筑及空间的冷寂和平直的作用。在各种节奏的风中跳动的影更是平添了园林寂静中的动感和生机。

升高处望之，迷楼、平山，皆在项背，江南诸山，历历青来，地盖在柳影、水影、山影之间，无他胜，然亦吾

邑之选矣。(明·郑元勋《影园自记》)[1]

凿地及泉，池成，而塔影见，张伯起先生为赋诗云："雁塔朝流舍利光，半空飞影入空塘。应知不是池中物，会有题名在上方。"因以"塔影"名园。(清·顾苓《虎丘塔影园记》)[2]

俯温凉则云影在池，池影在藻，领树之影又举池之半而覆之。未覆者受日，以覆者却日，受日则温，却日则凉，凉则有藻无荷，温则有荷无藻。盖一池而二候备焉。(明·邹迪光《愚公谷乘》)[3]

以影命名的园林都看重了影作为虚景的作用。而光与影作为受光和背光的两面，在温度上就有所差别。于是，光与影在园林中还起到了调节温度的作用。

光与影作为虚景并不能单独成景，它们亦真亦幻，似实还虚，可望而不可即，需要依附实景来成就自身的美好和虚幻。它们帮助实景实现了园林景观的赏心悦目，增加了游园者迁想妙得的可能。同时，光与影的虚景还使园林除了空间的维度，具有了时间的维度。

二、声与香

声景是园林诉之于听觉的一类虚景。《幽梦影》说："水之为声

① （明）郑元勋：《影园自记》，载陈从周、蒋启霆选编，赵厚均注释：《园综》上，同济大学出版社 2011 年版，第 39 页。

② （清）顾苓：《虎丘塔影园记》，载陈从周、蒋启霆选编，赵厚均注释：《园综》上，同济大学出版社 2011 年版，第 228 页。

③ （明）邹迪光：《愚公谷乘》，载陈从周、蒋启霆选编，赵厚均注释：《园综》上，同济大学出版社 2011 年版，第 134 页。

有四：有瀑布声、有流水声、有滩声、有沟浍声。风之为声有三：有松涛声、有秋叶声、有波浪声。雨之为声有二：有梧叶荷叶上声、有承檐溜竹筒中声。”① 它将园林的声分为了水之声、风之声和雨之声。而它们皆是水在自然中创造出的美妙的音乐。又说“春听鸟声，夏听蝉声，秋听虫声，冬听雪声，白昼听棋声，月下听箫声，山中听松风声，水际听欸乃声，方不虚生此耳。”② 声景是园林音乐韵律在时空中展开的方式，它通过自然实体的可即的物理层面的撞击，上升到不可即但可感知的心理层面，成为通往心灵以便悟道的一扇门。清代丁元荐的《泷园记》描绘了水的四季听觉的差异，“春涨夏潦，瀑飞如龙，骤如驷，怒如轰雷，秋冬泓澈可鉴，沁人肺腑。朱鬣泳沫，惊飔乍波，时与松涛、梧叶、寒蛩、哀雁交韵杂吹。夜半卧听，如朱弦入枕。”③ 一年四季不同的听觉感受也说明了园林声景还具有流动、变化的时间维度，它深化了人对园林的空间感受。

声景创造了一个有声空间，它与园林原本静谧幽隐的无声空间形成了对比和呼应，使园林的整体空间富有变化，别具风味。拙政园的松风亭取意“万壑松风”，西风惊绿，寂然的风声衬出山林的幽静，空间的广阔。其“听雨轩”则取意“雨打芭蕉淅沥沥”，透过漏窗即可见的油绿的芭蕉，与雨的和鸣仿佛大自然在耳边的絮聒。其留听阁就有诗句：“留得残荷听雨声”（唐·李商隐《宿骆氏亭寄怀崔雍崔衮》）；“夜雨连明春水生，娇云浓暖弄微晴，帘虚日薄花竹静，时有乳鸠相对鸣”（北宋·苏舜钦《初晴游沧浪亭》）；“柳外轻雷池上雨，雨声滴碎荷声”（宋·欧阳修《临江仙·柳外轻雷池上雨》），对声音不同的感知表达了在同一虚景中人所进入的不同

---

① （清）张潮：《幽梦影》，中州古籍出版社 2017 年版，第 198 页。

② （清）张潮：《幽梦影》，中州古籍出版社 2017 年版，第 34 页。

③ （清）丁元荐：《泷园记》，载杨鉴生、赵厚均编注：《中国历代园林图文精选》第三辑，同济大学出版社 2005 年版，第 375 页。

的虚境，因心不同而情有所异。可见，从水中引发的清幽的音乐包容了静悟的人生哲理，它帮助人消除尘心、荡涤心灵。因此，园林中的琴室往往筑在山前水边，欲通过声景寄托高山流水之意。“临风而听之，宗宗铮铮，与天籁合，悠然若韶之入耳”（明·王世贞《万玉山房记》），此为风声；“芭蕉为雨移，故向窗前种；怜渠点滴声，留得归乡梦”（唐·杜牧《芭蕉》），此为雨声；“山窗寒夜，时听雪洒竹林，淅沥萧萧，连翩瑟瑟，声韵悠悠，逸我清听”（明·高濂《山窗听雪敲竹》），此为雪声；“何必丝与竹，山水有清音”（西晋·左思《招隐诗》），此为水声；“流莺有情亦恋我，柳边尽日啼春风”（宋·陆游《对酒》），此为鸟声；“西窗独暗坐，满耳新蛩声”（唐·白居易《禁中闻蛩》），此为虫声。诗句中所呈现出来的各种不同质感的声音，借助动静相成、虚实相生的手段，寂处闻声，动中见静，蝶舞虫喧，对比之下，山林庭园更显宁寂幽深。可以说，声景将在声音中展开的空间意识强化在时间结构中。

关于园林声景的描绘，除了出现在诗句中，还多出现在了园林游记中。如：

> 堂东有瀑布，水悬三尺，泻阶隅，落石渠，昏晓如练色，夜中如环佩琴筑声。[①]（唐·白居易《草堂记》）
>
> 曰“听湍轩”，涧之湍，他出亦可听，而轩尤宜也……堂之前为轩，筑短垣，辟疏牖焉，终日闻龙雷声，与涧声相乱；徐辨之，龙雷如坠雨，涧如怒雷。[②]（清·易顺鼎《匡山草堂记》）

① （唐）白居易：《草堂记》，载陈从周、蒋启霆选编，赵厚均注释：《园综》下，同济大学出版社 2011 年版，第 205 页。

② （清）易顺鼎：《匡山草堂记》，载陈从周、蒋启霆选编，赵厚均注释：《园综》下，同济大学出版社 2011 年版，第 207 页。

走山麓，则听莺弄也。弱肌欲眠，娇喉婉转，杂以丝竹，便欲卧耳。……桥最宜月，秋澄轮满，迫以惊湍，势不能负，泠泠有声而，其被于地，人以为霜。①（明·萧士玮《春浮图记》）

距邻寺仅隔一垣，暮鼓晨钟，足发深省；梵呗瑯榔，可从枕上听。②（明·康范生《偶园记》）

管弦递奏，俨然一部鼓吹者，其鸟耶！……轻衫垂发，按红牙而林莺为愧者，其歌童耶！……金石之声琅然振响；倦则按徽一鼓，好作《梁甫吟》③。（明·梁云构《艾园志游》）

涵虚阁之北，树木幽邃，声如清瑟凉琴。④（清·李斗《扬州画舫录·净香园》）

夕阳既西，残雪在树，寒鸦争噪，独鹤归来，此际徘徊，实为仙境。⑤（清·袁祖志《随园琐记》）

这园记中的瀑声、涧声、莺声、歌声、鼓声、钟声、树声、鸦声等不同音质、响度、韵律的声音极大地丰富了人的听觉感受。它使园林的游赏变得生趣盎然，有了“生”的力量。因此，声景是万物蓬勃的生的迹象，更是万物与人在宇宙空间中生活着的痕迹。

自然界存在的声音正如《庄子·天运》中所说:“在谷满谷，在

---

①（明）萧士玮:《春浮图记》，载陈从周、蒋启霆选编，赵厚均注释:《园综》下，同济大学出版社 2011 年版，第 213 页。

②（明）康范生:《偶园记》，载陈从周、蒋启霆选编，赵厚均注释:《园综》下，同济大学出版社 2011 年版，第 215 页。

③（明）梁云构:《艾园志游》，载陈从周、蒋启霆选编，赵厚均注释:《园综》下，同济大学出版社 2011 年版，第 227 页。

④（清）李斗著，汪北平、涂雨公点校:《扬州画舫录》，中华书局 1960 年版，第 273 页。

⑤（清）袁祖志:《随园琐记》，载陈从周、蒋启霆选编，赵厚均注释:《园综》上，同济大学出版社 2011 年版，第 152 页。

图 3—16　（清）沈宗骞《竹林听泉图》（纸本设色　35.1×90.6 厘米　上海博物馆藏）

阬满阬，涂郤守神，以物为量……天机不张而五官皆备，无言而心说，此之谓天乐。"[①] 自然的声景无时不在变化着，且不断地翻陈出新，各种不同质感的声音盈满园林，约制了情欲，凝守了精神，循任了自然。此种无言而心悦的声音就是天乐。元代麻革在《游龙山记》中说道："少焉月出，寒阴微明，散布石上。松声翛然自万壑来。客皆竦视寂听，觉境逾清，思逾远，已而相与言曰'世其有乐乎此者欤'？"[②] 对天乐的认知引导了文人由"形而下"听觉的空间，升华到"形而上"的神志的空间，从而进入到物我两忘的虚的境界。于是，对于声景的品赏也与园林环境的气质结合了起来。《小窗幽记》中说："窗宜竹雨声，亭宜松风声，几宜洗砚声，塌宜翻书声，月宜琴声，雪宜茶声，春宜筝声，秋宜笛声，夜宜砧声。"[③] 园林中因

① 陈鼓应：《庄子今注今译》，中华书局 2009 年版，第 396 页。

② （元）麻革：《游龙山记》，载翁经方、翁经馥编注：《中国历代园林图文精选》第二辑，同济大学出版社 2005 年版，第 237 页。

③ （明）陈继儒著，陈桥生评注：《小窗幽记》，中华书局 2016 年版，第 190 页。

为有了这种种声音，原本静止的或无形的事物顿时有了生气，变得可感可亲起来。不得不说，声景开启了园林“悦志悦神”的另一扇门。

当将声景作为园林品赏的一个重要组成部分的时候，园林中就出现了许多诉诸声音的景观。光圆明园一园之中就有“响琴峡”“鸣玉溪”“溜琴亭”“韵石淙”“夹镜鸣琴”“水木明瑟”“流水音”等诸多景点。可见，声景这一虚景在园林景观中的重要地位。叠石巨匠张南垣设计的无锡寄畅园的“八音涧”，在假山群中开辟涧道，涧两侧用黄石堆砌成西高东低的山势，将“惠山二泉”的水通过园外暗渠引入涧内。并利用倾斜坡面形成落差，且斗折蛇形。故此，配合着视觉上所见的水流的或直或曲，或急或缓，听觉上感受到的是水声的或清或浊，或断或续。明代王稚登在《寄畅园记》中描述过“八音涧”的美景：“台下泉由石隙泻沼中，声淙淙中琴瑟……引悬淙之流，甃为曲涧，茂林在上，清泉在下，奇峰秀石，含雾出云，于焉修禊，于焉浮杯，使兰亭不能独胜。曲涧水奔赴锦汇，曰‘飞泉’，若峡春流，盘呙飞沫，而后汪然渟然矣。”[1] 随涧道迂回倾泻的泉水，化无声为有声，产生了“金石丝竹匏土革木”八音。这流动的声音、自然的旋律，配合着周围清幽的环境，启发着人们去领略天籁或地籁的美，领悟山水妙得的真意。

香景是园林诉之于嗅觉的一类虚景。它属于环境范畴，包括自然界植物、动物散发的香味以及人为的气味所营造的各种环境，比如书香、墨香、檀香等，网师园有对联云：“镫火夜深书有味，墨华晨湛字生香”[2]。但香无影无形，它超越了有形世界，其存在似有若无，氤氲流荡。在园林中主要以植物散发的香气为主，人置身于园林中，香味配合着视觉感受，使人倍感爽朗，神骨俱清，大有逸

① （明）王稚登：《寄畅园记》，载陈从周、蒋启霆选编，赵厚均注释：《园综》上，同济大学出版社 2011 年版，第 132 页。

② 曹林娣：《苏州园林匾额楹联鉴赏》，华夏出版社 2011 年版，第 45 页。

致。因为四季里植物散发的香气不一样，由这些香味诱发的园林意境也是有所变换的。留园的“闻木樨香轩”，当遍植的桂花开花时，异香袭人，意境优雅。拙政园的“远香堂”，夏日荷花，清香满堂。怡园的“锄月轩”，色、相、姿俱佳的梅花、牡丹、茉莉、木香、栀子等，使小园具有“暗香浮动月黄昏”的意境。

苏州怡园“石舫”的室北天井内有湖石假山，点缀有天竹、腊梅，微风吹拂，枝叶摇曳，满室飘香。郑板桥撰书的对联曰：“室雅何须大，花香不在多。”[①] 其清幽的花香阐述着雅净的心境。天地运作唯清气而生，故言“山水有清音”。人在园林之中，闻清香蓄清气，养心以致清明高远。此联暗寓了郑板桥清心寡欲之志和高尚的情操。园林游记中也有许多对花香的记载，例如：

> 舟行阁前，平桥不可度，两岸皆松、竹、桃、梅、棠、桂，下多香草袭人……吾尝以春日泛舟，处处皆奇花卉，色芬殢目鼻，当欲谢时，寄命微飔，每过，酒杯衣裾皆满。（明·王世贞《弇山园记》）[②]
>
> 花时香出里外，客至坐一时，香袭衣裙，三五日不散。余至花期，至其家，坐卧不去，香气酷烈，逆鼻不敢齅，第开口吞欱之，如沆瀣焉。（明·张岱《陶庵梦忆·范与兰》）[③]
>
> 冲寒梅放，香闻十里者，浮山也。……山南数百武，列植木樨，芳烈扑人鼻，坐久成劳。（明·萧士玮《春浮

① 曹林娣：《苏州园林匾额楹联鉴赏》，华夏出版社 2011 年版，第 222 页。

② （明）王世贞：《弇山园记》，载陈从周、蒋启霆选编，赵厚均注释：《园综》上，同济大学出版社 2011 年版，第 97 页。

③ （明）张岱：《陶庵梦忆》，载陈从周、蒋启霆选编，赵厚均注释：《园综》下，同济大学出版社 2011 年版，第 238 页。

图记》)①

吾与子倚飞阁，临长堤，身游于娇花宠柳、余香殢粉之中，欣欣然如有得也。(清·钱谦益《花信楼记》)②

携酒席地，嗅揽寒香，心神俱冷……秋时花开，香气清馥，远迩毕闻……梅雨后，新梢解箨，绿粉生香，弥覆川坞……稍厌尘嚣，即来趺坐，击磬数声，焚香一片，足以消尘涤虑……篱外野田，春时菜花黄绽，香气撩人，偶来树下，倚望田间，地偏性适，亦春游之一境也。(清·高士奇《江村草堂记》)③

园记中对香味的种种描述，都说明了诉诸嗅觉的香，配合着视觉的光影和听觉的声景，完备了人的五官对园林的感受，成为突破静态空间的重要因素。它怡神醒志，通过无形的气的流动引导人排除尘心，领悟空明之道。李白有诗云："天香生虚空，天乐鸣不歇"(《庐山东林寺夜怀》)，"天香"代表的理想的境界强调人应有一颗不受污染的纯净的心。只有清净之心，才能令人清和静泰，虚室生白，明理见性。故园林的香景是"养心"的一种方式，正如白居易在《草堂记》中所言："俄而物诱气随，外适内和，一宿体宁，再宿心恬，三宿后颓然、嗒然。"④香景通过气味，接纳精粹，洗垢去尘，身体的适意舒畅之后，进入心恬，达到外适内和，最后达到身

① (明)萧士玮:《春浮图记》，载陈从周、蒋启霆选编，赵厚均注释:《园综》下，同济大学出版社2011年版，第213页。

② (清)钱谦益:《花信楼记》，载陈从周、蒋启霆选编，赵厚均注释:《园综》上，同济大学出版社2011年版，第124页。

③ (清)高士奇:《江村草堂记》，载陈从周、蒋启霆选编，赵厚均注释:《园综》下，同济大学出版社2011年版，第61—64页。

④ (唐)白居易:《草堂记》，载陈从周、蒋启霆选编，赵厚均注释:《园综》下，同济大学出版社2011年版，第205页。

心俱遗、物我两忘的境界，实现园林审美的高峰体验。香景帮助人完善身心谐和的审美体验，帮助人回到自然生命的本真，更帮助人领悟“道”的真谛。

中国园林也常以香味命名，如拙政园的“香远益清”“雪香云蔚亭”“玉兰堂”“远香堂”；沧浪亭的“闻妙香室”等；也有以此处所种的树木命名的景点，如留园的闻木樨香轩、拙政园的海棠春坞等。园林植物散发的芳香从嗅觉上引导游园者的遐想而达到虚境，虽然香气是有时限的，但其虚境是无限绵长的。“楝花飘砌，簌簌清香细”(谢逸《千秋岁》)，通过嗅觉来表达对自然美的感触和珍惜，恐怕只有在园林这种艺术形式中方能实现。士大夫偏爱梅花、荷花等清雅脱俗的暗香和冷香，其中追求的是孤傲雅洁的审美情趣和真实独立的人格心性。香气是抽象的，又是具体的，于是在虚与实的转化中，香气使园林空间弥漫着美感，表达着文人对超越于形式之外的灵韵的追求。

在此需要强调的是，香景的虚不光在于人在现场时，香是弥漫的不可触及只能感知的，还在于抛开人的在场，就园林存在而已，香景是有时间维度的。园林香景随着季相时分的更替而变幻，如春有幽兰、茶花；夏有荷花、栀子花；秋有桂花、菊花；冬有梅花、香雪兰。香景配上园林中的实景，观者的心态也会发生变化。当然除了花香，还会有四季分明的果香、叶香。清代黄延鉴在《梅皋别墅图记》中写道：

园之中，春初梅花百本，香雪漫空；二三月红桃绿柳，百卉争妍。入夏红蕖的烁，荡漾清漪，竹风袭人，翛然忘暑。于秋则岩桂早黄，畦菊晚艳，岚翠霏霏，与香气错落几牖。冬则霜枫烂漫，参差掩映，一望无际，加以朝晖夕阴，气象百变，四时之景，无不可爱。[①]

大自然的四季交替，风雨显隐使园林得到的香景因时而变，香景扩展了人的空间感受，使原本固化的物质空间流动了起来，而其中蕴含的时间维度更加深化了人即刻的空间体验。就园林意境的营造而言，香是借来的。香景不是任何一个元素的孤立存在而营造的，它需要以实景为依托，凭借空间里物质性的气而存在，并通过虚借而升华意境。

声与香都是在绘画里无法体现的，而园林却能将此虚景表现得淋漓尽致。不知道是声与香成全了园林，还是园林成全了声与香。或者，更应该如李白在《庐山东林寺夜怀》中所言："天香生虚空，天乐鸣不歇。宴坐寂不动，大千入毫发。湛然冥真心，旷劫断出没。"[②]

三、时景季相

汤贻汾在《画筌析览》中说道："景则由时而现，时则因景可知。"[③] 具象的实景，通过抽象的表现时间的四季才更能显现天趣；而由四季组成的抽象的时间，通过园林中具体的实景才更能被人感知。清代刘凤诰的《个园记》中说："园之中，珍卉丛生，随候异色，物象意趣，远胜于子山所云：'欹侧八九丈，从斜数十步，榆柳两三行，梨桃百余树'者"[④]。其"随候异色，物象意趣"表明了交互

① （清）黄延鉴：《梅皋别墅图记》，载陈从周、蒋启霆选编，赵厚均注释：《园综》上，同济大学出版社 2011 年版，第 127 页。

② （唐）李白：《庐山东林寺夜怀》，载赵雪倩编注：《中国历代园林图文精选》第一辑，同济大学出版社 2005 年版，第 240 页。

③ （清）汤贻汾：《画筌析览》，藏修堂丛书本第四集，第 22 页。

④ （清）刘凤诰：《个园记》，载陈从周、蒋启霆选编，赵厚均注释：《园综》上，同济大学出版社 2011 年版，第 66 页。

的四季构成了园林中的无穷之景和无穷之趣。季相之美在无影无踪的时间的运转下自然地显现出来，视为“时景”的表现。

时间无声无息，飘忽流逝，是“虚”的一种存在。它的存在也要依附一定的实体而使自身显现。中国对园林季相的看重，反映了中国文人对时间的重视，并且在造园中主动地、充分地利用和把握自然的季相之美，使无形的时间和有形的空间，使可感的良辰和可见的美景互相融合，有意识地增加了园林可赏的维度，开辟了园林可感的天时之美。唐代白居易的《草堂记》说：“其四傍耳目杖屦可及者：春有锦绣谷花，夏有石门涧云，秋有虎溪月，冬有炉峰雪，阴晴显晦，昏旦含吐，千变万状，不可殚记覙缕而言，故云‘甲庐山’者。”[①] 他在园林设计时就表现了十分明确而强烈的季相意识，并对季相作了理性的表述，将春夏秋冬各自侧重不同的园景，与阴晴昏旦交叉结合，生发出千变万化的景观美。园林实景是静止不变的，而使景致发生变化的正是时间。时间仿佛自然的魔术师，万物由此而意趣生辉，此意趣是详尽而有条理的文字无法言透的。其《池上篇并序》也说：“每至池风春，池月秋，水香莲开之旦，露清鹤唳之夕，拂杨石、举陈酒、援崔琴、弹姜《秋思》，颓然自适，不知其他。”[②] 将春秋和旦夕结合起来，强调了时间在园林的作用，表达了作者对具体时间具体环境下产生的园林意境的心怡，以及此意境之下与之相应的行为的适意。可见，时间所赋予的园林季相的不同，说明了一切外在事物都是有规律地运动变化着的。人的眼睛能捕捉到这种变化，人的心灵也被置于这种变化之中，于是人的心灵与变化着的自然具有了一种呼应关系，这种关系的存在促成

① （唐）白居易：《草堂记》，载陈从周、蒋启霆选编，赵厚均注释：《园综》下，同济大学出版社 2011 年版，第 205 页。

② （唐）白居易：《池上篇并序》，载陈从周、蒋启霆选编，赵厚均注释：《园综》下，同济大学出版社 2011 年版，第 162 页。

了人将性灵安顿在自然山水之中。正如《林泉高致》所言："春山烟云连绵人欣欣，夏山嘉木繁阴人坦坦，秋山明净摇落人萧萧，冬山昏霾翳塞人寂寂。"①

> 杭州苑囿，俯瞰西湖，两挹两峰，亭馆台榭，藏歌贮舞，四时之景不同，而乐亦无穷矣。（宋·吴自牧《梦粱录·记园囿》）②
>
> 若夫日出而林霏开，云归而岩穴暝，晦明变化者，山间之朝暮也。野芳发而幽香，佳木秀而繁阴，风霜高洁，水落而石出者，山间之四时也。朝而往，暮而归，四时之景不同，而乐亦无穷也。（宋·欧阳修《醉翁亭记》）③
>
> 信乎园驲涉以成趣，千葩万草，生意无穷，积岁月而后若此，夫岂一朝一夕之工哉？矧不出户庭，不劳登涉，而望以见群山之相环，云烟之吞吐，朝晖夕阴，变态万状，娱人心目。……噫！东风花柳，禽鸟和鸣，佳木阴浓，池莲香远，水清石瘦，黄菊满篱，雪积冰坚，挺秀苍翠，四时之景可爱，而千载之心攸存，慨然飞云之想，而不忘太山之瞻，斯为无忝乎隐趣云尔。（元·胡助《隐趣园记》）④

此三篇园记中已明确四时之景所带来的无穷隐趣。园林万物

---

① （宋）郭熙著，周远斌点校：《林泉高致》，山东画报出版社2014年版，第26页。

② （宋）吴自牧：《梦粱录》，载陈从周、蒋启霆选编，赵厚均注释：《园综》下，同济大学出版社2011年版，第41页。

③ （宋）欧阳修：《醉翁亭记》，载翁经方、翁经馥编注：《中国历代园林图文精选》第二辑，同济大学出版社2005年版，第17页。

④ （元）胡助：《隐趣园记》，载陈从周、蒋启霆选编，赵厚均注释：《园综》下，同济大学出版社2011年版，第144页。

展现了时间流动的韵味，季相是显现出来的、在场的东西，而时间是未出场的无穷尽的隐蔽的东西。园林的审美意义就在于将隐蔽的无穷尽的东西显现出来，并使游园者在观赏中获得乐趣，此乐趣谓之为“隐趣”。其无穷性也正是游园者审美观照得以驰骋的空间和余地。

清代石涛在《苦瓜和尚画语录》中说道：“凡写四时之景，风味不同，阴晴各异，审时度候为之。”[①] 周而复始的宇宙韵律，让不在场的隐蔽的时间通过在场的可显现的不同的实景得以显现，而园山是最能展现季相的实景。《林泉高致》说：“春山澹冶而如笑，夏山苍翠而如滴，秋山明净而如妆，冬山惨淡而如睡。”[②] 扬州个园的四季假山，就利用石材、造型、花木等因素，模拟了各具特色的季相之美。步入个园，就见沿花墙的竹林中插植有石笋数竿，并点缀有十二生肖象形山石。竖纹的峰石，只露其峰而藏其身，并以竹竿加以配合，虚实变化间春山之景跃然而出。在人的季相意识和想象的作用下，石笋似嫩竹出土拔节，顿有春回大地之感。这幅真假结合的春山竹石图既点出了春景之象，又催发了“春山如笑”的景外之思。以太湖石叠成的夏山，姿态如云翻雾卷。山峰清流环绕，山顶秀木苍翠，山下涧谷幽邃。其石材的凹凸不平和瘦透漏皱的特性，使夏山远观如巧云、如奇嶂，流畅自然，近观似峰峦、似洞穴，玲珑剔透。山前碧绿的池水将整座山体映衬得格外灵秀，游鱼嬉戏于睡莲之间，动静结合，情趣盎然。夏山通过灰色的石色、花木的浓荫、水态的涟涓、流云的变幻，给予人“夏山如滴”的清凉之感。以黄石叠成的秋山，高大挺拔，峻峭凌云，气势磅礴。山上到秋红叶翩翩，古松苍劲，呈现出象征成熟和丰收的秋色。山中还

---

① （清）石涛著，周远斌点校纂注：《苦瓜和尚画语录》，山东画报出版社 2007 年版，第 55 页。

② （宋）郭熙著，周远斌点校：《林泉高致》，山东画报出版社 2014 年版，第 26 页。

有石矶可登，磴道多在洞中，山洞巧妙地交错相通，引起空气的对流，大有秋风萧瑟之感。秋山是全园的最高点，山形雄奇挺拔，山道盘旋崎岖，中锋南壁形成山瀑飞泻之势。暖黄色调的秋山，在夕阳余晖的映照下，颇有“秋山如妆”的美感。用色洁白、体圆浑的宣石叠成的冬山，石骨裸露，当阳光照射在山头时会放出耀眼的光泽，远远望去似积雪未消。地面还用白石作冰裂纹铺地，形成空间统一的白色色调。冬山附近的墙面上设有象征二十四节气的四排直径尺余的圆形风洞，由于洞口空气流动速度急增，且洞口设计成口琴音孔，导致洞口之风呼呼作响，且声响各异，给人以北风呼啸之感。山体加以腊梅和南天竺的点缀，尽得“冬山如睡”的冷趣。冬山和春山仅用设有圆形空窗的墙面虚隔开来，气息周流，隔而不

图 3—17　扬州个园石笋春山

图 3—18　扬州个园湖石夏山

图 3—19　扬州个园黄石秋山

图 3—20　扬州个园宣石冬山

断，表达了“冬尽春来”的循环往复的时间特性。游园者从月洞门入园，顺时针绕园一圈，曲折变化的观赏路线把“四时之景”组合成了一个季相明显的整体。其环形路线的设计将四时的景象巧妙地安排其中，仿佛周而复始的四季气候的无穷尽的循环变化。于是，园林实景的季相之美，园林季相的时间性，在天时运转、四季相承的流动中得以显现。

季相除了借助园山这一载体显现，还借助了其他的园林实景要素。

> 水色春绿，夏碧，秋青，冬黑。天色春晃，夏苍，秋净，冬黯。① （宋·郭熙《林泉高致》）
>
> 真山水之云气，四时不同：春融洽，夏蓊郁，秋疏薄，冬黯淡。（宋·郭熙《林泉高致》）②
>
> 气象则春山明媚，夏木繁阴，秋林摇落萧疏，冬树槎桠妥帖……春水绿而潋滟，夏泽涨而弥漫，秋潦尽而澄清，寒泉涸而凝泚。（宋·李成《山水诀》）③
>
> 秾桃疏柳，以妆春妍，碧梧青槐，以垂夏荫；黄澄绿桔，以点秋澄；苍松翠柏，以华动枯……高堂数楹，颜曰“四照”，合四时花卉俱在焉。五色相错，烂如锦城。四照堂而外，一为春芳轩，一为夏荣轩，一为秋馥轩，一为冬修轩，分四时花卉各植焉。（明·刘士龙《乌有园记》）④

---

① （宋）郭熙著，周远斌点校:《林泉高致》，山东画报出版社 2014 年版，第 82 页。

② （宋）郭熙著，周远斌点校:《林泉高致》，山东画报出版社 2014 年版，第 26 页。

③ （宋）李成:《山水诀》，载（宋）郭熙著，周远斌点校:《林泉高致》，山东画报出版社 2014 年版，第 135 页。

④ （明）刘士龙:《乌有园记》，载陈从周、蒋启霆选编，赵厚均注释:《园综》下，同济大学出版社 2011 年版，第 230 页。

园中花木，四时具备。每至春日，则繁英璀璨，如入桃源，鼠姑树丛，天香馥郁，若游《穆天子传》所谓“群玉之山”，不知为尘世矣。入夏，则方池荷花，荡漾绿波翠其间，红日朝霞，掩映可爱。秋月皎洁时，丛桂著花，芬郁袭人。冬日将至，腊雪飘漾，缟袂仙人，若招我于罗浮山顶也。（清·吴嘉淦《退思续记》）①

可见，季相在园林中的显现是多元素的。因此，园林中出现了许多显现季相的景观。如杭州西湖的苏堤春晓、曲院风荷、平湖秋色、断桥残雪；北京颐和园的春雨轩、清夏堂、涵秋馆、生冬室；承德避暑山庄的梨花伴月、曲水荷香、甫田从樾、南山积雪等。这些景观都暗示了四个季相的某种最佳的意象，给予了游园者审美的体验空间和广阔的想象空间，在可视的季相中感知到了时间的存在。所谓“春宜花，夏宜风，秋宜月，冬宜雪”（清·乾隆帝《圆明园四十景图咏·四宜书屋》），流动的四时在人们的审美经验中，已固化或提炼成了某种意象形式。但实际上，季相之美在园林中的显现是综合的、多元素的。明代钟惺的《梅花墅记》中写道：“阁以外，竹林则烟霜助洁，花实则云霞乱彩，池沼则星月含清，严晨肃月，不辍暄妍。”② 园中的楼阁、竹林、花实、池沼与时间性的烟霜、云霞、星月、严晨结合在一起，展现了变化无穷的动态美。《小窗幽记》中说：

风开柳眼，露浥桃腮，黄鹂呼春，青鸟送雨，海棠嫩

① （清）吴嘉淦：《退思续记》，载陈从周、蒋启霆选编，赵厚均注释：《园综》上，同济大学出版社2011年版，第252页。

② （明）钟惺：《梅花墅记》，载陈从周、蒋启霆选编，赵厚均注释：《园综》上，同济大学出版社2011年版，第187页。

> 紫，芍药嫣红，宜其春也。碧荷铸钱，绿柳缫丝，龙孙脱壳，鸠妇唤晴，雨骤黄梅，日蒸绿李，宜其夏也。槐阴未断，雁信初来，秋英无言，晓露欲结，蓐收避席，青女办妆，宜其秋也。桂子风高，芦花月老，溪毛碧瘦，山骨苍寒，千岩见梅，一雪欲腊，宜其冬也。①

四时之景中多个园林元素的参与和作用，不仅使每个季相特点突出，各有生机，而且也使每一季相的意趣有异且无穷。

园林中的虚景是在实中见虚，人在游园时，通过视觉的光与影，听觉的声，嗅觉的香，整体的季相，通过所有这些在场的能够显现出来的东西，而感受到那些不在场的未显现的东西。"虽复一时游览，四时之气，以心准目想备之"②，园林中蕴含有春夏秋冬四时之气，时间的流动不可能让人同时领略四时的季相美。而"心准目想"，通过对各种实景的心赏和目观，对各种虚景的心悟和妙想，生发出显现时间性的园林意境。

四、虚景的文化意蕴

园林虚景促成了园林审美意境的整体生成，从景观构成的角度讲，是不可或缺的组成部分。但是，中国园林对虚景的利用和重视，并不仅仅因为它们能构成园林景观，还在于它们也承载了一定的文化意蕴。因此，人们在进行园林品赏时，除了欣赏对象性存在的实景，更会去体味浮游于时空中的虚景，体悟虚景中蕴含的文化内涵。

---

① （明）陈继儒著，陈桥生评注：《小窗幽记》，中华书局 2016 年版，第 234 页。

② （明）钟惺：《梅花墅记》，载陈从周、蒋启霆选编，赵厚均注释：《园综》上，同济大学出版社 2011 年版，第 187 页。

（一）农耕文化

对视觉的光与影，听觉的声，嗅觉的香，园林整体季相这些虚景的欣赏和营造，其根本原因在于人们对时间的感悟和重视，人们想通过这些在场的可显现的东西，去寻找那些隐藏的不可显现的东西。为什么中国人这么重视对时间的感悟呢?

中国古代以农业为生存根基，而农业生产对天地自然有着强烈的依赖，先人们对天地、自然怀有敬畏之心和亲切之情。他们由农耕经验总结出来自然变化，强调引起变化的时间，以及变化自身的节奏和韵律。在时间的流程中，天地万物无不在生生不息地变易着、流动着。《论语》言:“天何言哉? 四时形焉，百物生焉，天何言哉?”[1] 先人们认为自然不仅是存在的形式，还是本性，也是人追求的理想。通过对大自然本身的体察和演绎，人们渴望返回空旷田园的自然本性，追求内心绝对的自由，于是，正如庄子所言:“天地有大美而不言，四时有明法而不议，万物有成理而不说”[2]，古人总的价值导向就是自然，“以自然为美”的美学导向也是根深蒂固的。这种思想本质上是把人和自然看成了一个有机的整体，是欲达到人与自然和谐的目的。所谓“无为”就是要求人们按照自然规律办事，不违背事物的本性，道家的这一基本精神反映了农业生产的特点。“万物并作，吾以观复”的思想说明自然万物的运转有着循环性的特点，时间的周期性默入农耕文化中。人们依照自然规律进行农业生产活动的特征对于人们的造园行为有着深远的影响。人们在园林的建造中，努力保持自然，尽量选用自然之物，选择山石、木材、植物等自然的衍生

---

① 杨伯峻:《论语译注》，中华书局 2009 年版，第 185 页。

② 陈鼓应:《庄子今注今译》，中华书局 2009 年版，第 601 页。

之物，利用一切的自然元素，遵循自然并再现自然。于是，就有了对光影、声音、香味和季相的运用。更为重要的是，在农耕经验基础上产生的自然观影响了中国人的思维方式。中国的先人们不靠观察、归纳、推理来把握世界，而是依靠自觉冥想来体悟、认知、共构宇宙、自然与人的本源。它也使得人们习惯性地将观察、思考停留在经验的层面，这种直觉性观照的思维更加侧重感官体验以及由此产生的情思和联想。而这些虚景正是引发情思和联想的景源。宋代李格非的《洛阳名园记》中写道："如夫百花酣而白昼炫，青苹动而林阴合，水静而跳鱼鸣，木落而群峰出，虽四时不同，而景物皆好，则又其不可殚记者也。"① 这种情思是由农耕经验产生的对时间和变化的重视，并由此延伸出对时间流逝的感叹和惋惜。这种联想是将人与自然紧密结合起来，产生对自然的存在和人的存在在时间维度上的感悟。农耕文化引发了对自然、时间与变化的重视，同时，农耕文化也促使人们越来越强烈地把握时间的概念，但时间意识和体验感叹却显得越来越间接。应该说，园林中的虚景是中国文人间接表达自身的时间意识，抒发对时间的感叹的一种途径。因此，中国园林对虚景的强调源于对时间的重视，是中国人生存背景、价值观念的外在表现。

（二）无色之色

光与影的虚景在视觉上呈现出的是黑白二色的对比。在色彩学中，最强的明度对比就是黑与白的对比，它消融了五彩的色阶，

① （宋）李格非：《洛阳名园记》，载陈从周、蒋启霆选编，赵厚均注释：《园综》下，同济大学出版社 2011 年版，第 171 页。

成为色彩的两极。老子说："见素抱朴，少私寡欲"①"知其白，守其黑"②，庄子说："夫虚静恬淡，寂寞无为者，万物之本也……朴素而天下莫能与之争美。"③ 可见，黑白二色是道家最推崇的色彩，白色即"无色"，是本原，黑色则派生一切色彩并具有高于一切色彩的功能。黑白二色体现了"少私寡欲""虚静恬淡"的心灵要旨，是一颗淡然之心观看万物所映照的色彩。因此，光影的色彩表达了中国以无色为绚烂之色的思想，即"空中见色"。从心与物的关系看，物由心生，心是根本，物是心的影相，所以物是空的。佛教认为外在有形世界是人心虚幻出来的，是不真实的。有色的世界是表象的，有欲望的。而无色的世界才是本色，而无色的平淡素朴才是本真。清代笪重光在《画筌》中说："一色已分明晦，当知无色处之虚灵。"④ 中国文化中以无色之色为大色，认为无色之虚中有灵气流连，无色之虚能使心灵随意所适。在虚灵的观照中，色与空无二，空即是色，色即是空。故而，中国园林重视光影在园林中的运用，有意无意间，以无色的虚景去反衬有色的实景，以荡去欲念的心灵把玩若有若无的世界。而且，园林中光影是依附于一定的实景的，实景本身是有彩的、缤纷的。光影的无色之虚不仅调和了五彩的独立性，统一了视觉上的园林色调，还给予了充塞的实有世界以舒缓过渡的空间，有了气韵流荡的可能。比如水影，池水本无色，但水中的倒影使水呈现出来园林之中最丰富的色彩，并且扩大了园林的视觉空间。光影的存在，是典型的虚实相生，是以虚空创造了实有，其无色之虚更使非实处得以显空。

---

① 陈鼓应:《老子注译及评介》，中华书局 2009 年版，第 134 页。

② 陈鼓应:《老子注译及评介》，中华书局 2009 年版，第 173 页。

③ 陈鼓应:《庄子今注今译》，中华书局 2009 年版，第 364 页。

④ （清）笪重光著，关和璋译解:《画筌》，人民美术出版社 1987 年版，第 48 页。

（三）大音希声

园林的声景中除了自然之声外，还有人为的琴声。园林中无论是自然之声还是琴声，都是生命本真的显现，都是自然韵律在时间中的展开，都是人悟道的一种方式。白居易在庐山草堂就置有漆琴一张，在履道里园更筑有池西琴亭。其《池上篇并序》写："合奏《霓裳散序》，声随风飘，或凝或散，悠扬于竹烟波月之际者久之。"[①] 琴是中国的一种正宗雅乐，被儒家认为是禁止邪淫、端正人心的乐器。《礼记》言："士无故不撤琴瑟"[②]，《长物志》说："琴为古乐，虽不能操，亦须壁悬一床，以古琴历年既久，漆光退尽，纹如梅花，黯如乌木，弹之声不沉者为贵。"可见，琴即使无声亦是一种不可或缺的精神性代表。在中国文化中，琴代表了士大夫的身份，与园林中则表达了士人独善乐逸的追求。通过琴声，人可以在"游于艺"中净化心灵，达到"与天地同和"的境界。正是音乐所具有的潜移默化的作用，与视"无色之色"为大色的审美相适应的是"大音希声"的听觉审美。于是，中国文人推崇"淡兮其无味"的音乐风格，用最简单、最朴实、最恬淡的声音去追求宇宙天地的大乐。清代邓嘉缉在《愚园记》中描绘了声景所体现的精神生活："新月在天，水光上浮，丝管竞作，激越音流，栖禽惊飞，吱吱咯咯，与竹肉之声相和。堂之左，连闼洞房，为竹肉操琴之所，素心人来，时作一弄。"[③] 此段中的"素心人"即是世情淡泊的高士。高士的琴声融合着天地自然之声，随境适情，怡悦性灵，既深得高山流水之趣，又

---

① （唐）白居易：《池上篇并序》，载陈从周、蒋启霆选编，赵厚均注释：《园综》下，同济大学出版社 2011 年版，第 162 页。

② 王文锦：《礼记译解》，中华书局 2001 年版，第 44 页。

③ （清）邓嘉缉：《愚园记》，载陈从周、蒋启霆选编，赵厚均注释：《园综》上，同济大学出版社 2011 年版，第 155 页。

深得万物体道之意。因此，有声的音乐和无声的韵律，一个在外，一个在内；一个有限，一个无限；一个诉诸人的身体，一个诉诸人的心灵。“大音希声”的听觉审美，交织了一个有声的物质空间和一个无声的心灵空间。

（四）超越有限

对园林虚景的品赏还出现在园林的品题之中。园林品题是对虚景呈相和心灵感悟的审美概括，透露出了造园设景的人文内涵。对园林虚景语言化的表述，诗化的描写，都反映了园林是文人情致的物化形式。艺圃园有联云：“山黛层峦登朝爽，水流泻月品荷香”[①]；留园有联曰：“天天月圆三人影，处处名花四时香”[②]；拥翠山庄有联曰：“雁塔影虒霄汉表，鲸钟声度石泉间”[③]；狮子林有匾曰“听香”“暗香疏影”等。这些从视觉、听觉、嗅觉不同的角度对虚景进行的阐述，实则是作者心性的延展，是在间接地发出对宇宙的感叹。而此联“塔铃声寄思无住，岩桂香飘好再来”则更明显地展示了佛教文化。“无住”是佛教术语，亦称“不住”；木樨花的清香飘满山岗之时，悟禅之人更想再度皈依佛门；“岩桂”为木樨的别名，暗用了黄庭坚闻木樨香悟禅[④]的典故；“再来”即指那些专一精心内典、勤修上乘、再度转世皈依佛门的再来人。于是，当塔上挂铃的叮当声沉寂之时，此联令人产生无尽的遐思，令人

① 曹林娣：《苏州园林匾额楹联鉴赏》，华夏出版社 2011 年版，第 171 页。

② 曹林娣：《苏州园林匾额楹联鉴赏》，华夏出版社 2011 年版，第 141 页。

③ 曹林娣：《苏州园林匾额楹联鉴赏》，华夏出版社 2011 年版，第 259 页。

④ 禅书《五灯会元》中记载北宋黄庭坚学禅不悟，问道于高僧晦堂，晦堂说：“禅道无隐”，但黄庭坚不得其要。晦堂趁木樨盛开时说：“禅道如同木樨花香，虽不可见，但上下四方无不弥漫，所以无隐。”黄庭坚遂悟。修禅悟性是中国士大夫追求的高尚行为。闻木樨香表现了士大夫的高洁志向。

感叹万物的变化无常，了悟一切事物及人的认识都不会凝固不变。可见，园林的题额包含着丰富的信息，经常成了某种思想的代言者。对于虚景的欣赏，已不仅仅是外在的观照，其通过品题衍化成内在的精神产物；它也不仅仅是对外物的一种认识，其通过品题衍化成了一种安顿生命、追求永恒的存在方式。品题中展现的中国文化反映了文人内在超越的思想。用通达之心去超越所见之景，将渺小转化为广大，将瞬间转换为永恒，将无限融于有限之中。于是，在无边的世界妙相中，可现人心灵所构建的世界。因此，将园林虚景描绘出来的品题，也是文人净化心灵、超越所见世界的方式。

综上，虚景本身存在着对比，光影展现的是黑与白的色彩对比，声景展现的是有声和无声的听觉对比，香景展现的是恬淡和浓烈的嗅觉对比，季相展现的是瞬间与永恒的时间对比。然这种种对比，都是脆弱的生命与浩瀚的宇宙的对比的派生。人在自然中的真实体验和心灵感悟促使它们注重对时间的表现。因此，虚景成了时间在园林中、在人心中显现的方式。

第三节　园林构景与虚实关系的呈现

园林景观的构成除了需要景观构成要素之外，还要讲究构景方法。园林的面积是有限的，特别是文人写意园，而艺术意境是无限的。要突出“小中见大”的壶中天地，要在有限的空间里创造出无穷尽的可能，就必须要对空间的划分和布置有一定的考量。中国园林在长期的实践和探索中，从宏观到微观地控制和调配了空间，并总结了一些原则和方法。而这些原则和方法都显现了虚实在构成层面的三种关系，或者说，正是这三种虚实关系促成了园林空间的完成。

一、构景原则

《小窗幽记》说："峰峦窈窕，一拳便是名山；花竹扶疏，半亩如同金谷。"① 一片石即可包囊起伏峰峦，半亩风光可抵金谷名园，点明了中国园林普遍遵守的以小见大的原则。园林景观的小而简单的意趣正是文人思想最本质精髓的表达。而要实现以小见大，空间处理的关键在于"曲"，曲折含蓄的设计也是中国园林区别于西方园林的一个重要方面。园林内空间"曲"的设计构成了阴阳之气彼摄互容、相因相生，构成了一种内在的往复回环的周流，展现了一个与宇宙运作相应的小天地。

造园中常讲"水必曲，园必隔""景贵乎深，不曲不深""大中见小，小中见大，虚中有实，实中有虚，或藏或露，或深或浅，不仅在周回曲折四字"。② 园林中唯有"曲"才能在创造和扩大空间方面有无穷的创意，"曲"的处理会导致空间中出现各种虚实关系。在视觉上，通过虚实的暗示为人留下了想象的空间。"曲"也符合中国人的文化内涵。清代钱大昕在《网师园记》中写道："地只数亩，而有纡回不尽之致，居虽近廛，而有云水相忘之乐。柳子厚所谓'奥如旷如'者，殆兼得之矣"③。这座小而情致，富有书卷气的园林，因为"曲"的处理而有了"不尽之致"，即在"小"中见到

---

① （明）陈继儒著，陈桥生评注：《小窗幽记》，中华书局 2016 年版，第 201 页。
② （清）沈复著，周公度译注：《浮生六记》，浙江文艺出版社 2017 年版，第 140 页。
③ （清）钱大昕：《网师园记》，载陈从周、蒋启霆选编，赵厚均注释：《园综》上，同济大学出版社 2011 年版，第 221 页。

图 3—21　苏州拙政园曲廊

了“大”。原本“奥如”[①] 的空间也因为曲的缘故而获得了“旷如”的视觉空间感。“曲”造就了空间的分割、转折、围合和封闭，欲达到“庭院深深深几许”的空间效果，以表达曲折幽深、藏而不露、含蓄奥趣的韵致。

《长物志》言：“凡入口处，必小委曲，忌太直。”[②] 中国园林已形成了一进园门即是奥如空间的模式。对于居于城市心怡山林的文人来说，园林必然要隔离城市的尘嚣，保留住园内的清幽。为了防止污浊之气的流入、清幽之气的流出，造园者就将园林的入门处设置成或蔽或曲的奥如空间。其实这也是“抑景”的一种手法，先由视野的“合”再进入视野的“开”，通过对比可以更加张扬即将呈

① 柳宗元，字子厚。其《永州龙兴寺东丘记》：“游之适，大率有二：旷如也；奥如也，如斯而已。其地之凌阻峭，出幽郁，寥廓悠长，则于旷宜；抵近垤，伏灌莽，迫邃回合，则于奥宜。”此意是说，视界寥廓、空间悠远的是“旷如”之境，而环境局促、空间迂回的是“奥如”之境。柳宗元对空间的视觉感受作出了分类。

② （明）文震亨著，汪有源、胡天寿译：《长物志》，重庆出版社 2008 年版，第 30 页。

现的旷如之美。《桃花源记》描述了入口处奥如和旷如的对比：“初极狭，才通人。复行数十步，土地平旷，屋舍俨然。”①“小委曲”的入口也过滤了人的心神，给人心理上一种准备。因此，奥如的入园空间的处理采用的是空间上也是心理上的欲扬先抑的手法。园内的曲径通幽的妙处可通过“曲园”来进行分析。清代俞樾在《曲园记》中写道：

> 曲园者，一曲而已……然山径亦小有曲折，自其东南入山，由山洞西行，小折而南，即有梯级可登……自东北下山，遵山径北行，有回峰阁。度阁而下，复遵山径北行，又得山洞……艮宦之西，修廊属焉。循之行，曲折而西，有屋南向，窗牖丽楼，是曰“达斋”……由达斋循廊西行，折而南，得一亭，小池环之，周十有一丈，名其池曰“曲池”，名其亭曰“曲水亭”。由曲水亭循廊而南，至廊尽处，即春在堂之西偏矣。②

从园主的自述中可以看到，曲园中突出了山径之曲、池水之曲以及游廊之曲。回峰阁代表了山景的峰回路转，曲水亭代表了水流的迂回盘曲，游览路线的折之又折，环之曲之，给人无尽之感。曲园亦暗含《老子》“曲则全”的意思，俞樾也自号“曲园居士”，并以“一曲之士”自称。其为春在堂题联曰：“小圃如弓，竹林前一曲，柳阴后一曲；浮生若梦，等第五十年，成婚六十年。”③ 此联道出了

---

① （晋）陶渊明：《桃花源记》，载赵雪倩编注：《中国历代园林图文精选》第一辑，同济大学出版社 2005 年版，第 132 页。

② （清）俞樾：《曲园记》，载陈从周、蒋启霆选编，赵厚均注释：《园综》上，同济大学出版社 2011 年版，第 248 页。

③ 曹林娣：《苏州园林匾额楹联鉴赏》，华夏出版社 2011 年版，第 251 页。

园林的结构布局，并对句感叹人生，光阴似箭，浮生如梦。俞樾还有联云：“曲径通幽处，园林无俗情”“园以曲为趣，客无茶不欢”①。此二联道出了园林以曲为美的审美标准，说明了曲能增加景观的欣赏层次，使咫尺天地因幽曲而避免了一览无余，也说明了文人高雅脱俗的情趣追求。由此可见，“曲”作为“以小见大”构景原则的实现手段，不仅满足了构成层面的需求，还满足了本体层面和心理层面的需求。

《扬州画舫录》也有突出“曲”的描述：

> 石路一折一层，至四五折，而碧梧翠流，水木明瑟……过此，又折入廊，廊西又折，折渐多，廊见宽……廊竟又折，非楼非阁，罗幔绮窗，小有位次。过此，又折入廊中，翠阁红亭，隐跃栏槛。忽一折入东南阁子，躐步凌梯，数级而上，额曰“宛委山房”……阁旁一折再折，清韵丁丁，自竹中来，而折愈深，室愈小……又其间者，如蚁穿九曲珠，又如琉璃屏风，曲曲引人入胜也。②

突出描写了建筑，特别是游廊的曲折。《园冶》说：“今予所构曲廊，之字曲者，随形而弯，依势而曲。或蟠山腰，或穷水际，通花渡壑，蜿蜒无尽。”③廊的曲折，不仅展现了流线的曲折，还展现了空间的曲折。廊所形成的狭长的带状空间，既有引导运动路线的作用，又有分隔空间的作用。而被曲折游廊所分隔的空间，如山

① 曹林娣：《苏州园林匾额楹联鉴赏》，华夏出版社2011年版，第253—254页。

② （清）李斗著，汪北平、涂雨公点校：《扬州画舫录》，中华书局1960年版，第145页。

③ （明）计成著，陈植注释：《园冶注释》，中国建筑工业出版社1981年版，第84页。

房、阁室，其自身形状也就带有较为明显的曲折性，所以会有“宛委山房”的命名。《扬州画舫录》所写：“觞咏楼西南角多柳，构廊穿树，长条短线，垂檐覆脊……北郊杨柳，至此曲尽其态矣。”[①]说明了杨柳因为游廊的曲形，而展现了自身整体的曲态。廊的长条的横向的走势，与柳的短线的纵向的贯穿形成线形、造型、动感的对比。廊的屋脊线随廊的曲折而轻拂徐振，其曲势与柳的曲势辉映成趣。不同层次的高低起伏的曲添加了视觉欣赏的内容。因此，中国园林普遍巧妙地使用曲廊，以赋予空间组合的曲折性。当然，除建筑外，构成园林的其他要素也均力求蜿蜒曲折而忌平直规整。山间萦绕的曲蹊，弯曲有致的水岸，宛转卧波的曲桥，逶迤连络的曲室，挽横引纵的曲墙，多方位多元素的“曲”造就了园林空间上的千变万化，园林意境上的层出不穷。《愚公谷乘》写道：“从菩提场左折而上，有岭曰‘频迦’……下岭而左，过小石梁，是涧水第二折处；由石梁过在涧，是第三折处……四照关折而左，穿三疑岭腹出，复折而左，有滩长七长许……滩尽，折而上，又有涯……。”[②]展现了高低起伏、萦绕山势的曲蹊。曲蹊层面丰富，处处为景，形成了一个流动的空间，开阔了虚空间的范畴，具有比廊更灵活的优势。《水绘庵记》说：“由壶岭水行左转，更折而北，曰‘小浯溪’……由浯溪再折而西，曰‘鹤屿’。”[③]展示水边的曲岸。水际曲折的可行的水岸，岸线自如，人行其上，野趣自得。并且俯仰平三种视角皆有可观，不同质感的画面使得园林意象幽邃。《游勺园记》提道：“阜

---

① （清）李斗著，汪北平、涂雨公点校：《扬州画舫录》，中华书局1960年版，第148页。

② （明）邹迪光：《愚公谷乘》，载陈从周、蒋启霆选编，赵厚均注释：《园综》上，同济大学出版社2011年版，第133页。

③ （清）陈维崧：《水绘庵记》，载陈从周、蒋启霆选编，赵厚均注释：《园综》上，同济大学出版社2011年版，第34页。

陡断，为桥几曲，曰‘逶迤梁’。”[①] 这里展现宛转的曲桥。一般的曲桥，不管有几折，人行其上只有两个朝向。而勺园的逶迤梁有六折并且有六个不同的走向，人行其上，所见之景，角度全面，景致丰富。此创造性的设计自然巧妙，不突兀不呆板，给人以“意中九曲”的感觉。《帝京景物略》中说道：“堂室则异宜已，幽曲不宜张宴，宏敞不宜著书。”[②] 说明了堂室幽曲的特点。曲室的回环相接，一转一深，一折一妙，虚实映带，无疑丰富了园林空间的变化，扩展了建筑这一组合形体的造型样式。园林要素采用“曲”的造型方式，其目的是为了实现“小中见大”。《闲情偶寄》说：“径莫便于捷，而又莫妙于迂”[③]，说明功能性是先于审美性的。任何园林要素首先要完成各种所应承担的功能，在此基础上再完成“曲”的合目的性的审美要求，也意味着“曲”的程度是以迂回有效地扩展园林的有限空间为标准的，而非愈曲愈好。

园林元素曲折的线性流动结构，不仅意味着运动路线形态的形成，更为重要的是它产生了步移景移的观赏效果。成功的中国园林，在任一点停留静观时，都可以获得几个不同角度的好的画面。而在走动时，随着赏景路线的起伏曲折，可以获得层出不穷的画面。有“小园极则”之称的网师园，以中部的水池为界将园林分成了南北两个部分，各个小庭院或用门洞相连，或用墙垣相隔，游廊曲径串起一个又一个的小庭院。在庭院的隔与现之间，在视野的合与开之间，在景观的藏与露之间，步移景换，连续地流动路线造就了视觉的节奏感和影像感，而忽视了空间上局促的有限感。曲水在

---

① （明）孙国光：《游勺园记》，载陈从周、蒋启霆选编，赵厚均注释：《园综》上，同济大学出版社 2011 年版，第 5 页。

② （明）刘侗：《帝京景物略》，载陈从周、蒋启霆选编，赵厚均注释：《园综》上，同济大学出版社 2011 年版，第 7 页。

③ （明）李渔撰，杜书瀛校注：《闲情偶寄·窥词管见》，中国社会科学出版社 2009 年版，第 12 页。

此园林中不仅通过水面的反射拓宽了空间，而且其水的质感柔化了视觉画面的强度。因此，从功能的角度上讲，路线采用曲折的组织方式可使得视线进入不同的物质空间，变化的视角使视觉构图不断发生改变，景观的形态也随之有所不同，这种发现满足了人的好奇心和探索欲。路线迂回的动态引导避免了园林景观欣赏的单一性，延长了观者的视觉新鲜感和兴奋感。也可使同一景物的特征在空间和时间的维度上能得以逐一呈现。线性的流动的曲，延长了观赏的路径，舒缓了游园者的心态。游园者在闲适的状态下，在延步的曲折中，在预设的引导下，可以多视角多方位地欣赏变化者的园林景观之美，实现了园林的可游、可望。

对于游园者而言，曲的形式是实在的，它存在于园林的各个要素的造型之中，不管它是显性的还是隐性的。但曲营造的空间和场所是虚的，人游走在园林中，虽然眼见为实，但身处为虚，人身在其中是一种场所的体验，是以一种在场的方式去感受园林要素所敞开的最真实、最本然的世界；曲的联系性也是虚的，人在体验中会自觉地将空间要素整合起来，以延续人在空间体验中的连续性和回味感，并会主动将在场者和不在场者联系起来，通过这种联系，让隐蔽在出场者背后的东西显现出来，从而使在场的东西的真理得以发生，显现出在场东西的本然；同时，曲的引导性也是虚的，在移动的路线上，人所在的场所是在发生变化的。即其当场出现而言，每一个在场的东西都是中心，而其他未出场的隐蔽的东西为周边。中心显现了周边，中心和周边统一于当下的这一场所。当中心在发生改变时，赋予中心意义的周边也在发生改变，于是，曲的路径就左右了人对空间变化的体验。

综上，园林之“曲”通过园林要素的各种曲折的造型，实现了“以小见大”的目的，构建了一个与宇宙运作同构的“壶中天地”。在此天地中，“曲”所呈现出来的各个层面的虚实关系，丰富了园林的文化内涵，强化了观者的审美体验，落实了园林“可游”的特质。

二、构景方法

园林的构景方法，不得不谈因为“曲”的妙处所显现的虚实关系。在园林中，往往通过以下四对范畴来显现虚与实的关系：1. 藏与露。《绘事微言》中谈到丘壑藏露时说：“更能藏处多于露处，而趣味愈无尽矣。盖一层之上更有一层，层层之中复藏一层。……若主于露而不藏，便浅而薄，即藏而不善藏，亦易尽矣。只要晓得景愈藏景界愈大，景愈露景界愈小。”[①] 园林所构成的画面不能一览无余，而应有藏有露。藏则为虚，露则为实。所藏之景与所露之景之间通过一些关联而引发人的联想和好奇。景愈藏，景界愈大；景愈露，景界愈小，指的就是“藏”给予了空间和时间上的延续余地，引发了无尽之感。2. 亏与蔽。“蔽”相当于遮挡、阻挡了人们的视线，其为实。“亏”是指视线未被遮挡的透空处，其为虚。园林游记中曾多处出现了关于亏蔽的叙述，如：“其地益阔，旁无名居，左右皆树木相亏蔽”[②]“岛之阳，峰峦错叠，竹树蔽亏，则南山也”[③]“西南一带植牡丹二十余本，界以奇石，高低断续，与帘幙掩映，丹棂翠楹，互相亏蔽，为园中繁华处”[④] 等，说明了亏蔽的作用，即通过一定的遮挡，使景观幽深而不至肤浅孤露，开辟了园林

① （明）唐志契：《绘事微言》，人民美术出版社 1985 年版，第 15 页。

② （宋）苏舜钦：《沧浪亭记》，载翁经方、翁经馥编注：《中国历代园林图文精选》第二辑，同济大学出版社 2005 年版，第 18 页。

③ （明）潘允端：《豫园记》，载陈从周、蒋启霆选编，赵厚均注释：《园综》下，同济大学出版社 2011 年版，第 1 页。

④ （清）叶燮：《海盐张氏涉园记》，载陈从周、蒋启霆选编，赵厚均注释：《园综》下，同济大学出版社 2011 年版，第 67 页。

的景深。3.隔与透。隔是先抑后扬，不仅能阻挡尘嚣，还能藏住园内清静美景，促成含蓄。而透能促使园内外景物间的联系，使视觉具有延展性。隔就是实，透就是虚，隔与透互为掩映。园林中的假山、墙垣通常起到隔的作用，隔离景象、声音、尘嚣等，但假山里的石缝、墙垣上的花窗又起到了透的作用，隐约模糊的景象，似晰非晰的声音，若有若无的喧闹，无疑都增加了园林意境的深度。如果说藏与露、亏与蔽体现出了园林二维空间的画面感，那么隔与透则体现出来园林多维空间的意境感。它通过周流的气息促使园林各元素之间互为联系，通过空透而相通。4.隐与显。形尽显而思有穷，形有隐而思无穷。隐即是不见，为虚；显即是可见，为实。《熙园记》述："遥睇南岸，皓壁绮疏，隐现绿杨碧藻中，其壶瀛宫阙，幻落尘界乎？"[①]《江村草堂

图 3—22—1　北海公园濠濮间

图 3—22—2　北海公园濠濮间

① （明）张宝臣：《熙园记》，载陈从周、蒋启霆选编，赵厚均注释：《园综》下，同济大学出版社 2011 年版，第 9 页。

图 3—23　苏州艺圃响月廊半亭

记》述："俯鉴清流，远观竹木，层层深隐，睇瞩不穷"。[①] 景观的若隐若现，增添了景面的层次，构成朦胧的丰富的意境。隐与显也能激发观者心理上的好奇，引导观者无穷的企思。以上四对范畴与虚实一样，具有相反相成的性质，是虚实关系在园林中的具体表现。这四对范畴是"虚与实"在构景上的同义词，是在一定语境下更妥帖的表达，其本质反映的就是"虚与实"之间的相互关系。所以设计构景方法上，造园者会充分考虑这四对范畴。考虑露什么，藏什么，亏多大范围，蔽多大范围，通过何种隔使景物隐，通过何种透使景物显，隐去什么内容，显现什么内容等。

故而，园林营造在布置、组织和创造空间的过程中，会采取各种方法来实现这四对范畴，从而显现出虚与实的关系。其中最常用的构景方法就是隔景、借景、对景等，其中又以借景为最妙，凸显了中国园林的审美特色。

隔景，是从宏观的角度界定园林的格局，考虑每个部分露什么景象，又藏什么景象，以产生视觉的对比；如何处理亏蔽关系，如何隔又如何透，各主体景区隐什么又显什么等，从而使景物组织更

① （清）高士奇:《江村草堂记》，载陈从周、蒋启霆选编，赵厚均注释:《园综》下，同济大学出版社 2011 年版，第 60 页。

加合理，意境创造更加自然。苏州艺圃占地面积不大，庭园布局简练，园林空间的渗透和层次变化，就是通过对空间的分割与联系完成的。人的视线穿过精心设计的一重又一重的洞口，画面层次变化就会越来越丰富。隔景并不是完全地隔绝空间，而是在空间分割之后又使之有适当的连通，以增加景的深度感，使人的视线可以从一个空间穿透至另一个空间，达到意的幽雅和境的深邃。以北京恭王府萃锦园为例，萃锦园虽存在着轴线，但景区的分隔却很灵活，并且每一个景区中也有较丰富的层次。园中隔有七个景区：一为山林景色；二为廊回室静的起居区；三为山水厅台区，以接待宴席宾客；四为湖池水景，景观开敞；五为田园景区，地势平旷，意境清淡；六为斋馆区，有较强的封闭性和独立性；七为嬉乐区。每个景区的景致不同，通过隔而不断的景观使游园者从一个环境进入另一个环境时，可因景区的对比而在心理上产生一种时空扩大感。一区的序景曲径通幽，反映了萃锦园在景物组织上的特点，入园迎面的飞来石，即在主景安善堂前障景，起到欲扬先抑的作用，避免了一露无遗。然而这种屏碍并非用叠石全部遮挡，而是“遥望山亭水榭，隐约长松疏柳间”，让人能感到轴线的存在。当游园者穿过山洞后，视野顿时豁然开朗。园口处的一抑一扬，显现出旷如奥如的亏蔽，使空间产生了对比。萃锦园在主轴线上布置了飞来石—蝠河—安善堂—水池假山—绿天小隐—蝠厅，给人层层深入之感。中路套院多以回廊相隔，空间得以相互渗透，隔而不断。因为隔和透，隐和显，当透过游廊、假山、花窗望到另一个院落时，就显得层次幽深而颇得庭院之趣。可见，隔景是对园林空间的总体规划，是构园的草图，隔景合理与否决定了园林构景的成败。

借景，是“虚而待物”在园林中的落实，也是为了打破界域，扩大空间，以便实现“小中见大”。而借的方法有很多，比如远借、邻借、仰借、俯借、镜借等。远借，即借远方之景入园，以现“江流天地外，山色有无中”[①] 的无限之意。如北京颐和园借西山为园景，玉泉山的连绵山形和玉峰塔隐约的身影，都被构入到远景之中。通过视觉空间上层次的自然透叠，而使园外之景与园内湖水浑然一体。远借一般借山势、山色及山上的景物，无锡寄畅园远借惠山入园，拙政园远借北寺塔入园，避暑山庄远借磬锤峰入园等。《洛阳名园记》中对远借有这样的描述：“榭南有多景楼，则嵩高、少室、龙门、大谷，层峰翠巘，毕效奇于前”“如其台四望尽百余里，而萦伊缭洛乎？其间林木荟蔚，烟云掩映，高楼曲榭，时隐时现，使画工极思而不可图”[②]，可见，远借因为视域的开阔，所纳内容可以很丰富；因为空气的透视，所容之景可以很寥廓，表现出若有若无的迷蒙感。《越中园亭记·筠芝亭》说：“南眺越山，明秀独绝。亭之右为啸阁，以望落霞晚照，恍若置身天际，非复一丘一壑之胜已也。”[③] 邻借，即将园旁的山林和湖水借进园来。相对于远借，邻借是具体的，表现出清晰和明确的特点。邻借因为距离和视域的原因，所借之物的体积不会太大，否则就会将整个画面充塞，无气息流通之感。出墙红梅、漏窗投影、入窗修竹等，都是邻借的范例。苏州的拙政园和补园相邻而建，在两院相邻的补园石山上，建有一六角攒尖的宜两亭，从此名中可看出，补园用此亭邻借用了拙政园旖旎的风光，而拙政园也邻借了此亭高耸的景象。一处两好的共享景观也别具意味。《园冶》说：“萧寺可以卜邻，梵音到耳。”[④] 傍寺而建的园林，还可以邻借到声音，以助修行。北京香山静宜远的

① （唐）王维著，赵殿成笺注：《王右丞集笺注》，上海古籍出版社 1961 年版，第 150 页。

② （宋）李格非：《洛阳名园记》，载陈从周、蒋启霆选编，赵厚均注释：《园综》下，同济大学出版社 2011 年版，第 167—170 页。

③ （明）祁彪佳：《越中园亭记》，载陈从周、蒋启霆选编，赵厚均注释：《园综》下，同济大学出版社 2011 年版，第 99 页。

④ （明）计成著，陈植注释：《园冶注释》，中国建筑工业出版社 1981 年版，第 44 页。

图 3—24 苏州拙政园宜两亭

"隔云钟"、苏州江枫园的"霜天钟籁"等就是邻借钟声而建的。而耦园的听橹楼听橹声、从春园听洛水之声等则是将特殊的音质借入园里，通过诉诸听觉的感受而引发人的联想。《洛阳名园记·丛春园》就描述了这种联想："予尝穷冬月夜登是亭，听洛水声，久之，觉清洌侵人肌骨，不可留，乃去。"① 可见，邻借之物往往简单、具体、明晰。如果说远借和邻借是对园林远近距离所造成的前后层次的借景，那么，仰借和俯借是对园林高低视点所造成的上下层次的借景。寄畅园右邻锡山，后靠惠山，近可见寺塘之泾，远可眺惠山之浜，所以它既可以仰视的角度借锡山之巅的龙光塔，也可以俯视的角度借惠山寺之景。而苏州拥翠山庄也可仰借虎丘塔，也可俯借虎丘山麓一带的景致。可见，园林所处的环境是复杂的、有差异的，利用自身的环境优势，多角度的构景，视点的不同，所借方式亦不同。而园林高点的亭台则是俯瞰园景的最佳地点。避暑山庄的"南山积雪"亭、"四面云山"亭、"锤峰落照"亭就借山势的高耸，而俯瞰园内外的景色。俯借和仰借的视野开阔，俯借易产生居高临下的自信感，仰借易产生立而自威的崇高感。它们对于观者的人生感悟有一定的提示作用。镜借，即凭如镜的水面或镜面，通过反射或折射，使景象倒影在镜中，化实为虚，增加景境。苏州

① （宋）李格非：《洛阳名园记》，载陈从周、蒋启霆选编，赵厚均注释：《园综》下，同济大学出版社 2011 年版，第 168 页。

怡园的面壁亭，亭中南墙悬挂一面大镜，恰好把对面假山和螺髻亭收入镜中，凭借借景，使景映镜中，幻境恍然如真，顿觉亭中境界扩大了许多。园林中凿池影景也是出于此意。故而，借景是园林构景的重要方法之一，它营造了和谐的整体环境，均衡了虚与实的关系，决定了园林露的景象、蔽的范围、显的层次。它通过空间视觉上的融合，让人在游目骋怀之时，能够举目成景，无论是由远及近，还是由近望远，无论是自上瞰下，还是自下仰上。

对景，相对于借景，表现出双向互对、互摄互映、似往而复的妙趣。互对的景面经过与对景空间的有机整合，双方相互呼应、交流，所生景象变得更加有意味，增加了供人品赏的内容和韵味。对景可以是小尺度的，也可以是大尺度的；可以限于园内，也可以引向园外。对景一般处在园林轴线的两端和风景视线的端点上。拙政园远香堂东南隅有道起伏的云墙，墙外是中部水池景色，墙内是一座园中园“枇杷园”。它的南边是嘉实亭，亭后白墙上开一空窗，正好框住亭后的石笋翠竹，远看仿佛一幅挂在墙面上的竹石画，与枇杷园很妥帖地呼应起来。围墙位于视觉的底层，其上是“玲珑馆”和南边太湖石假山的完整造型，它们之间形成了呼应和对比。依山而立的云墙分割了园区。在这个大的山水空间格局中，造园者用墙、山、洞、窗和廊的物质形态使空间既合理分割又紧密相连。且月洞形的院门与嘉实亭和雪香云蔚亭处在同一视线上，通过洞门所构成的嘉实亭和雪香云蔚亭这一隐蔽的对景，使枇杷园这座园中园与其他景象组群联系在了一起，成为一个和谐的整体。不难发现，园林中内的对景，若是小空间近景，则其画面多以竹石、花木、叠石小景为对，或背靠壁山；若为开敞远景，则以山水中堂或山水横幅为对。承德避暑山庄内的山巅之上有一“锤峰落照”亭，其景与园外的磬锤峰遥遥相望，构成对景。每当夕阳落下，余晖中高耸的磬锤峰与峰亭拱揖有情，相互映衬，在园中仰望此对景，即感两个景面的双向交流关系中，你中涵我，我中涵你。而作为审美主体的人则是其中必需的中介。对景还常利用水面作为互相对景的空间。水面开阔平远，水中倒影就构成了景面，与岸上之景相生互对，在中国很多园林中都有对景。对景可以说是双方的相互成全，是在变化中求统一，在整体中求差异，协调了整体和局部的关系。

综上，以隔景、借景、对景为代表的园林构景方法，都依赖于一定的物质空间，并且显现为可视的景象。这可视的景象，是虚实互用、有无相生的空间物化，其中派生出的四对相反相成的范畴是虚与实在物质性构景上的具体体现。

三、虚实关系的呈现

在园林构景原则和构景方法全然明晰的情况下，要进一步确定在园林构景中，虚实关系到底有哪几种呈现方式。即在构成层面，虚与实有几种显现方式。

（一）虚实相间

虚实相间，是就物质性的存在而言，虚与实在空间中的并置关系。这种关系自游园始到游园终一直都存在于游园者的视觉画面中。虚与实都是占据空间的实体，只是一个实体不可见，一个实体可见。用景象所生成的二维画面更容易理解虚实相间的关系。在眼前的画面中，实景占据的景观空间即为实，剩余空旷的部分即为虚。画面中的二维空间是一定的，实虚相邻，实多则虚少，实少则虚多。往往，实太多易产生充塞感，难让人心理接受。而虚多易产生空阔感，让人心旷神怡。虚的留有余地比实的填充丰厚更容易成就画面。沈复在《浮生六记》中写道：“虚中有实者，或山穷水尽处，

图 3—25　苏州拙政园玉兰堂庭院剖面

一折而豁然开朗；或轩阁设厨处，一开而通别院。实中有虚者，开门于不通之院，映以竹石，如有实无也。设矮栏于墙头，如上有月台，而实虚也。”① 这段话言明了存在意义上的虚实相间的关系。在虚占主导的画面中，因为建筑物的出现，实占有了的画面空间，虚实相间的主导关系就会发生改变。而在实主导的画面中，因为虚景的出现如光影等，导致空白处的增多，虚实相间的主导关系也会发生改变。所以，在游园者“游”的过程中，随着眼前画面构成的不断改变，虚实相间的构成也在发生改变。

虚实相间的关系实际上呈现的是园林平面空间的疏密关系。园林中显现的任何一幅画面都需是疏密有致而不是平均分布的。这就主要表现在建筑物的布局以及山石、水面和花木的配置上。而其中尤以建筑的布局体现得最明显。例如，苏州留园东部的石林小院，这里是由亭轩、曲廊、门洞、漏窗围合起来的多重庭院空间。内部的建筑高度集中，屋宇鳞次栉比，并配有假山，视觉画面就呈现出以实占主导的虚实相间。由于内外空间的交织穿插，建筑造型和结构多变，身处其中，只觉画面节奏明快，虚实转变自如。一转身又见一门洞，等钻了进去再回头望，刚才的小院似乎一下子变了形状。所以，在此段院落中，景观内容丰富，节奏变化快速，光线和空气在建筑之间穿梭，忽明忽暗，左进右出，人的心理会随之兴奋和紧张。而留园的西、北部，造景密度大为减少，建筑相对稀疏、平淡，景观显得空旷，缺少变化，视觉画面就呈现出以虚占主导的虚实相

① （清）沈复著，周公度译注：《浮生六记》，浙江文艺出版社 2017 年版，第 140 页。

间。在这样的环境中，人的心理会随之松弛和恬静。因此，中国园林的建筑组合在平面视觉上用不同的形状、大小、敞闭的对比等实现经验层面的虚实相间，从而完成园林建筑的空间布局。而且，园林作为一个闭合的空间，建筑多沿园的四周排列，游园者可以同时环视四面的建筑。为了在统一中求得变化，这四个面的虚实布置也有所不同，必然使其中的一个或两个面上的建筑排列得相对密集，其他的面相对稀疏，从而使面与面之间有错落有致的虚实相间。

因此，虚实相间的疏密分布，或造成以实为主导的画面，或造成以虚为主导的画面，它们在视觉上的交错出现有利于获得抑扬顿挫的节奏感。就整个园林而言，虚实相间的这两种主导形式既是必不可少的，也是相辅相成的。因为在视觉上，只有密集没有疏朗，游园者会感张而不弛；只有疏朗没有密集，游园者会感弛而不张。而一个好的布局必然是两者的结合，引导游园者随着虚实关系的变化而产生相应的张弛节奏。

（二）虚实相藏

虚实相藏，是就物质性的存在而言，虚与实在空间中的叠加关系。这种关系往往出现于空间层次比较复杂的视觉画面中。因为实是占据空间的可见的实体，会遮挡住本身就不可见的虚。所以，用景象所生成的三维深度空间更容易理解虚实相藏的关系。在眼前的画面中，可见的景观空间即为实，隐藏其后的不可见的景观空间即为虚。它们都具有景深的概念在其中。

虚实相藏的关系实际上呈现的是园林深度空间的藏露关系。它利用空间的渗透，或者借丰富的层次变化而极大地增加景的深远感。中国造园者为了求得意境的深邃，往往采用欲显而隐或欲露而藏的手法，把精彩的景观藏于幽深之处，即所谓障景。中国园

图 3—26　苏州拙政园海棠春坞庭院

林从来就忌讳开门见山，总是想尽办法把重要的景部分地隐藏起来，达到“犹抱琵琶半遮面”的效果，也造就了虚实相藏的藏露关系。障景实是“隐秀”手法，进入园门后常以影壁、山石为屏障以阻隔视线。或以一山当门，或以垣墙阻隔视线，或以窄巷做过道，景色明暗交叠、宽窄相间。如原拙政园、今留院的入口处皆是虚实相藏的佳例。正如沈宗骞所说的“将欲虚灭，必先之以充实；将欲幽邃，必先之以显爽”。[①] 园内，无论是高大的楼阁还是小巧的亭榭，半藏半露的景观总会比全然坦露的景观更意远境深。苏州环秀山庄仅一屋一亭，如果没有藏的处理，一眼即见，必然索然无味。但通过嶙峋的山石和参天的乔木，建筑、亭台被部分的遮挡了起来，画面的深度层次顿然丰富，空间中的虚被实遮挡起来，虚藏于实中，产生幽邃深远之感。而狮子林的体量高大的楼阁建筑卧云室，被深藏于石林丛中，四周怪石林立，松柏蔽天，仅能从缝隙间或树梢中见楼阁的一角。实藏于虚中，颇有耐人寻味之感。虚实相藏的“藏”有两种方式，一种是正面的遮挡，如狮子林的卧云室；一种是遮挡两翼或次要部分，如留园中部的曲谿楼。藏是为了更好的露，所以说藏本身带有暗示作用。此暗示作用引导了游园者在视觉上的空间联想。虚实相藏造成了空间深

① 转引自张岱年：《中国古典哲学概念范畴要论》，中国社会科学出版社 1989 年版，第 55 页。

度的多层次性，尽管多层次的空间和单层次的空间距离是一样的，但透过多层次而得的景致，给人感觉上的距离似乎要远得多。框景里的画面往往就利用了虚实相藏的景深层次感，以获得深邃曲折和不可穷尽之感。如果框景画面中少了景深层次，少了暗示性的藏的部分，画面就会变得平淡无趣。

因此，虚实相藏呈现的藏露关系，会随着游园者的“游”而发生变化。此处的藏在彼处可能就是露，而在此处的露在彼处可能就是藏。它们之间的分布会随着视点和视角的不同而发生改变。藏得深而给人恍惚迷离之感，此为虚，坦露于外的景观可见，此为实。虚实相藏实际上是虚与实在三维空间里的展开和叠加，体现了园林景深表现的需求。

（三）虚实相生

虚实相生，是就物质性的存在而言，虚与实在空间中的相互渗透。《画筌》说：“山实虚之以烟霭，山虚实之以亭台”①“空本难图，实景清而空景现”②，其中表达的就是虚实相生的意思。私家园林只在咫尺天地里做文章，常言入山唯恐不深，入林惟恐不密，入园林唯恐一览无余，因此，在布置空间时，必对空间进行分割、转折、封闭、围合等，通过实空间包合出虚空间，同时通过虚空间连接实空间，以达到“庭院深深深几许”的艺术效果，获得曲折幽深、含蓄蕴藉的神韵。

园林中常利用完全透空的门洞、窗口等使被分割的空间相互连接渗透。留园的鹤所，呈敞厅的形式，它的东部临五峰仙馆前院，然而在这一侧的墙面上开设了若干个巨大的、完全透空的窗洞，在

① （清）笪重光著，关和璋译解：《画筌》，人民美术出版社 1987 年版，第 51 页。
② （清）笪重光著，关和璋译解：《画筌》，人民美术出版社 1987 年版，第 15 页。

实中透出虚来，使被分割的内外空间有了一定的连通关系。也致使在敞厅里的人，可以透过各个窗洞看到另一个空间的景物。园林中的虚实相生，借空间上的渗透而获得平面上的景观丰富性和深度上的层次丰富性。虚实相生的这种渗透不仅可以是两个相邻空间的两个层次，还可以是多个空间的多个层次。留园的东部景区，借粉墙把空间分割成若干小院，用实体围合出一个个虚空间，虚空间中又封闭实的建筑空间。而在墙上开了许多门洞和漏窗不仅连接虚空间和实空间，而且人立足在一个空间里，其视线可以透过连续的门洞而见到一连串的空间。这若干个空间的互相渗透，便产生了极其深远的感觉。这是虚实相生的静态感的表现。如果游园者在动态的“游”的过程中经过一系列的渗透空间，会体会到虚实相生的动态感的表现。留园自入口曲谿楼到五峰仙馆，有段狭长封闭的空间，在其临中部景区的一面侧墙上连续开了十一个门窗洞口，间距、大小、形状，甚至通透程度都不尽相通。游园者在经过这段狭长的空间时，会很自然地透过这一系列富有变化的洞口而窥视外部空间的景物，于是虚的洞口处生出了实，不仅可以获得时隔时透的连续性的视觉内容，还可以获得富于变化的节奏感。园林还利用槅扇和廊来实现虚实相生。开敞的槅扇在封闭的建筑中开辟虚处，连接了内外空间，自较暗的室内望向明朗的室外，或者站在室外，透过建筑两边的槅扇望向另一侧的室外，视线由室外到室内，再由室内到室外，这多层次的内外空间的渗透，赋予了视觉的层次丰富性。廊本身就是虚空间，它的存在使原有的空间有了两侧之分。每一侧空间内的景物都可以为对方的远景或背景。而廊本身起到了中景的作用。廊的曲折不仅分割了空间，渗透了空间，更使空间的虚实相互生成。

因此，虚实相生的相互渗透，是通过虚实空间的相互包合和相互转化而获得的。这种渗透强调分割后的相对复杂的空间之间的相互独立又相互连通的关系，是“园中园”与“园”之间的局部与整体的关系。它体现了空间或封闭或开放的相对性。应该说，借景、对景的构景手法都充分体现了虚实相生的渗透关系。

综上所述，虚实相间、虚实相藏和虚实相生这三种虚实关系并非绝对的孤立的，作为构成层面的空间范围内的虚与实的关系，其在园林中的相互转化也并非静态的、固定的，它们是可以因为布局或角度的不同而有所转化的。正如留园，东部的建筑区，建筑密度达到68%，空间的闭锁性很强，此为实也；而其以水池为中心的山水区，建筑只占25%，空间自然相对疏旷，此为虚也。但是，在各自的区域内，虚与实又是相对可转化的。其相互转化在于，封闭的建筑区内求开阔，如《浮生六记》说："开门于不通之院，映以竹石，如有实无也"，① 在实中求虚，密中求疏，藏中求露；而空旷的山水区内则求遮挡，运用画家笪重光"山虚，实之以亭台"的手法，在虚中求实，疏中求密，露中求藏。当然，园中的许多景致都自觉或不自觉地包含了以上三种关系。比如在颐和园佛香阁远眺昆明湖，景物均分布在视平线以下，此为实中求虚；颐和园的谐趣园，四周被建筑群、土山和树木包围，景物均在视平线以上，此为虚中求实。但无论"实中求虚"还是"虚中求实"，都是要在有限的画面空间中求虚的与实的相对均衡，而不是平均。而这种相对均衡就体现在了虚与实的三种关系中。这三种关系都是就物质性的存在而言的，虽然"虚实相生"常见诸各种画论、园论之中，但笔者认为它是虚实空间在生成论中的重要关系，更多地体现了游园者身处其中的空间感受，它是一个多维度的流动的空间。而就园林的自身显现而言，就观者的视线范围而言，虚实关系更应该体现在存在论的维度上，体现在视觉的二维空间画面中，所以笔者认为在园林构景中"虚实相间"这种虚实关系更为显著和普遍。

---

① （清）沈复著，周公度译注：《浮生六记》，浙江文艺出版社 2017 年版，第 140 页。

第四章　虚实与园林意境营造

波兰美学家英伽登认为，伟大的艺术作品将一种形而上学的品质作为一种光照，使作品放射出光辉。黑格尔认为，伟大的艺术作品是“生气”灌注出的整体。还有海德格尔所持的“真理的光照”等观点，虽含义各异，但其中有一点是相同的，那就是艺术作品具有一种不可言说的东西。也正是这个不可言说的部分造就了伟大的艺术作品，成为艺术之所以为艺术的本质所在。中国美学的“意境”正是对这种不可言说的部分的表达，它作为一种审美追求，自古以来就为中国士人所神往，也是中国艺术作品最高和最终的呈现方式。

图 4—1（南宋）刘松年《四景山水图——秋》
（绢本设色　40×69 厘米　故宫博物院藏）

园林意境与诗歌、绘画借助于语言或线条、色彩所构成的意境不同，它是借助山石、建筑物和花木禽兽等实物构成象外之象，景外之景。它的生成既不只依赖某一孤立的实体，也不局限于眼前之景，关键在于人在场时，园林的整体韵律以及其中包含的哲理意味。这个整体韵律中，既有人与物的存在，也有时间和空间的存在；既有人与时空的关系，也有物与时空的关系。“意”是园林在内心产生的主观之象，“境”是虚实结合的境，是对有限的“象”的突破，也是意境的根本追求，它更能体现宇宙的本体“道”和宇宙的生命“气”。园林通过实物构成的境生象外和象存境中的互渗互补，给予了观者更丰富的美的感受，也使观者对整个人生、宇宙产生富有哲理性的感受和领悟，正如范仲淹的《岳阳楼记》描述的广阔雄伟的意境所产生的美感。这种美感升华而得的“先天下之忧而忧，后天下之乐而乐”的人生感，也正是意境的深层意蕴。可以说，园林意境不只是园林美学中的一个范畴，还是流动于过去、现在、未来整个时间维度中的一种创造。正是在这个时间维度中，人可以通过有限达至无限，突破“象”而达至“境”。意境使中国人于有限中见到无限，又于无限中回归有限，其中的意趣正是时间上的回旋往复，更是生命节奏的生生不息。宋僧道灿的“天地一东篱，万古一重久”所道出的园林意境，完整地表述了以小观大、实中见虚、现象中求本体的时间和空间的交汇。园林意境中的空间有似“高山仰止，景行形止，虽不能至，而心向往之”，求的是内在心灵的广阔。园林意境中的时间有似“逝者如斯夫”，求的是生命时间的永恒。

园林意境凸显了主体体验的世界。它建立了主体在其中活动、虚游的时域，其中包含了主体因不同的个体际遇、体会形成的不同的审美超越和人生感悟。正如皎然诗中所言：“世事花上尘，惠心空中境。清闲诱我性，遂使肠虑屏。”[①] 园林意境作为存在者的世界，

① （唐）皎然：《白云上人精舍杼山禅师兼示崔子向何山道上人》，载（清）彭定求等编：《全唐诗》，中州古籍出版社 2008 年版，第 4115 页。

虽由实用的世界而引发，但建立的并非是实用的世界，而是人心灵中出现的一个流动的、虚灵的世界，是实在世界被去蔽后显现出来的完整的存在世界，也是世界依其原本的模样自在显现的世界。

第一节　园林意境的概念

在讨论园林意境这个问题时，首先要划清它的边界。然在划清园林意境边界之前，还需清楚：意境是不是等同于境界？学界对此问题一直有两种观点：一是意境等于境界，王国维的《人间词话》、李泽厚的《意境杂谈》中的言论即持此观点；二是意境不等于境界，叶朗在《中国美学史大纲》中对意境和意象范畴的区分即持此观点。他认为王国维所说的境界相当于美学中的意象概念，其内涵就是“情景交融”。而意境的基本规定是“境生于象外”，它是超越具体的器和象以实现对本体的把握。笔者认为，意境和境界是有所区别的，它们以“境”为中心，分别展开了不同的外延，也就有了各自不同的侧重，“意境”强调了美学中的本体追求。园林艺术家陈从周先生说：“园林之诗情画意即诗与画之境界在实际景物中出现之。统名之曰意境。”① 在此，园林意境可以理解为是构成层面的物境与审美体验层面的情境的一种融合和升华。在此升华中，“境”不仅要有“象”，要有“景”，还要有象外之象，景外之景。“境”也即是庄子所言的“象罔”，其中不仅要有形，要有影，还要有形、影、光、香的交织。也就是要有实，要有虚，还要有虚实的相生互补。而虚与实就连接了时间与空间这两根体现“境”的轴线。

---

① 陈从周：《园林谈丛》，上海人民出版社 2008 年版，第 42 页。

一、意境与境界的区别

宗白华在《中国艺术意境之诞生》中认为，意境是中国美学的最高范畴，它代表了中国人的宇宙意识和生命精神。冯友兰在《新原人》中认为，境界是人对于宇宙人生的觉解程度，并根据觉解程度的不同把人的境界分为：自然境界、功利境界、道德境界和天地境界四种。从他们的论述中，我们可以发现，意境与境界这两个范畴之间是有区分的。"'意境'，只能用于艺术作品，而'境界'则不仅用于艺术作品，也可以指艺术家描写的对象。也就是说，'境界'不仅指艺术意象，有时也用来指外界和人心中的审美对象。"[①]"王国维明确地把人心喜怒哀乐的情感列入艺术家观照和再现的对象，也就是明确地把'情'也列入'景'的范围，指出：'喜怒哀乐亦人心之一境界。"[②]"王国维的境界说并不属于中国古典美学的意境说的范围，而是属于中国古典美学的意象说的范围。"[③]叶朗对意境和境界的区分，给笔者带来很多启发。

那么，究竟什么是"境"呢?

首先，刘禹锡"境生于象外"的命题明确将境与象从根本上区分开来。说明"象"只是某种有限的、孤立的物象，而"境"则是自然和人生的整体显象，它不仅包括"象"，还包括"象"外的虚空，显现的是元气流动的造化自然。

而"立象以尽意"说明意象是形象和情趣的结合。郑板桥的眼中之竹、胸中之竹、手中之竹亦说明了在一个审美体验中，心中意象转化为艺术品的过程，也说明了意象是一个标志艺术本体的美学范畴，它的有无决定了作品是否有艺术性，审美是否发生。当然，

---

① 叶朗:《中国美学史大纲》，上海人民出版社 2013 年版，第 613 页。

② 叶朗:《中国美学史大纲》，上海人民出版社 2013 年版，第 622 页。

③ 叶朗:《中国美学史大纲》，上海人民出版社 2013 年版，第 621 页。

对于同一个物象，不同情趣的人眼中或心中会创作出不同的意象。意象产生于具体的物，也表现于具体的物。

再次，从汉字字义的发展中，可将“境”的内涵归纳为：(1)表示“边界”“边境”；(2)表示抽象的界域；(3)个人修为所达到的品味；(4)身体的感受功能，如六境；(5)超乎言象的本体，如“实相”之境。

就“境界”进行分析，“境”和“界”本都指一个事物的边缘和界限，或一个国家边境，引申后指这个界限内的整个世界。在佛教中，凡心识所对皆为境，如眼、耳、鼻、舌、身、意六识对色、声、香、味、触、法六境。也就是意识所对的思想、情感、想象也就是境。境界的意义由此向内转化，成为人心中所体验、所思想的范围。叶嘉莹在《王国维及其文学批评》中说：“唯有由眼、耳、鼻、舌、身、意六根所具备的六识感受，才能被称之为‘境界’。……换句话说，境界之产生全赖吾人感受之作用，境界之存在全在吾人感受之所及”。[①] 可见，境界偏重于感受，与王国维所说的“喜怒哀乐亦人心之一境界”是同一意思。人对于宇宙人生的觉解程度，以及由此觉解而产生的不同意义，即构成人的不同境界。这个境界不是物理的空间，而是人心所对的世界，它既不纯在内心，也不纯在外物，它是心与物互渗而成的世界。境界的基本规定是“情景交融”，艺术作品因人的觉解程度而具有不同层次的境界，不同的生命的感悟、人生的体验也会形成人的不同的境界。因此，境界主要是一个哲学的概念，美学的含义只是它的其中一个部分。

就“意境”进行分析，它是从诗学扩展到美学的一个范畴，还是一个代表本体的最高范畴。而“境生于象外”是对意境之境的最根本规定。“象外”就是形而上的本体，故意境不是一般的孤立的象，

① 叶嘉莹：《王国维及其文学批评》，河北教育出版社 1997 年版，第 192 页。

而是一种特殊的象，是虚实结合的象，是对超乎象外的形而上本体的体现，它超越有限的可见的“实”，进入道无限的不可见的“虚”，并从中获得一种对生命的哲理性感悟。意境应是境界中最具有形而上意味的一种类型，它对应的应是天地境界，因为只有含有“象外之象”的境界，才能体现宇宙的本体“道”。冯友兰表示，进于道的艺术才能称作有意境。叶朗针对王国维的境界说指出：“意境”是‘意象’，但不是任何‘意象’都是‘意境’。‘意境’的内涵比‘意象’的内涵丰富。‘意境’既包含有‘意象’共同具有的一般的规定，又包含有自己的特殊的规定。正因为这样，所以‘意境’是中国观点美学的独特的范畴。”① 意境在体验和创作方式上也和境界有所不同。一般的审美活动通过身体各部分的参与产生的是境界之境，也就是审美意象。而意境是通过具体的象中对形而上本体的表现整体地妙悟到宇宙人生的哲理。宗白华言：

> 一切艺术的境界，不可说不外是写实、传神、造境：从自然的抚摹，生命的传达，到意境的创作。②
>
> 艺术家经过“写实”“传神”到“妙悟”境地，由于妙悟，他们“透过鸿濛之理，堪留百代之奇”……意境的创造是中国艺术家追求的最高目标，而意境的创造是由“妙悟”完成的，此“妙悟”并不是知识积累而成，而是由人格修养而成，是整合的人格修为与整合的宇宙时空在某个机缘下的无间契合，是“从他最深的‘心源’和‘造化’接触时突然的领悟和震动中诞生的”。③

① 叶朗：《中国美学史大纲》，上海人民出版社 2013 年版，第 621 页。

② 宗白华：《美学与艺术》，华东师范大学出版社 2013 年版，第 133 页。

③ 宗白华：《艺境》，商务印书馆 2014 年版，第 191 页。

造化即是生生不息的宇宙本体，是世界本来的样子，就是“道”。心源即是人的性灵，“妙悟”的心源就是人消除了知识、欲望、偏见后原本的面目，意境的创造需要整全的心灵与宇宙本体的合一，需要显示出世界真实的原本的独特的样子。张璪所言的“外师造化，中得心源”正是意境创造的基本条件。可见，意境只能由妙悟产生，而非一般的审美感性活动产生，妙悟所产生的也不是一般的意象，“意境说的‘意境’，则是一种特定的审美意象，是‘意’（艺术家的情意）与‘境’（包括王昌龄说的‘物境’、‘情境’、‘意境’）的契合”[①]，它是对意象的超越，是从形而下的象进入形而上的境。“这种微妙境界的实现，端赖艺术家平素的精神涵养，天机的培植，在活泼的心灵飞跃而又凝神寂照的体验中突然地成就。”[②]意境即是艺术中“道”的表象，这就是意境与境界最根本的区别。艺术赋予“道”形象，“道”给予艺术灵魂，意境即是在有限的象中所显现出的无限的“道”。

据此可知，境界之境和意境之境是有不同层次的意义的。境界之境是由情与景，或心与境交融而成的意象，它属于形而下的层次，是对“实”的延展。而意境之境不是对具体的一象一事的观照，而是在具体的象中对宇宙和人生的整体感悟，它属于形而上的层次，是对“无”的延展。意境的根本特点是从有限超越到无限，有限即指在场的审美对象，无限即指与物相对的天地境界。或者说，意境体现了本体论上从“有”到“无”的超越，人生论上从形器之束缚到玄远之境界的超越。因此，由“艺”见“道”的意境就具有自身的基本规定。首先，对有意境的艺术作品进行审美时，外不觉有物，内不觉有己，万物与我一体，人将感受到与物的物理存在无

① 叶朗:《中国美学史大纲》，上海人民出版社 2013 年版，第 267 页。

② 宗白华:《艺境》，商务印书馆 2014 年版，第 186 页。

关的天地境界。这种主观感受是一种直觉或者妙悟。其次，“象外之象”的产生是内在超越而获得的，它是在当下之物中悟到的万物一体的天地境界。

朱光潜说：“创造与欣赏都是要见出一种意境，造出一种形象，都要根据想象与情感”①，“意境，时时刻刻都在‘创化’中。创造永不会是复演，欣赏也永不会是复演”②。说明意境是在主体的创作和欣赏过程中产生的，意境存在于当时和当场的欣赏过程中，它强调了主体审美体验的独一无二和不可复制性。因为每个人在自己所领略到的意境中见到的是与自我相映照的情趣，自我这一个体又是各不相同的，所以同一地点不同的人进入的意境也是不完全相同的。性格、情趣和经验是不断发展和完善的，即使是同一人，他在不同时段的同一地点获得的意境也不完全相同。感受意象的过程是由主体自身完成的，是需要个人去感受和创造的，意境相对于境界就具有了审美直觉的个性化的特点，体现了主体的独创性。同时，意境的获得也需要主体在创作和欣赏的时候超越功利私欲，进入胸怀澄静、自失忘我的“虚静”状态。主体忘却自我的先验知觉，直观地面对对象并沉浸在与对象的观照中，并因为进入理想的欣赏状态而获得一种清净超越的心境，也因此获得一种审美享受。可以说，意境强调的是主体的一种求静求明的心意状态，在静观万物和反观自身的“观”的过程中，逐步消解和升华主体的欲望和需求。获得意境的观望方式，是主体强烈的情感动机促成的，是主体希望从现实生活中获得解脱和自由的愿望促成的。从自我心灵的节奏出发，去静观对象，赏玩宇宙人生，同时通过对自身的反观，主体进入了艺术化的生存状态。这种观望方式满足了主体自我超越的需求，使得

---

① 朱光潜:《朱光潜美学文集》第一卷，上海文艺出版社 1982 年版，第 496 页。

② 朱光潜:《朱光潜美学文集》第二卷，上海文艺出版社 1982 年版，第 56 页。

主体在创作和欣赏的过程中，通过“观”的视角的转化而达到忘我的境界。

由此可见，境界的外延很广，它的内涵与意境有部分相似，它们都关联着意象。从境界到意象到再意境，其外延越来越小，说明的问题也更具体。其中，意境是具有形而上意味的特殊意象，凡是意境都是意象，只是其“境”超乎象外，其“意”是对宇宙人生的整体的体验和感悟。虽然意境是“象外之象”，但它离不了“象”，必须要在有限的“象”中见到无限的“道”。凡是意象都是境界，只是要借助具体的形象显现出来，但它可以来自艺术家的心中，或是审美体验中，再或者是艺术品中。而境界不光有自然境界、天地境界，还有功利境界、道德境界。从境界、意象、意境的关系中，可以明确意境和境界的区别与联系：意境不等同于境界，但它也是一种境界，是带着形而上的终极意味的审美境界。意境相对于境界，强调了艺术的审美特征的体现，是对艺术品的纯粹的审美关注。

二、园林意境的特点

划清了意境和境界的边界之后，需要进一步明晰园林意境和诗歌意境、绘画意境的区别，才能更好地讨论园林意境的相关问题。

虽然意境都是以依靠主体的感悟和想象催生的，但诗歌意境、绘画意境、园林意境都有各自的特点。众所周知，诗歌意境是借助于语言来完成的，它通过生动的写景、言情、叙事的方式，使主体产生一种对事物的感性观照并获得共鸣。绘画意境是借助于笔墨线条来完成的，它来自画幅上所营造的虚空、深远的空间意象。它们的获得是纯粹的单维度的。而园林作为一种空间艺术，其意境必然存在于空间和环境之中，同时，空间的界限因四时、气象等时令变化而变得与天地宇宙相通。因此，园林意境是将具体的空间与不休止的四时轮回相结合，通过空间里的多种艺术形式的综合使用来完成的，身处某个园林，你可能眼中只见到某处景观，但身临其境所感受到的园林意境，绝不来自它的片砖独阁，而是来自构成它意象的方方面面。精心构置的人工景观，不仅具有强烈的主观情趣和抒情氛围，而且与自然环境相得益彰，园林意境的获得相对而言是复杂的多维度的。

园林本身具有可居可游的实用与审美相统一的特点，这一特点就决定了园林意境并不是单一元素生成的，它有多层生成来源。

（一）以视觉为主的绘画意境

中国古典园林是自然山水的人工缩影，被称作是“立体的画”，也被形容为“画境文心”。园林的叠山理水追求的即是中国山水画的意境，或者直接按照山水画的样式来建造园林，以便达到如画般的效果。中国园林与中国绘画的不解之缘成就了造园的第一原则——如画。很多园林家也是画家，如嵇康、顾恺之、王维、苏轼等。明末清初的叠山家张南垣就以山水画之意理石，用五代北方画派画家荆浩、关仝的笔意堆山造石，以“平冈小陡”“陵阜陡陁”求得“林泉之美”。画理中常言：远山无脚，远树无根，远舟无身。造园也用此理，见其片段，不逞全形，图外有画，余味无穷。也就是建亭须略低于山巅，植树不宜峰尖，山露脚不露顶、露顶不露脚等。园林的每一个观赏点皆是一幅幅不同的画，求得深远且有层次，大到景物的布置，小到树木的移植，都会影响风景的构图。园林在树木种植上也追求画意。比如绘画中的折枝花，演变成了窗外种树，堪露一角；枯木竹石图演变成墙角古树一株，伴之幽篁数丛。园林在空间处理上更追求山水画的“远”境，要在有限的空间中创造出无限的天地。且仰观俯察、远近游目的园林观赏之法也就是山水画的散点创作之法，而它们皆来自中国文化的观照法“古者包牺氏之王天下也，仰则观象于天，俯则观法于地，观鸟兽之文，与地之宜，近取诸身，远取诸物”。[①] 园林“步步移”“面面观”的观赏之法，与中国绘画用流动的目光观看画面是一致的，都显现了既高且远俯仰宇宙的追求，山水画中的浓淡干湿、虚实藏露等写意手法在园林中也演变成了表现深远园林意境的营造手法。苏州的拙政园就是以画论造园的佳例。园主王献臣所起园名取自潘岳《闲居赋》中的“此亦拙者之为政也”，并还邀请过从甚密的文徵明参与规划。据《王氏拙政园记》记载，修建初期，文徵明就发现原址地质松软，湿气较重，不适合承载太多建筑。同时，他作为画坛的名家深谙留白之理，因此，由他规划的明代拙政园以水为主，以树为辅，建筑只有一楼、一堂、六亭、二轩而已，整体布局疏朗自然。水面四周少有遮挡，广阔宁静，充分展现了画论中水之“旷远”的意境。文徵明还在园林设计中保留自己喜好设色的习惯，在园中种植品种较多的果树，使园景整体上以树木之绿为底，粉墙黛瓦为屏，鲜艳的花卉果实点缀其中，营造出青绿山水画般明丽的色调。现可见的拙政园，建筑密度明显增大，已不复明代文人山水画的清雅风格。但从文徵明绘制的《拙政园图》三十一景中，我们还可以还原最初的拙政园。可见，中国园林以绘画为样本，将绘画中创作的景观形态变成园林中的实景，将绘画中的画题变成匾额和对联，点明景观名，通过变通创造出有绘画范式的园林景致。山水园林如画，画如山水园林，它们在意境上是相通的，一起构筑了士人超然尘外、意趣深远的精神空间。无论是通过园林表现的还是通过绘画

① （魏）王弼注，（晋）韩康伯注，（唐）孔颖达疏：《周易注疏》，中央编译出版社 2013 年版，第 379 页。

表现的山水，其中都投射了士人的精神境界，而如画的园林给人的美感肯定也是赏心悦目的。

（二）以听觉为主的音乐意境

园林很注重听觉的音乐意境，通常会有意识地设置“听景”，以增添园林的生机，如水声、风声、鸟声等。圆明园的“水木明瑟”，引水入室，转动风扇，发出泠泠瑟瑟的乐声，与“怡情悦性”的欢乐思想相契合。避暑山庄的“万壑松风”建筑群布置在松林之中，松风阵阵，标榜和告诫士人如松一样忠贞不渝的君子品德。李商隐的“留得枯荷听雨声”表达了一种极具情调的音乐意境，当残荷与细雨缠绵在一起时，其如琴瑟般的清音透露出一种伤感和无奈。许多园林会设置“枯荷”景观，其目的就是为了获得自然给予的天籁之音。园林中也常用跌落式流水的手法，让泉水一滴滴地落下，似人哭泣，表达出悲哀的情感。绍兴兰亭一弯曲水，潺潺而流，所发之音让人联想起王羲之等人曲水流觞、欢聚一堂的情景。音乐意境的获得能使主体颐养情致，涤荡灵魂。因此，无论是潘岳心中的清悲之音，还是陶渊明的无弦琴趣，又或者是张充的松间石意，它们在园林中的响起，都会使整个园林环境显得更加诗情画意，也会使园中之人在音乐的感染下情致高蹈。沈周的《听蕉记》写道：

> 夫蕉者，叶大而虚，承雨有声。雨之疾徐、疏密，响应不忒。然蕉何尝有声，声假雨也。雨不集，则蕉亦默默静植；蕉不虚，雨亦不能使为之声：蕉雨固相能也。蕉静也，雨动也，动静戛摩而成声，声与耳又相能想入也。迨若匼匼插插，剥剥滂滂，索索淅淅，床床浪浪，如僧讽

堂，如渔鸣榔，如珠倾，如马骧，得而象之，又属听者之妙矣。长洲胡日之种蕉于庭，以伺雨，号“听蕉”，于是乎所得动静之机者欤？①

此段有声有色、有理有趣的描写，生动地展示了芭蕉与雨的相遇所带来的园林音乐意境。作者对于芭蕉不仅用眼睛仔细看，而且用耳朵仔细听，用心仔细想。只有用心才能在听到这些声音后产生各种各样的想象。用僧人在佛堂咏经之声、渔舟敲响梆榔之声、珍珠倾倒玉盘之声、骏马扬蹄奔驰之声的比喻，道出作者的审美理想和人生理想。园林中的音乐于士人而言，不仅抚慰了他们在官场和生活中饱受创伤的心灵，还带他们进入了一种净静悠远的人生境界。可以说，音乐意境，无论是琴声徐徐、清啸阵阵，还是风吹茂林修竹、水溅拳石尺波，都帮助士人构筑了岩泽与音乐共远的精神世界。

（三）以想象为主的诗文意境

匾额、楹联、诗文、碑刻等是中国园林的重要内容和特色，不仅因为它可以用来点景和烘托主题，还因为这些诗文的内容与园林的自然景观、人文历史有某种内在联系。例如，苏州怡园西部的六角亭“小沧浪”的对联是祝枝山撰写的“月竹漫当局，松风如在弦”，此联应景抒情，以竹月为棋盘，把松风当琴弦，从想象中获取最佳的乐趣，在想象中获得最美的琴声，点题发挥，将园林景观升华到特定的情绪状态，一方面，心灵获得了最大的自由，另一方面，人

① （明）沈周:《听蕉记》，载黄卓越辑著:《闲雅小品集观》下，百花洲文艺出版社1996年版，第342页。

仿佛已和自然同一，达到“物化”境界。小坐亭间，观赏石峰，聆听松风，看水波澄碧，邈然有遗世独立之想，可见，以想象为主的诗文意境可引导在场的观者进入高度的精神境界。扬州个园四季假山的秋景区有“住秋堂”，悬挂的楹联是郑板桥所写的“秋从夏雨声中入，春从寒梅蕊上寻”，此联巧妙地暗示了此区的空间主题，并通过点明秋而想象出四个季节的悄然轮回。在空间环境中，通过景名、题咏的引导，观者运用自己的联想，便能情思涌动，感慨万千。沧浪亭在大片的竹林中筑造了“翠玲珑”一景，其楹联为“风篁类长笛，流水当鸣琴”[①]，其中的风声、水声引导观者联想到笛声、琴声，旷达隐逸的意境油然而成。园林借助诗词巧妙而不露斧凿痕迹的应和妙境，既应景又点景，把景观所含的精神意义，所要表达的思想内容，运用夸张、借喻、象征、拟人等修辞手法，精确地诉诸文字，使人在游园时不仅可领略眼睛所见之景，还可以体味景外之意，通过与自我经验的契合获得一种时间上的追忆，从而引发对宇宙、人生的感悟。于是，在获得感官上的美的享受的同时，又获得了心灵上的安抚和情思上的激发，起到开拓更为深刻的意境的作用。如苏州耦园的“枕边双隐”景观，枕边双隐四字点出了耦园的寓意和中心内容，因耦园三面环水点出了近水的特征。其中“耦园住佳偶，城曲筑诗城”[②]的对联，又点出了夫妻恩爱、双双归隐、白头偕老的思想内容。除此之外，园林中的楹联和匾额的审美性还体现在其书写形式上，书法以自身独特的笔画图式丰富着园林意境的维度。即使园林处于主体的静观状态，在一定的空间内，书法飘逸飞舞的动态与园林的静态可形成一定的对比，不仅给园林增加了平面意义上的动感，还使物质性的园林景观载入了精神化的内

① 曹林娣:《苏州园林匾额楹联鉴赏》，华夏出版社 2011 年版，第 20 页。

② 曹林娣:《苏州园林匾额楹联鉴赏》，华夏出版社 2011 年版，第 199 页。

涵。通过书法的传达，园林意境被文字含蓄地表达了出来，用诗文意境充实着园林意境。可以说，园题和书法所产生的诗文意境，不仅典雅地装饰着园林空间，还准确地表达出了园主的精神境界，增加了园林意境的思想容量。

（四）以心悟为主的造化意境

园林，作为人居住游冶的场所，固然是物质的，但它作为审美的对象，它的存在又是精神的。造园理论讲究以造化（自然）为师，以自然天成为最高的美。园林时间与空间的交感形成了园林整体的结构美，使得园林物境得以生成。然自然的存在需要主体在感受意象的欣赏过程中，从心灵的浑暗提升到观照的明朗。从景观意象中获得的"象外"之"意"，并不是对自然造化的一般性的感悟，而是对事物之所以作为事物、对人生宇宙之本质的领会。眼中所见的园林景观，只是对作为存在者的自然造化的把握，而以心悟到的造化意境显现的是生命此在的情怀与自然造化通而为一的生命的本然。王夫之说：

> 有识之心而推诸物者焉，有不谋之物相值而生其心者焉，知斯二者，可与言情矣。天地之际，新故之迹，荣落之观，流止之几，欣厌之色，形于吾身之外者化也，生于吾身之内者心也；相值而相取，一俯一仰之间，几与为通，而浡然兴矣。①

中国文化一直重视心的作用，认为人心与造化之间存在着一个

① （清）王夫之：《船山遗书》卷二，北京出版社1999年版，第758页。

可以相通的结构模式，心灵与某物“相值”，才可能创造出审美意象。物与心的相融，物与我生命之间的交感互生，在“相值”的基础上“相取”，才能升华到“情”，获得“象外之意”。“新故之迹，荣落之观，流止之几，欣厌之色”更说明了造化意境中包含着使万物变化不止的时间元素。“吾身之外”的物通过“吾身之内”的心，通过心悟而成的审美观照，而达到内在生命的通会。实现物我之间的互通也是生命超越的最高境界。于是，以心悟为主的造化意境体现了主体审美体验的“化境”过程，实际上就是主体超越，以获得“独与天地精神相往来”的过程。

综上可知，中国园林虽然不是诗，不是画，却如诗如画，追求着一种诗情画意。当主体进入一座园林时，首先映入眼帘的是形态各异的楼、台、亭、阁、花草树木等有画面感的园林要素，这种视觉感受使人感到了融入自然美景中的舒心畅快；园林中由书法或绘画艺术表现出来的各种题额和壁画，通过诗境、书境和画境将人带入到文化意味的意境之中，这是情与景的综合，是意境的多个层次的综合；而园林中鸟语花香、湖光山色、清风明月等声、影、光、香等虚景的参与所生成的意境，帮助人完成了超越，引导人从有限的空间景观超越到对无限的“道”的追求中。至此才真正地完成了园林意境的生成。园林意境不仅仅是使人获得感官上的享受，或者是对某种情思的认同，它最重要的是要在各种园林构成要素所生成的意境中领略到本体的“道”。

不可否认，绘画意境、音乐意境、诗文意境、造化意境的综合整体地生成了园林意境。人的情感会在某一个环节中被触动，引发记忆或联想，其中产生的景外之意正体现了对本体“道”的追求。同时，园林意境所带来的审美愉悦，是以人与天地自然的相互契合作为哲学背景和审美理想的。东晋画家戴逵言：“为山林之客，非徒逃人患避斗争，谅所以翼顺资和，涤除机心，容养淳淑，而自适者尔。况物莫不以适为得，以足为至，彼闲游者，奚往而不适，奚待而不足，故荫映岩流之际，偃息琴书之侧，寄心松竹，取乐鱼鸟，则澹泊之愿，于是毕矣”。[①]要领悟到园林的意境，就必须“除机心”而“自适”，人求“自适”的愿望，顺应天地，与万物相同，即“物莫不以适为得，以足为至”。荫映岩流、偃息琴书、松竹鱼鸟只是“寄心”的各种修养方法，其“适”的身心状态的修成才能使自己获得真正意义上的解脱。因此，园林意境也就存在于对万物各得其所、各得其乐的领悟中，在淡泊以自适、无物以挠心的境界中，它使主体从世俗生活的困扰中解脱出来，并获得一种纯粹的、升华了的高度愉悦。

故此，具有意境的园林有两个形态：园林作品的形态和园林世界的形态。园林自身的形态是物质形态，是外在的物理形态，此外形态建构了园林作品的形态，其有限的景观悦耳悦目，可谓“美”也。而园林世界的形态，是内在的虚拟形态，其无限的余意能让人回味无穷，可谓“妙”也。此内形态还原了本体世界并具有二重性结构特征，即空间上的稳定性和时间上的变易性。稳定的空间即是实的形态，而变易时间即是虚的形态，虚实结合，虚实相生，让人从有限景观领悟到景观外的无限世界，造就了意境的完成。以视觉为主的绘画意境、以听觉为主的音乐意境、以想象为主的诗文意境、以心悟为主的造化意境，都以一种共同的精神气质构筑了中国文人的本体追求。苏珊·朗格在《艺术问题》中认为艺术的符号是“虚的实在”，就像绘画是虚的空间，音乐是虚的时间，舞蹈是虚的力，小说是虚的经验。那么，园林作为一种艺术形式，是虚的什么呢？笔者给出的回答是：园林是虚的意境。在某种意义上讲，园林意境可以被看作一个独特的、审美的并且超越个体的精神空间，虽

---

① （清）严可均辑：《全晋文》，商务印书馆1999年版，第1485页。

然它的架构本身是物化形态。但“意”从“象”出后，通过“象外”的生发，“意”蕴含在了“象中”，通过“境”的生成把时间向空间转化，使意境深层化，不仅仅停留在审美意象的表层，而是引发具有高度哲理性的人生感、历史感、宇宙感，从而使园林的“意境”具有极为开阔深远的领悟性，成为中国文化的特产。园林意境，即是在对当下物象的超越中体悟道的存在。

三、园林意境的构成

明确园林意境的边界只是作了它与外部各种关系的梳理，分析出具有意境的园林的两个形态只是对其自身界定的一种认识。在此之后，需要进一步梳理园林意境的内在运作。首先就要从园林意境的构成要素讨论起。

从字面上看，“意境”是由“意”和“境”相结合而构成的词汇。那它们各自阐述的什么样的园林内容呢？

“意”，《说文解字注》释为：“志也，从心音，察言而知意也。”① 可见，“意”的本义是指心志或心意。“意”是心所聆听到的一种音，它是来自个体生命深处的一种无声的声音，要求的是世界自身的一种原本呈现。“从心音”也就意味着“意”是由心而生的主观之物，是个体内在的东西。“察言而知意”则意味着这种生发于并蕴藏于人内心的东西需要通过“言”表达出来，并被大家知晓。但艺术不同于语言，它无法言说。为了表达的需要，艺术中就出现了表现“意”的象，即“意象”。园林亦可理解为表现园主胸中之意的“象”。“意”包含在如语言般的“象”中，并通过“象”呈现出来。但无

① （汉）许慎撰，（清）段玉裁注：《说文解字注》，上海古籍出版社 1981 年版，第 895 页。

论是语言，还是园林，都只是表意的工具，其根本目的是为了主体能够去掌握“意”。需要强调的是，“象”所表现出来的胸中之意并非是本原之“意”，它只是对本原之“意”的一种领悟方式。本原之“意”是一种“真意”，是对事物的存在之本根的把握。对事物的实际性存在的事实层面的把握，以及对事物的存在、运动规律层面的把握，都还不是对“真意”的把握。“真意”意味着本体的真实，也就是本体的“道”。正如郑板桥在《题画》中所示，其画意即是胸中之意，而它则来自对江馆内浮动于疏枝密叶间的烟光、露气和日影的本原之“意”的感悟。因此，园林所呈现的“象”与本原之“意”之间是有距离的，并非是直接可现的。“意”更应指存在本身所显现的本原模样，园林之“象”则是事物在存在场域的一种呈现方式，它内在地存有着本原之“意”，而“意”从“象”出。因此，园林作为“象”是世界本原之“意”的“象”，世界本原之“意”又在园林之“象”中。“象”是实，“意”是虚；“象”是直观的、有限的，“意”是主观的、无限的。“意象”构成了由心而存的内在的相互涵摄的整体，其中有从本原之“意”的领悟到本原之“意”的过渡。园林构建出本原之“意”的存在场所和外在的物理形态，为“意”提供了栖息的家园。

“境”，《说文解字》释为：“疆也，从土竟声，经典通用竟，居领切。”[①]《说文解字注》释“竟”为：“乐曲尽为竟，从音儿”，段玉裁注为：“曲之所止也，引申凡事之所止，土地之所止皆曰竟。”[②] 且段玉裁在注“界”时说：“竟俗本作境。今正。乐曲尽为竟，引申凡边竟之称。”[③] 可见，“境”原指疆界，有事物边界之意，是“竟”的引申义。“境”作为疆土范围，表达出了一定空间的概念，“竟”

① （汉）许慎撰，（宋）徐铉校定：《说文解字》，中华书局 2013 年版，第 291 页。

② （汉）许慎撰，（清）段玉裁注：《说文解字注》，上海古籍出版社 1981 年版，第 204 页。

③ （汉）许慎撰，（清）段玉裁注：《说文解字注》，上海古籍出版社 1981 年版，第 1219 页。

作为乐曲的演奏过程，表达出了一定的时间概念。从“竟”到“境”的字的演化中可以看出，时间概念向空间概念进行的转化，空间性的“境”内在地具有了“竟”本身的时间性。时间的空间化，使“境”成了一个在空间中蕴含着时间的概念。也就是说，“境”将存在的、不可见的、流动的时间安放在了现实的、固态的空间中，“境”的时间和空间的交汇，仿佛经线和纬线的交织，任一交汇点即是某时与某景相碰撞所进入的某境。这个“境”就具有超越现实时空的虚无存在的意义。因此，“境”的时空一体使它既实也虚，既为现象也有超越，即是有限同时也通达无限。“境”后也引申为景物本身的边界，或心意对象之世界。如刘禹锡的“境自外兮感从中”①，皎然的“偶来中峰宿，闲坐见真境”②，白居易的“神闲境亦空”③。但归结起来，“境”有三层意义：一是心对之境，即人所对应的外在世界，世界是因为人的存在才有意义。在此，“境”是“物境”，体现了“境”的空间性，是一个客观存在，是事物的实际性的事实存在，它暗示着人与对象的关系。二是心中之境，即人心灵所营构的世界，它是在人与外在世界的关系中创造的心灵映像。在此，“境”是“心境”，是一个让世界自在显现的体验世界，是对事物之存在、运动的本质及规律的认识。三是由象见境，即观者心灵中产生的境界，它不同于知识或者性格，而是一个生命体对世界的态度，包括人的趣味、风范等，是对事物存在之本根的反映，强调对本体“道”的追求。在此，“境”是“意境”，是一个观者由心再创造的显现本体“道”的审美世界。从物境到心境再到意境的过程，是一个完整

---

① （唐）刘禹锡：《望赋》，载（清）董诰等编：《全唐文》，中华书局 1983 年版，第 6053 页。

② （唐）皎然：《宿山寺寄李中丞洪》，载（清）彭定求等编：《全唐诗》，中州古籍出版社 2008 年版，第 4120 页。

③ （唐）白居易：《闲卧》，载（唐）白居易著，朱金城笺校：《白居易笺校》，上海古籍出版社 1988 年版，第 1543 页。

的审美体验过程，是于现象中见到本体的超越过程。“意境”强调了主观的感性的体验的重要性。正如明末清初朱鹤松所言：“若夫山林高蹈者不然，其视连岗接岫也，犹之屏障也；其视嵌窦绝壑也，犹之瓶盎也。淡然泊然，欣与厌之俱冥，然后能以山光潭影，蕴之为真趣而发之为清音。盖骤而遇之，与久而忘其所得，浅深大有间矣。”① 其中的“淡然泊然”是作者的个人风范，“蕴之为真趣而发之为清音”是因作者的心境而生发的一个让世界自在显现的体验世界，它与个人风范的相遇成就了“忘其所得”的审美意境。这个意境也是那时那刻在那个园林空间中时空一体化的“境”的完成。

刘禹锡提出的“境生于象外”的观点，一直以来就是“意境”理论的核心。它说明“境”的生成离不开“象”，但它不生成于“象”中，而生成于“象外”，是对“象”的超越。但“意”是蕴含在“象”中的，那么，所谓的“象”中与“象外”该如何理解和把握呢？

“象”作为事物在存在场域的一种显现方式，在视觉上是直观的、具体的，是一种客观性的存在，也就是事物得以显现的“形体”，充分表现出事物的物性。而“象外”相对于“象”而言，就指的是“形外”，但仍是一种客体性存在。只不过“象”内使物作为个别存在者而显现，而“象”外则使物的本然存在得以出场和显现。“象”内和“象外”作为事物的出现和出离存在场域的存在方式，都是一种客观性的存在，只是“象”本身遮蔽了其本然存在的丰富性及与他物共在共存的本质。比如园林中常见的老木和顽石，虽然“木”和“石”是物本身的“象”，但“象外”的“老”“顽”

① （明）朱鹤松：《俞无殊山居记》，载黄卓越辑著：《闲雅小品集观》下，百花洲文艺出版社 1996 年版，第 70 页。

所现的大巧若拙的拙道内在地融入所造之象中，使得观者在衰朽中见到活力，在枯萎中见到生机，在淡泊中见到生命的灿烂。于是没有出场的生命之象暗中出场，使“木”和“石”获得一种无形的存在而一起澄明。可以说，“象外”实现了对“象”的孤立物性的超越，展示出从有限到无限的拓展和延伸。同时，“象外”也说明了从事物的存在方式看，世上的存在者总是与其他存在者有着各种联系的，而非绝对孤立的存在着。比如王维的《渭川田家》写道：“斜阳照墟落，穷巷牛羊归。野老念牧童，倚杖候荆扉。雉雊麦苗秀，蚕眠桑叶稀。田夫荷锄至，相见语依依。”① 在这个由多个意象构成的整体形象中，对于每一个“象”而言，其他的“象”都属于“象外”。但每个“象”都与“象外”相互生发着、作用着，并借助于“他象”超越自身的力量而获得其本然存在的显现。也就是说，这个园林整体在各“象”相互关联的自我超越中实现了其整体的自我超越，呈现出“即此羡闲逸，怅然吟式微”的澄明的存在之境。因此，园林作为意象众多的整体，往往会通过“象外”的到场，以及“象外”与“此象”相互的生发，而获得“此象”本真的生命存在。也由此使得呈现于园林中的“此象”内在地蕴含着“象外”，达到言有尽而意无穷的艺术效果。

通过对“意”和“境”的解构分析，可以知道，(1) 意境即是“意”之“境”，没有“意”的到场，就没有“境”的生发。意境中的“意”即是指存在本身所显现的本原模样。虽然园林作为一种意象，是事物在存在场域的一种呈现方式，但它内在地存有着本原之“意”，“意”需从“象”出。所以，园林意境需由“象”和“意”构成，也就是由形而下的景物和形而上的“道”构成，或者说是由存在者

① （唐）王维：《渭川田家》，载（清）彭定求等编：《全唐诗》，中州古籍出版社 2008 年版，第 577 页。

的客观存在和本然存在构成。存在者的客观存在是实，其本然存在是虚。（2）“境”暗示着一个在空间中蕴含着时间的整体，呈现出对“象”的空间有限性的超越而成为某一空间无限性的存在，这其中包含了构成“象”和“象外”两个部分的时空因素，它们之间的相互生发才能促成“意境”的出现。所以，园林意境需由时间和空间同时构成，也就是由虚景和时空要素构成。其中的空间为实，时间为虚。

由此可见，园林的意境亦是有实有虚，有现实也有超越。它在虚实之间以有形显现无形，以有限达至无限，以实景和虚景来表现虚境，使再现真实的园林实景与它所暗示的“象外”的虚境融为一体，从而为观者提供一个可以生生不息的想象世界。

第二节　虚实与园林意境营造

在明确了园林意境的概念之后，来分析园林意境的构成要素是如何运作并营造出园林意境的。或者，将此问题分解为如下三个问题进行解答，即实景和虚景在园林意境营造中扮演着怎样的角色？时间和空间在园林意境生成过程中怎样融合？虚与实在园林意境的生成过程中是如何实现转化的？

一、实景与园林意境营造

园林中的实景可以被感受和理解，传达出非一般语言所能表述的意味，可以看作是一种表象的符号，它是自然之趣的物质性显现。通过山水草木和亭台楼阁的有机组合，园林表现出与园主气质相投的意境。园林实景体现了园林“物”的存在，表现为景观的形象特征、生命运动过程以及空间气氛。

景观的形象特征在前面已做充分说明。景观的形象特征不仅是作为在场者，而且还是作为可见的存在构建着园林意境的物质形态。沧浪亭的“清香馆”，馆内家具全用树根制作，这些工艺高超的家具成为“清香馆”意境生成不可或缺的一部分。拙政园玲珑馆为了构成“玉壶冰”的主题，更是将馆中的窗格、地面、桌椅纹理等均做成冰纹图案。网师园门斗上的砖雕围绕归隐、幸福、成仙主题精雕细琢，其目的就是为了明确意境的精神意义。

景观的生命运动过程主要体现在动植物所具有的生命运动过程特点。它们的存在以及对它们生命运动过程特点的刻画，对于园林意境的创造是很重要的。比如，松具有经隆冬而凋、蒙霜雪而不变的生命特点；荷具有出淤泥而不染的生命特点；鸿雁有对伴侣坚贞不渝的生命特点；游鱼具有悠然自乐、从容安定的生命特点等。应该说，景观的生命运动过程作为一种持续性的动态的过程，已经演化成了人的生命运动过程的一个缩影，它的存在与人的心理力和物理力相契合，形成了一种异质同构的关系，在某种程度上就是自然的人化的结果。这些景观因为与人之间的这种或那种的联系，被赋予了与人相通的内容。园林中对于这些生命运动过程特点的刻画，就是着力于思想情感和自然景观的契合，表现出自然景观与所寄寓的人格、思想感情的内在的、本质的、必然的联系，也就创造出园林意境生成的通道。苏州留园的濠濮亭，正是观赏游鱼而构成的景观，人们临之观之则生濠濮之想。北京圆明园的长春仙馆利用月季花逐月一开、四季不绝的生命运动过程特点，创造出仙山乐土的人间仙境。

景观的空间气氛体现了园林景观构成的空间特点。陈从周说：“中国园林叫‘构园’，着重在‘构’。有了‘构’以后，就有了思想，就有了境界。"①如何创作和刻画园林的空间气氛，重点在于设计者的构思。也就是说，具体采用何种空间气氛，取决于所要构成的园林景观的精神意义，即服从"意"的统率。王维将荒废多年的"辋川"加以整治，建成辋川二十景：孟城坳、华子岗、文杏馆、斤竹岭、鹿砦、木兰柴、茱萸沜、宫槐陌、临湖亭、南垞、欹湖、柳浪、栾家濑、金屑泉、白石滩、北垞、竹里馆、辛夷坞、漆园、椒园。著名的辋川别业因为王维的审美情趣，总体保持自然风景，从这些景名中，我们能感受到景观禅境般的空间气氛。他利用树木花卉大片丛植成景，别业内建筑形象朴素，位置的设置也充分体现其画论观点。如竹里馆深藏于竹林，文杏馆盘踞在山腰，正如荆浩在《山水诀》中的总结："远山不得连近山，远水不得连近水。山腰掩抱，寺舍可安；断岸坂堤，小桥可置。有路处人形，无路处则林木，岸绝处则古渡。水断处则烟树，水阔处则征帆，林密处则居舍。"②可见，主体所追求的园林意境需要通过实景加以落实，而实景的空间气氛是设计者有目的的安排，而其中被刻画的景观生命特点都与设计者的精神追求相契合。园林建筑空间和自然空间的完美结合，可以使建筑节奏削弱自身个体的形式，而突出空间的序列层次和时间的延续。这种空间的无限也创造了园林意境生成的通道。苏州留园的涵碧山庄景区，用山石、树木、竹林、水池、建筑等构成了一个围合空间。涵碧山房正对中部西园的山水主构，是整个西园观景的重心，南北各有十八扇落地长窗，厅内两架圆作，大气通透，与馆外的山水相衬自如。厅北临水有石砌平台，南部有小院相托，东侧与明瑟楼相连，从对面可亭那边望来，涵碧山房与明瑟楼如一艘船舫停在水边，巧

① 陈从周：《惟有园林》，百花文艺出版社 2009 年版，第 186 页。

② （五代）荆浩：《山水诀》，载（宋）郭熙著，周远斌点校：《林泉高致》，山东画报出版社 2014 年版，第 124 页。

妙地创造出幽静的山林气氛。苏州网师园的中心水池，将荡漾的湖光山色、港湾矶滩、湖水辉映的背景远山和隐约的建筑进行处理，共同创造出水烟弥漫的空间气氛，渔隐之情油然而生。

可见，园林实景通过自身的形态特征或生命运动过程，生成创造园林意境的通道。而后通过园林整体空间气氛的营造完成园林意境生成的物质作品形态。而园林整体空间气氛的营造就是通过对景观物质要素的构图、多寡、体量大小、色彩浓淡、明暗、动静等诸多可见元素的精心安排来完成。以拙政园的游览路线为例：入口—障景假山—远香堂—倚玉轩—松风水阁—小沧浪—清华阁—净深亭—得真亭—香洲—澄观楼—别有洞天—柳荫路曲—见山楼—绿漪亭—梧竹幽居—海棠春坞—玲珑馆—嘉实亭—晚翠。这个游览路线的景观的先后顺序，把园主欲表达的思想感情明确地反映了出来，以六个景区段落分别表拙者之品、抒失意之情、发隐居之志、悦归田之娱、怡晚年之乐、赞拙者之德。第一景区和第六景区前后呼应，而各个景区既要求相互连贯，又要求所体现的精神意义有先后的逻辑关系。而其中香洲到见山楼一段的布局结构既有视觉的秩序性，也符合“隐居之志”主题的逻辑性。中国园林对于整体空间气氛的重视，促成了园林实景在园林意境生成过程中的重要作用。

综上，实景以物质性存在的方式，围绕园林意境创造这个中心，以山水画卷的形式，按照思想情感的发展规律，将各个景观段落有秩序而又有逻辑地组织起来，规划出最佳的浏览路线，它更便于激发观者的情思和联想，为园林意境的生成打通各种通道，做好物质性的铺垫。

二、虚景与园林意境营造

陈从周说：

园林中求色，不能以实求之。北国园林，以翠竹朱廊衬以蓝天白云，以有色胜。江南园林，小阁临流，粉墙低桠，得万千形象之变。白本非色，而色自生；池水五色，而色最丰。色中求色，不如无色中求色。故园林当于无景处求景，无声处求声，动中求动，不如静中求动。景中有景，园林之大镜、大池也，皆于无景中得之。①

从无色中求色、于无景中得景都说明中国园林强调实从虚中现，也高度重视虚景在园林意境营造中的作用。他还说："'万物静观皆自得；四时佳景与人同。'事物之变概乎其中。若园林无水、无云、无影、无声、无朝晖、无夕阳，则无以言天趣，虚者实所倚也。"② 这句话既表述了园林意境生成时，主体所需持有的心境，还进一步说明了园林虚景对于意境的重要性。同时高调突出时间是构成园林虚景的重要因素，所谓"虚景"，就是风花雪月，随着时间的转移而有所不同的景象。故此，中国园林不仅春夏秋冬、晦明风雨都可以游，而且还会生成与时间相辉映的不同的园林意境。

沈括在《梦溪笔谈》中说道："度支员外郎宋迪工画，尤善为平远山水，其得意者有平沙雁落、远浦帆归、山市晴岚、江天暮雪、洞庭秋月、潇湘夜雨、烟寺晚钟、渔村落照，谓之'八景'，好事者多传之。"③ 这八景的意境关键字分别是：平、远、晴、暮、秋、夜、晚、落。这些字眼绘制出了鸟声、水声、风声、雨声、钟声以及月影、树影、云影、花影等虚景，更凸显了影、声、光、香这些带有时间性的虚景在园林意境营造中的重要作用。西湖十景以南宋苏堤春晓、断桥残雪、曲院风荷、花港观鱼、柳浪闻莺、雷峰

① 陈从周：《园林清议》，江苏文艺出版社 2009 年版，第 13 页。
② 陈从周：《园林清议》，江苏文艺出版社 2009 年版，第 33 页。
③（宋）沈括撰，侯真平校点：《梦溪笔谈》，上海古籍出版社 2013 年版，第 137 页。

夕照、三潭印月、平湖秋月、双峰插云、南屏晚钟闻名，这些风景欣赏点都有各自不同的应景主题。如苏堤春晓、平湖秋月点明了景观的季节性；曲院风荷、断桥残雪应和了气候特点；雷峰夕照暗示了时间段；双峰插云烘托了远景气氛、柳浪闻莺则诉求于听觉感受等。所有这些无形的和非定形的事物渲染了美的气氛，造就了意境的生成。就中国园林而言，景观并非是固定不变的景物，而是特定时空中一切观、听、触等存在物的融合，或者说是天地人三维中的景象。鸟语花香、湖光山色、清风明月等声、影、光、香的虚景，包含着无形的和非定形的各种事物，它们与实景相呼应，将人引入更高一级的审美欣赏境界。并通过虚实相生、情景结合的意境创造，给予人以超越视听等感官上的享受。虚景是通达意境的最佳显象，通过它的渲染和提拔，审美感受就不停留在感官上，而是上升到哲理性的追寻领悟上，产生了更深层次的享受。

堂后削石为壁，刓石为池，面石为轩，中供绣大士，旁设榻几以憩客。月隐崖端，则暗香浮动；风生波面，则泛玉参差，其近景之妙也。堂前凭空揽翠，岫树江云，罗列献奇；帆影樽前，墟烟镜里；阴晴之态互殊，晨夕之观夐别，其远景之妙也。可谓不负此堂矣。①

徐弘祖在《题小香山梅花堂诗序》中的这段文字所述的正是身居堂中所观到的虚景。主体近观崖端月影、水中风波之景，远赏岫树江云、朝夕阴晴变化之态，无论是近观还是远赏，控制景观气氛的都是虚景。虚景以无形为有形勾勒出一种精神气质，使整个园林

① （明）徐弘祖著，褚绍唐、吴应寿整理：《徐霞客游记》，上海古籍出版社 2011 年版，第 1148 页。

获得性灵的提升，避免实景成为一种空洞的陈设，它便成为园林突破静态空间的重要因素。月隐崖端、暗香浮动、风生波面、泛玉参差、凭空揽翠、帆影樽前、墟烟镜里、阴晴之态、晨夕之观，这些虚景于“空”于“虚”中显现着“有”，于“有”中显现着冷寂清幽的意境，于时间中不断地显现出事物的生存状态，并以无定形的事物与人的气质相通，控御着众景的情怀。虚景把人置于自然之中，随时随地与宇宙、天地、自然相沟通，使人身心皆获得洗涤与升华。因此，虚景显现了一个独特的世界，它是对“象”的超越。同时，它成为外物与人心之间的桥梁，帮助主体进行由外而内的转化，超越经验世界进入体验境界，成就了园林意境的生成。

亭延西爽，山气日佳。户对层城，云物不变。钩帘缓步，开卷放歌。花影近人，琴声相悦。灌畦汲井，锄地栽兰，场圃之间，别有余适。或野寺梵钟，清声入座；或西邻砧杵，哀响彻云。图书润泽，琴尊潇洒，陶然丘壑，亦复冠簪觞咏之娱，素交是叶。①

从张鼐在《题〈尔遐园居〉序》的描述可看出：此园林意境中的诸多虚景已化作园主人格情怀的一面镜子，突出了世界的虚灵，并给予人一个流动的、与虚景相呼应的非实在性的心灵空间。虚景打通了人心与外物的阻隔，将具体实在的对象引导进入内在的虚灵的“境”中，使人心与外物形成关系。

夫能自树者，寄澹于浓，处繁以静，如污泥红莲，不相染而相为用。但得一种清虚简远，则浓繁之地，皆我用

① 黄卓越辑著:《闲雅小品集观》上，百花洲文艺出版社 1996 年版，第 448 页。

得，马头尘宁复能溷我？尔遐读书高朗，寡交游，能自贵重，而以其僻地静日，观事理，涤志气，以大其蓄而施之于用，谁谓园居非事业耶？①

张鼐尚好的是一种“清虚简远”之境，而以虚景所现之境皆是为了显理见道。“道”作为形而上的本体，本身不是存在物，它是归于无物之后的本根。然“道”虽为无，却能化生宇宙万物，其生成的“道”体就具有了可被把握到的状态。本体论的“道”向生成论的“道”落实，就不能完全脱离形下世界，“道”之虚就包蕴着无限实体事物的先在状态，而虚景正是这个先在状态的显现。在时间维度中，虚景其本然的状态被显现出来，而其中的“道”也因此被带入现场，呈现出本己的在场状态。应该说，虚景所包含的时间性将事物的本原带入到解蔽状态中，并呈上前来，从而使“道”处于显现中。“道”得以显现，园林意境就得以生成。

综上，虚景构建了人心与外物之间的联系，使深远意蕴的意象呈现，并将“道”以不在场的方式带入当前的解蔽状态中，在实景的基础上促成了园林意境的生成。

三、园林意境中的时空要素

园林意境由实的存在者的客观存在和虚的本然存在构成。园林意境本身是一个在空间中蕴含着时间的整体，呈现出对“象”的空间有限性的超越，这其中包含了构成“象”和“象外”两个部分的时空因素。以时间和空间的物质性存在为标准，笔者将园林意境中的空间性认定为实，时间性认定为虚，并进一步分析空间性和时间

① 黄卓越辑著:《闲雅小品集观》上，百花洲文艺出版社 1996 年版，第 448 页。

性在园林意境中是如何融合的。

（一）园林意境中的空间

中西方对“空间”的理解是有差异的。欧洲对空间的认识直接来源于数学、几何学，所以它们的空间是由明确的量构成的稳定的物质实体。而中国古代的空间往往是指不可确定的渺无边际的“太玄”。① 中国自古就有“天地为庐”的宇宙观，中国人的宇宙概念一直就与庐舍有着关联，并有言“四方上下谓之宇”②，古人从屋宇中得到空间概念。老子说：“不出户，知天下。不窥牖，见天道”，因为“道”是无所不在的，所以不出家门就可以推知天下，不望窗外就可以悟知宇宙的根本规律。庄子说：“瞻彼阕者，虚室生白，吉祥止止”③，观望的外境终止之时，虚无的空间微微发光，吉祥善福使心安止于定境。孔子说：“谁能出不由户，何莫由斯道也?”④ 就如从屋子里走出去必须经过房门，为什么不通过学习儒道达到人生的更高境界呢? 可见，中国的这种宇宙观是寓宏观于微观，由微观中见宏观，即所谓的“以大观小，小中见大”。这种在极小中寓极大的宇宙观规范了中国这种移远就近、由近知远的空间意识，这种空间意识使园林的感知层面的虚实关系建立在了空间的引申和扩展上，即从物理空间跨入到精神空间，同时也促成了园林空间关系的多层次性。因此，园林意境中的空间，是空间在满足人最基本的功能需求之外，通过借助外部条件将精神世界和物质世界相结合的

---

① 宗白华等:《中国园林艺术概观》，江苏人民出版社 1987 年版，第 20 页。

② （春秋战国）文子著，李德山译注:《文子译注》，黑龙江人民出版社 2003 年版，第 199 页。

③ 陈鼓应:《庄子今注今译》，中华书局 2009 年版，第 130 页。

④ 杨伯峻:《论语译注》，中华书局 2009 年版，第 59 页。

媒介。它是建立在传统意境之上，是建筑艺术的转换和意境自身的延伸。

具有意境的园林有两个形态：园林作品的形态和园林世界的形态。其中，园林世界的形态是内在的虚拟形态。对于一个主体此在而言，身处园林之中，就存在着两个与它相关联的空间。一个是对象性的空间，它是在此在的生命活动中已建构并呈现的相对于此在自己而存在的空间。从某种意义上来说，它是相对静态感的空间。而另一个是历史性的空间，它是先于此在而存在，并为此在的存在提供源始的存在场所。这个历史性的空间不是个体的局部的，它是为将人类作为一个整体的生命活动而构建的，因为当下的生命存在以及存在方式是历史地生成的。历史性的空间由此具有了存在论上的意义，意味着此在由之而来并归于其中的生命的存在归属。从某种意义上来说，它是相对动态感的空间。应该说，历史性的空间通过此在作为整体性生命的感知体而现身于此在的存在。历史性的空间一方面与此在有着内在的关联，另一方面，相对于此在的显现来说，它是作为一种独立于此在的在场者而显现的。在园林意境中，历史性的空间为此在的源始存在提供了支撑其存在的源始场所，它成为园林空间存在的源始的组建因素。因此，此在的源始的生命活动体现为在历史性的空间中与其中的源始存在者打交道，在这种交道中历史性空间转化为对象性空间的呈现。也就是说，历史性的空间给了一个历史性的存在着的此在一个定格性画面，显现为对象性空间。园林意境之所以能显现“道”，就在于园林空间的源始的规定性是先于它的存在而存在的历史性空间给予的。任何一个个体此在的空间从本质上来说是对属于整体的历史性空间的样板。关键是，对于个体此在而言，它不仅现身在对象性的空间中，也积极地参与了历史性空间的建构。因为园林意境中的空间并不是一直就如此这般的存在着的存在，而是一种不断生成着和演化着的存在。也正因为此，它才是一种历史性的空间。

园林意境空间的双重结构，一方面保证了空间的稳定性，另一方面体现了空间也是超越性的存在，对象性的空间即是超越性存在的历史性空间的呈现。空间的双重性所催生的空间布局是不同于西方整一、对称、轴线贯穿、左右成双对称的空间布局，它强调的是曲而深远的空间布局。虽然中国空间也注重营造严格的阶级结构，强化社会等级的秩序，但中国民族审美心理在形式美的多样统一性上更强调“尽殊”“各异”“相杂”等。因此，尽管中国园林的空间布局不是简单的对称统一，尽管无论是从群体还是个体建筑都有着墨守的秩序，但却创造了总体上崇尚“有若自然”、错综参差的秩序感的意境空间。正如中国园林虽然有相对一定的空间的营造法式，有一定必须遵循的秩序感，但私家园林和皇家园林的空间布局就有很大区别，私家园林的空间布局也是各有特色。而其根本原因是园主所感知的历史性空间是有差异的。通常，意境空间的秩序感是由“实”来实现的。当然，中国园林也是节奏化了的自然。中国园林的空间伴随着时间的因素，可以根据观者的心理需求而有收有放，所以它是变化着的，这是与西方恒定的、物质的空间概念是完全不一样的。乾隆帝的《纳景堂》写道：“花木四时趣，风云朝暮情。一堂无意纳，万景自为呈。色是空中色，声皆静里声”[1]，此诗虽只是在咏圆明园的水景，而在水景的空间中虚涵了实物、情感、色彩和声音，它们就像音乐使意境中的空间有了节奏，有了韵律，还有了活力。通常，节奏感的意境空间是由“虚”来实现的。

可见，意境中的空间是通过对象性的空间而显现的，正如历史性的空间是通过历史性空间内的存在者的活动而揭示出来的。作为源始场所的历史性空间，与人类生命活动具有内在的一体化的关

---

① 金学智:《中国园林美学》，中国建筑工业出版社 2009 年版，第 180 页。

联，而对象性空间作为出现在场所中的事物而显现的空间，却是以与人相分离的、独立的存在者的面目显现的。在“人的对象化”和“自然的人化”的生命实践活动中，对象性的空间便历史性地转化为属于人的生命活动有机构成的并确证人的生命此在的意境中的空间。在此意义上，园林意境中空间不仅仅通过对象性空间的存在而显现，还通过人的内在生命活动而显现，因为历史性空间就蕴含于人的生命活动之中。也正因为此，园林意境中的空间乃是一种体验，作为知觉和想象的空间知觉就在其中发生。当人看到客观的对象性空间的时候，就具有关于感觉的视觉内容，这种感觉确立了相关的历史性空间，相关的以这种或那种方式存在的事物也得以显现。

（二）园林意境中的时间

园林意境是人在对当下物象的超越中体悟到的道的存在。此刻，在进一步讨论园林意境的时间时，鉴于它们都是不可见的存在，于人的感知上具有一定的相似性，我们应该先梳理一下“道”与“时间”的关联。

老子言：“道可道，非常道。名可名，非常名。无名，天地之始；有名，万物之母。”[①] 这个“始”字说明了宇宙在时间上是有起点的。老子的这种看法，这个“天地之始”的表达，也说明“无”不仅是宇宙的起点，也是时间的起点。又因为这个起点“无名”的状态，所以只能用“道”来指代具有终极意义的时间起点。源始的生命存在是一种源始的“无”，而这种源始的“无”的无限可能性需要在时间中实现和展开，表现为历史的发生和演进。

① 陈鼓应：《老子注译及评介》，中华书局 2009 年版，第 53 页。

视之不见，名曰夷；听之不闻，名曰希；搏之不得，名曰微。此三者不可致诘，故混而为一。其上不皦，其下不昧，绳绳不可名，复归于无物。是谓无状之状，无物之象，是谓惚恍。迎之不见其首，随之不见其后。执古之道，以御今之有，能知古始，是谓道纪。[①]

老子所言的“道”与时间有着相通的特性，比如“迎之不见其首”表明了道的性；“随之不见其后”表明了道的无终结性；“视之不见名曰夷，听之不闻名曰希，搏之不得名曰微”表明了道虽无定形但却客观存在性；“执古之道，以御今之有”，则表明道的运动性。因为“道”与时间的相通性，我们可以将它们视为一体两面的事物。“古”“今”概念在此体现了“道”历史意义上的时间性，具有明显的社会时间上由过去向未来流动的向度。这个历史性的时间概念开始使人拥有了经验感知的普遍的时间观，并从历史经验的当前现实出发，考察时间之“道”中宇宙万物运动变化的现象和规律。老子之言还说明：人也只能借助于历史的追溯，才能说明从“道”开始逐步生化万物的过程；源始的生命状态并不会随着历史的发生而消失，而是永恒地具有超越的当下性；人只有借助历史的时间，才能感悟到“道”的存在。从这个意义上讲，时间既是最原初的又是最此刻的，“道”总是随着时间的到时而存在和变化的。“天长地久，天地所以能长且久者，以其不自生，故能长生。”[②]老子此处用“长”和“久”字，是用万物本身的具体的生存状态来衡量时间状态，也是以人生问题来讨论宇宙问题，体现了他追求人生长久的时间观。宇宙万物都是有时间性的，但只能占有时间的一部分。而时间却能

① 陈鼓应：《老子注译及评介》，中华书局 2009 年版，第 113 页。
② 陈鼓应：《老子注译及评介》，中华书局 2009 年版，第 83 页。

完全地包含所有的物。宇宙万物都是有“道”的，但只能体现“道”的一部分。而“道”却能完全地包含所有的物。因此，“道”在即物在，物在就有时间在。这句话包含了时间与存在的关系，老子欲以时间这一尺度来考量人生价值的想法也被展现了出来。道与时间如影相随，从时间的角度看，从头到尾，任何时间都能看到“道”；从道的角度看，自始至终，在任何一处都有时间在场。可以说，如果没有时间，就体悟不到“道”的存在。如果没有“道”，时间的展开就失去了意义。时间的存在是依托“道”而前行的，也因为有“道”才拥有存在于时间中的一切。而“道”的历史是贯穿时间始终的，也因为有时间而让一切都存在于时间之中。庄子说：“何谓道？有天道，有人道。无为而尊者，天道也；有为而累者，人道也。……天道之于人道也，相去远矣，不可不察也。”[①] 这里隐含着两种不同的时间观。“天道”即是“道无始终”者，感觉到的是“本真时间”或“自然时间”，它是无终结的，没有向度和量度的，也是无为的。它代表着人生价值的时间。“人道”即是“物有始终”者，感觉到的是“世俗时间”或“社会时间”，它是到时的，短暂的，是有历史向度和长度的，从过去指向未来，也是有为的。它代表着经验生活的时间。可见，变换时间的角度，“道”的意义也会有所不同。社会时间到自然时间的转换，引导着“道”从有限向无限的超越。也因此，时间成了有限与无限关系的焦点。

在清晰了“道”与时间的关联之后，再讨论园林意境中的时间问题。

古人“日出而作，日落而息”，有了时间观念，《尚书·尧典》中就有四时与四方的论述。春夏秋冬与东南西北一一对应，时间的一年十二月二十四节气的节奏率领着空间方位充实着宇宙。因此，

① （清）郭庆藩撰，王孝鱼点校：《庄子集释》，中华书局 2013 年版，第 364 页。

我们的宇宙观是时间率领着空间的，与之相适应的是我们的空间感觉会随着时间感觉的变化而有所不同。爱因斯坦说："时间是一切现象之先验的形式条件，而不论这种现象究竟是什么样的。相反，空间只是外部现象之先验的形式条件。一切表象，不论它们有无外界事物作为客观对象，都是心的决断。而且，确切地说，它们都属于我们的内在状态。因此，它们必定都受到内在感觉或直觉的形式条件，即时间的制约。"① 说明空间知觉是必然要受到时间影响的。从某种意义上来说，时间并不存在于现实世界之中，而是存在于人的心中。

时间决定了事件的发展是不可逆的，它是一种永久性的系列，故而具有指向性。同时，时间又具有过渡性，它使得人们能够将过去、现在、未来加以区别，表示了人们对事件的实际体验方式，它是可变系列。因为现在的某一时刻，在将来的某一时刻将成为过去，而在以前的某一时刻却是未来。但这些时刻本身是处于时间之中的事件，所以它们既是过去，又是现在，还是将来。对于整个物质世界而言，时间是无始无终的，而具体的事物在时间上则表现为有始有终。唐张若虚的"人生代代无穷已，江月年年只相似"，其中包含了主体用心体验到的时间的无限性和有限性的哲理；屈原的"日月忽其不淹兮，春与秋其代序"，则包含了主体感悟到的时间的不间断性和有间断性的相对理论；孟浩然的"人事有代谢，往来成古今"，则说明客观物质的运动、变化和发展，在时间上表现为循序性；李白的"东流不作西归水，落花辞条羞故林"，则表达了时间的不可逆性。然苏轼的"又不道，流年暗中偷换"，则描述了客观时间不以人的主观知觉为转移的特性。所有这些也都说明，在日常生活中，人们也凭内在的感觉去感知外界时间的变化，凭原初的

① ［美］罗伯特·克威利克：《爱因斯坦与相对论》，赵文华译，商务印书馆 1994 年版，第 29 页。

联想去直觉无限时间的获得。这种时间知觉是客观存在的社会时间在人头脑中的反映。主体以瞬间回忆的显现为基础，想象以空间环境气氛所给予的某种心境构成了关于未来的内容。主体也会因为心境的不同产生时间知觉的快感和慢感。人欲通过园林这一中介实现对无限的超越，时间的流向就必定要发生改变。而这个流向的改变只能在园林意境人的心之体验中完成。因为在心之体验中，时间不再向社会时间一样只能由过去走向未来，还可以通过想象迂回于过去、现在和未来之间。根据自我内心所体验到的自然时间完成了时间流向的转变。

因此，园林意境中的时间是自然时间，是主体内在状态的显现方式之一。“道”包容万物与时间，时间也包容万物与“道”。因为“道”与时间如影随形的关系，在园林审美中，主体只有借助主观规定的时间方才认识到“道”的存在。园林意境中的时间是动态的时间。园林单从视觉上来看是一个物质实体，具有相对静止的固定性。为了更好地暗示出园林意境的本质，园林还将诗词等文学艺术的表现形式作为辅助来帮助园林意境完成时间流向的转化。例如，拙政园的梧竹幽居，在梧桐和竹子掩映下的幽静居处。其楹联为“爽借清风明借月，动观流水静观山”[1]，此联在流水和假山之间的动静对比之中介入了指代时间的明月，使静态的场所随着时间的转换在清风中具有了动感，即使是在白天人们也能想象到夜晚此处月映风来的景象。在这虚实相济的迷人意境中，社会时间通过时间知觉和想象转化成了自然时间，自然景物所包含的源始的本意及其所体现的对生命活动的历史性的构建得以完成，从而使得其内在包含的被遮蔽了的生命意义得以显现。园林中泉流鱼游、蝶飞影移、漫步泛舟均是意境中的动态时间的表象。

---

① 曹林娣:《苏州园林匾额楹联鉴赏》，华夏出版社 2011 年版，第 116 页。

（三）空间和时间在园林意境中的融合

园林意境在形成过程中包含三方面的因素：一是时间性，它自带过去、现在和未来这三个时间维度概念，并含有社会性时间向自然时间的流向转化；二是空间性，它自带对象性空间和历史性空间的双重结构；三是人的感受性，它随着时代和地域的不同，具有变化着的心理需求。中国古典园林之所以能延续至今，是因为“积淀在体现这些作品中的情理结构，与今天中国人的心理结构有相呼应的同构关系和影响”①，共同的潜意识基础致使对意境的感受古今虽有差异但却很相似。比如：江南园林通过时间的序列对花草石木、天光云影及空间产生丰富的联想，表达“袖里乾坤大，壶中日月长”的浪漫主义思想。可见，观者在园林意境的生成过程中，在物境向意境的转换中，渐入历史性的空间中，并于自然时间里形成悬置于园林作品形态之上的另一种时空。它是由于物质的辅助在存在意义上重构时间与空间而得的另一种境界——虚境。

生成园林意境的“实有”表述了园林要素之间的空间关系，而“虚有”表述了物与宇宙的时间关系。康德就认为空间是一切外感官的现象的形式，时间是内感官的形式，“康德进一步证明，只有借助于我们先天具有的感性直观能力，即时间和空间这两种直观形式，我们才能接受由物自体刺激感官而引起的经验材料”②，《幽梦影》写道“艺花可以邀蝶，累石可以邀云，栽松可以邀风，贮水可以邀萍，筑台可以邀月，种蕉可以邀雨，植柳可以邀蝉。”③张潮的这句话即用“实有”和“虚有”完成了园林虚境的生成。花和蝶、石和云、松和风、水和萍、台和月、蕉和雨、柳和蝉都是园林中的

① 李泽厚：《美的历程》，天津社会科学院出版社2009年版，第349页。

② 傅松雪：《时间美学导论》，山东人民出版社2009年版，第26页。

③ （清）张潮：《幽梦影》，中州古籍出版社2017年版，第49页。

实有，而且是无关联的“实有”。但它们通过“虚有”的时间不仅产生了关联，而且使世界以其本真的状态呈现着。此刻园林现实性的表象空间是在时间的流动中变幻着的空间，园林意境中的“象”，是“实有”之物在空间序列中、在时间的某个刹那间凝固成的物的存在的表象。它的静态化切断了时间绵延的过程，将瞬间的在场悬置在时间之外。于是，这个表象首先就遮蔽了物存在的时间性，使物呈现出孤立的空间有限性的存在。而“意”的到场，通过时间的空间化，消解了自然时间的“计时”性和空间的有限性，超越了社会化的时间和对象性的空间，使存在的本然时间性得以出场和澄明，使“象”在有限性中获得无限性，获得了一种非客体的纯粹的历史性空间的存在。时间和空间本然一体性的到场，为生命提供了获得本然存在的场所。由“象”所入的“境”，空间中内在地蕴含着时间，由时间表现出来的历史感，也只能在当下的空间性到场的存在中获得。对于园林意境而言，只有空间中的时间，才有外在的形式可以被感知和把握，时间在外在空间的形式中才更具时间意蕴。因此，园林意境中的时间和空间是作为源始时间化和空间化的统一，意境的空间是被时间彰显的空间，而时间也只有在空间的彰显中才能真正的到场，它展现的是此在在本真时间中的生存状态。张潮的这句描写，也使园林中的景物的静态的实，通过人的时间知觉，想象虚静的动态过程，然后游于三个时间维度产生动态的虚无的意境，而这种意境已经完全不等同于此时此在的眼前的景象，应该说它是平行于此时此在时空的另一个悬置时空。其中的“时间、空间本身不来源于经验，它们本身是作为主体的先天直观形式而内在地含藏在知觉表象之中的”[1]。也就是说，这个悬置时空的实现过程实际就是园林的审美体验过程。

① 傅松雪:《时间美学导论》，山东人民出版社 2009 年版，第 27 页。

王维的《叹白头》言："我年一何长，鬓发日已白。俯仰天地间，能为几时客。惆怅故山云，徘徊空日夕。何事与时人，东城复南陌。"[1]这首诗欲表达的意境，从表层看，是通过对景、人这样客观的"象"的有限性的超越达到无限，再从无限性回归到"象"的有限性，使"象"呈现物的本然存在。但从深层看，此诗通过"我年一何长，鬓发日已白"的时间的空间化，"俯仰天地间，能为几时客"的空间的时间化，消解了遮蔽的时空的客体性，使瞬间的时空内在地凝聚在此"象"当下的存在之中，也内在地蕴含在了生命源始存在的场域之中，成为与生命本真融为一体的源始时空的当下性呈现。这个静态化的瞬间时空，作为一个独特的时刻，充满了无限的生命意味。因为在这个当下性的呈现中，时间之光照向真正的人生，向我们澄明存在的真谛。我们在被唤醒地对存在的思考中，领悟到它已表达和未表达的无限可能，在这"同时性"的境域中，存在者回归本真，生命本真得以澄明。因此，园林意境呈现的世界已经从日常时空存在中脱离出来，它从物的存在本身生发，向当下生命存在的本源进行回归，使得本真的时空存在得以出场。它表现为一个融通自足周流不息的超越之境，也是生命存在的源始之境。由此可见，园林意境中的时空则是一个悬置于现实空间之上的、可以流动于过去、现在、未来整个时间维度中的虚置时空。

需要强调的是，园林中人的在场暗示了"虚境"的时间性既不是物质自然的无限宇宙时间，也不是由更高目的规定的有终点的时间，而是在人生境域中发生的时机化时间，体现了审美态度的时间性选择。它发自人的当下体验形势，但它又没有一个可预设的终点，要依人与物相照面的时机而定，"它不只以现在时态为重心，

① （唐）王维：《叹白头》，载（清）彭定求等编：《全唐诗》，中州古籍出版社 2008 年版，第 580 页。

而总是‘瞻之在前，忽焉在后’，在三时态的相互朝向和转化中构成一个有立体深度的时境”[1]。“虚境”中的缘发境域的自然时间观视原本的时间与人的生成经验相互依存，它不是以现在为显示中点的单向流，而是在三个时相的相互转化和依存中成就的境域。东晋陶渊明在《归去来兮辞》中写道：

> 归去来兮，田园将芜胡不归？既自以心为形役，奚惆怅而独悲？悟已往之不谏，知来者之可追。实迷途其未远，觉今是而昨非。舟遥遥以轻飏，风飘飘而吹衣……三径就荒，松菊犹存……引壶觞以自酌，眄庭柯以怡颜。倚南窗以寄傲，审容膝之易安。园日涉以成趣，门虽设而常关。策扶老以流憩，时矫首而遐观。云无心以出岫，鸟倦飞而知还。景翳翳以将入，抚孤松而盘桓。[2]

此诗中“今”“昨”“将”陈述了他在三时态的转化，而对这个转化的感发是因为他不愿为五斗米折腰，自免去职，高蹈独善的人生风范。所以当他居住在上京园林中，人生境域的时机化时间就浑然地存在于他的园林虚境中。正是这种人生境域中发生的时机化时间使中国古典园林有了完全区别于西方园林的审美特征。

故此可知，在园林中，人比较容易通过外感官形式即空间直觉来把握物体的空间特征，如形状、大小、深度、远近、方向等。而通过内感官形式即时间直觉来把握时间的无影无踪，虚幻无息。内外感官的全部参与，也就是时间和空间在意境生成中的融合，并由自然时间和历史性空间生成了悬置于现实时空之上的园林虚境。园

① 张祥龙：《海德格尔思想与中国天道》，生活·读书·新知三联书店 1996 年版，第 373 页。

② （晋）陶渊明著，逯钦立校注：《陶渊明集》，中华书局 1979 年版，第 160 页。

林虚境即是非实体性的超越性的存在，黑格尔认为“存在是时间的本质”，[①] 柏格森认为：“只有时间才是构成生命的本质要素”，因为“他认为生命在本质上是一种精神或者意识，而意识与物质的根本差别，就在于前者是一种时间性的存在，而后者是一种空间性的存在。”[②] 换句话说，园林意境作为敞亮的本真世界，其中的时间和空间是作为生命的存在场所内在于生命活动之中，它们已经不是物自体，不是对时间和空间的界限，而是成为人或此在对于生存意义的理解和领悟。

四、园林意境中的虚实转换

园林意境的产生来源于“象”，即是“形体”，就是实体的空间存在，也就是具体而真实的园林境域——物境。它是有着三度空间的实际境域，是由地形、山石、水体、植物等物质因素构成的。而各个物质因素的形象就组成了园林境域基本单元——景。它可具体表现为一定的空间范围、一定的空间景物等。空间本身是一种纯粹的虚无，也是物的存在场所。当园林的各个景“象”作为物质性的存在充斥在空间中时，空间就成了可以知觉的具有现实规定性的表象性存在形式。那么我们是如何从园林空间的表象性“实”的存在进入到园林意境中的“虚境”的呢?

我们知道，在园林的存在中，除了“实有”，即物的有形实体之外，还有类似光、影、香等无形的非实体性的存在。根据之前构成层面“虚”“实”概念的界定，这种显现为一种虚无但可被感知的存在，应是“虚”。在这里，因为相对于空间本身的纯粹虚无，

① 傅松雪:《时间美学导论》，山东人民出版社 2009 年版，第 30 页。

② 傅松雪:《时间美学导论》，山东人民出版社 2009 年版，第 31 页。

光、影、气等又表现出实用的存在性，所以可将它们称之为“虚有”。这个“虚有”是空间的表象存在的中介，如果只有“象”而无“虚有”，空间的表象存在便不可能使主体产生时间知觉从而进行时间流向的转化。正是因为这个“虚有”，空间可以实现双重结构的转换；也因为“虚有”是在时间中变幻的，所以空间能够被时间化。需要强调的是，“虚有”并不具备存在的独立性，它只是由“象”而生成和存在的。没有了“象”，“虚有”就无从生发。“象外”相对于“象”而言就是“形外”，也就是非实体性的空间存在。但可以被感觉所把握，似有若无，似无又有，在存在与不在之间，它也是一种“虚有”。“象”因为这些“虚有”的到场而使物显现出本真的存在。园林中的景象以其自身的具体有形遮蔽了物的无形存在的组成部分，也意味着景象以其自身的有限性遮蔽了物的本然存在的无限性。而“虚有”的到场，还原了物的本来面目，以去蔽的方式使景象成为对其自身超越的澄明之“象”。这个澄明之象的完成即是境的生成。可见，无形存在的“虚有”，本质上还是物的本然存在的重要组成部分。清代汪琬在《姜氏艺圃记》中写道：“若轩至于奇花珍卉、幽泉怪石相与晻霭乎几席之下，百岁之藤、千章之木，干霄驾壑；林栖之鸟、水宿之禽，朝吟夕哢，相与错集乎室庐之旁。或登于高而揽云物之美，或俯于深而窥浮泳之乐。”[①] 此段文字恍然间可见到很多园林中的“实有”，如“奇花珍卉、幽泉怪石”“林栖之鸟、水宿之禽”等。这些实有的形质遮蔽了宇宙万物相互关联的生命活力和时间轴线上生命运动的循环往复等这样“虚有”的存在。然这“云物之美”“浮泳之乐”正是因为这些“虚有”使得物存在的本然属性得以敞亮，它的到场显现出物的内在生命

① （清）汪琬：《姜氏艺圃记》，载黄卓越辑著：《闲雅小品集观》下，百花洲文艺出版社 1996 年版，第 153 页。

力。“百岁之藤、千章之木”“朝吟夕哢，相与错集乎室庐之旁”正说明了在时间中变幻着的“虚有”，使现实性的表象空间成为在时间流动中变幻着的历史性空间。于是，物的本然存在与造化自然的无限存在变得相通并融为一体。此景象通过“虚有”去蔽，超越自身而进入澄明之“象”，也就是“意境”。

由此可见，园林意境中的“实”，也就是物境，它是一种对象性的存在，是一定空间内所有可观或可感的，有形象的或可以引发人们进行联想的事物对象。它包括“实有”和“虚有”两个部分，这两个部分都是存在场域的重要组成者。园林中存在的各个景象通过它们的有形的物质性实体直接向人们展示出来的“实”可谓“言内之意”，是“言有尽”，主要还处于浅层的意境结构。园林景象只是创造意境、审美鉴赏产生意境的客观基础。

当然，在园林意境的生成过程中，除了对象性的“实”，还有主体性的“虚”。因为相对于“象”的空间有形的实体存在，还有无形的非实体性的超越性的存在，即是“意”。而这个“意”则来自主体的审美意识，是超越现实的本体层面的“虚”。之前讲到“意”由“象”出，此“意”乃是“象内意”，即是主体对物的对象性存在的体认和感悟，是被物质性限度所制约的。而“象外”除了“形外”，也有“意”。这个“象外意”，即是本原之“意”，是主体对物与宇宙造化自然一体的本然存在的体认和感悟。在园林审美过程中，只有“意”的到场，才能成全“意境”的完全生成。

明末清初朱鹤龄在《西郊观桃花记》中说：

吾因是有感矣。昔徐武宁之降吴江城也，其兵自西吴来，从石里村入此，青原绿野，皆铁马金戈蹴踏奔腾之地也。迄今几三百年而谋云武雨之盛，犹仿佛在目。经其墟者，辄窃叹彷徨而不能去，况陵谷变迁之感乎哉！计三四十年以来，吾邑之朱甍相望也，丹毂接轸也，墨卿骚客相与骈肩而游集也，今多烟销云散，付之慨想而已。孤臣之号，庶女之恸，南音之戚，至有不忍言者矣。惟此草木之英华与湖光浩晶，终古如故，盖盛衰往复，理有固然。彼名人显仕，阅时雕谢，而不能长享此清娱者，余犹得以樗栎废材，玩郊原之丽景，延眺瞩于芳林。向之可感者，不又转而可幸也哉。①

此段感慨既有“象内意”，也有“象外意”。“象内意”即是铁马金戈驰骋的所在地随着世事变迁已换颜为如此翠绿的田野，然其中的历史却毫无丢失。三四十年来，华丽拥挤的车辆和并肩游玩的文人墨客大多烟消云散了，只剩下无助的臣子的悲号以及许多不可述说的悲伤。从古至今，自然之物不会发生太大变化，但人事盛衰却会变化无常。“象内意”道出了主体对景物的一般性感悟。“象外意”即是草木、山谷、人事盛衰变化所带来的沧桑之感，以及像樗树、栎树一样的无用之才将不幸转化为有幸的情怀之幸。“象外意”是对人生、宇宙本质的领会，还原了生命此在的情怀和与宇宙通而为一的生命本然。“象外”之“意”虽在“象外”，确实缘于“实有”之“象”而发，“经其墟者，辄寤叹彷徨而不能去，况陵谷变迁之感乎哉”。这沧桑之感已经超越了那些废墟，也内在地存在于其中。也就是说，主体性的“虚”是以“象外”之“象”的到场为中介的，因为“象外”之“象”已超越其自身的限定性，成为具有内在生命的“象”。“境生于象外”的生发过程应是先由“实”生“虚”，“象外”的到场是因为“象”的存在而生发的。后由“虚”生“实”，“象”

① （明）朱鹤龄：《西郊观桃花记》，载黄卓越辑著：《闲雅小品集观》下，百花洲文艺出版社 1996 年版，第 73 页。

因为“象外”的到场而获得了本真的生命,“实景”质变为“意境”。

可见，意境的生成，是一个由实的“象”到“虚”的“象外”，又由“虚”的“象外”返回到实的“象”的实现过程。“象外之意”的参与，将客观性的存在还原成存在场域的本真的存在，使物的生命本真的存在得以澄明，从而使返回之“象”在存在场域闪耀着本原之“意”的光辉，使“境”的存在场域得以显现。

需要强调的是，园林中的各种物质性因素一直以来都与人的性灵相连相通，具有表达主体个性与情致的特点，其中，融入“言有尽”的空间范围里的造园者的情感和思想、观者的理解和感悟是在不断的空间体验中，凭借自身的知识素养、气度修为、兴趣爱好而获得的，此可谓“言外之意”。虽然园林作品投射了创作者自身的志趣追求，欣赏者也可以在其中找到适意自己的内容，但他却不一定能够完全体会创作者欲以表达的原意。对于存在场域中“意”的把握，实际上就是体悟。也因此，同样的空间范围和同样的空间景物，因为不同的人体会的差异而“意无穷”。王维在《晦日游大理韦卿城南别业四声依次用各六韵》中写道：

> 与世澹无事，自然江海人。侧闻尘外游，解骖轭朱轮……高情浪海岳，浮生寄天地。君子外簪缨，埃尘良不啻。所乐衡门中，陶然忘其贵。高馆临澄陂，旷然荡心目。淡荡动云天，玲珑映墟曲。鹊巢结空林，雉雊响幽谷。应接无闲暇，徘徊以踯躅。[①]

此诗是王维对城南别业即景而生的一次实时实地的描述。他所

① （唐）王维:《宿山寺寄李中丞洪》，载（清）彭定求等编:《全唐诗》，中州古籍出版社 2008 年版，第 576 页。

描写的当时的“象”，只是诗的表层的东西，但背后隐藏的“象外之意”通达天人合一、万物一体的境界。即使后人完全脱离了即景，在此在的场域中时，通过体悟可以使即景的“象外之意”出场，并对“高情浪海岳，浮生寄天地”引申、发挥出更深层的意义。“言外之意”即是主体通过实时实景的介入，而进入到历史性空间中，并将社会性的时间与人的生存经验相依存，完成社会性时间向自然时间的转化，将以现在为显示中点的单向流转化为在三个时相中游刃的境域。人生境域的时机化时间也就浑然地存在于他的园林虚境中。至此，园林意境才完全生成。

当然，在园林审美过程中，园林内静止的关系始终是有限的，所提供的环境信息、感觉信息也是有限的，而古典园林运用时空连续的游离式的观赏方式在有限中实现了无限，并从经验层面的“实”中求得境界层面的“虚”。每个园林的布局大都会考虑一条最佳的观赏路线，途中会设置几组突出的景点作为路标，它只是在为观者渲染园林空间气氛，设计一个意境生发的触点，以便在空间内即使没有明确的途径，也能指示方向。随着观者在线路上的移动，所观的景象时时在发生着变化，构成的画面形式不断地更新。主体在“象”的不断变化和更新中获得新的信息，从而进入一个丰富、深远、广大的对象性的空间。主体无意识地利用自身的联觉性，把视觉、触觉、味觉等感觉到的“虚有”加以综合，通过内外感官的全部觉醒、人生境域的开启，主体将所见之景扩展到另一种现象或情致，日之所及，思之所致，于是在时间和空间中悟到大自然的乐趣和园林空间处理的极谛。如扬州个园的四季假山，其四季主题的凸显不仅表现在每季假山的造型上，还表现在每季假山的色泽上，用色泽的差异体现四季气候的更迭，而这些感知是通过叠石这个实体引发的，在步移景异的空间中得到了对时间的感悟。对于游览路线上的某个景点而言，园林或借助某种空间景象在特定的时间里的审美特点和意趣进行实景设置，或借助具有季相特点的植物渲染季相变化，它们的应时而借、其观相的短暂性与意境的悠长性形成对比，从而使园林意境灵性化。如园林中春海棠、夏荷花、秋柑橘、冬梅花可构成欣赏空间；承德避暑山庄春有“梨花伴月”，夏有“观莲所”，秋有“采菱渡”，冬有“南山积雪”。一年四季，风花雪月之境尽收眼底。“春雨宜读书，夏雨宜弈棋，秋雨宜检藏，冬雨宜饮酒。”① 时间所催生的园林内人的活动无疑增加了意境生发的触点，增加了意境产生的可能性。园林建筑中的窗是为了使人接触外面的自然界，计成说“窗户虚邻”，“虚”就是外界广大的空间。园林中亭台楼阁的审美价值不只在于这些建筑本身，而在于通过这些建筑物，观者可以仰视、俯察或远眺，欣赏到外界无限空间中的自然景物，比如“待月楼”“听雨轩”“飞泉亭”等。从小空间到大空间，突破有限，通向无限，从而追求到生命的本源，获得哲理性的感悟。所有这些都说明，园林意境中“虚”的“境”通过“实”的“象”体现宇宙的本体“道”。值得注意的是，古典园林的空间因为意境的需求而具有模糊性，很难肯定厅堂、亭榭等是室内还是室外，它们的不确定性连接了空间构成层面的虚实，从而使观者有了极大的思维能动空间，能够浮想翩翩进入虚境。可见，在园林意境的虚实关系中，“虚”无疑引导着“实”成就了节奏化、音乐化了的意境时空。

综上，园林的“象”是显现可见的，表现为在场的东西，可谓“实”。园林的“意”隐藏在“象内”和“象外”，表现为不在场的东西，可谓“虚”。园林意境通过“象”与“意”的相互生发、“实”与“虚”的相互融合而完成。园林意境的“实”包括“实有”和“虚有”两个部分，园林通过“实有”和“虚有”使现实性的表象空间转化为

① （清）张潮：《幽梦影》，中州古籍出版社 2017 年版，第 99 页。

在时间流动中变幻着的空间，并通过“虚有”去蔽，超越自身而进入澄明之“象”，使物的本然存在与造化自然的无限存在变得相通并融为一体。但园林景象的“实有”和“虚有”只是意境产生的客观基础。园林意境的“虚”即是“意”，它是主体性的“虚”，也就是非实体性的超越性的存在。“虚”才是园林意境产生的必备条件。园林景象的“象内意”启动了人心灵的主观能动性，使物境跟心境融为一体。而“象外意”的到场，帮助完成了意境由“实”到“虚”又返回到“实”的过程。通过主体性的“虚”，具有内在生命的“象”才能到场，物的生命本真的存在才能得以澄明。园林意境也在对当下物象的超越中得以实现，使物的本然与造化自然的无限存在融通为一的生命力得以显现。

第三节　人的在场与园林意境营造

园林审美中出现的园林意境，首先证明了人的生命存在是一种有意义的存在，或者说是一种超越的存在，它体现为人在历史性空间中实现时间流向的转变。而社会时间向本真时间的转化，也显现了人的文化存在对人的自然存在的超越。

那么，在园林意境营造过程中，主体之人承担着怎样的重任呢？

一、人与园林景观的互动

园林意境的生成是为了追求“道”、显现“道”。在意境中方能使物的本然与造化自然的无限存在融通为一的生命力得以显现。这种源始的生命力的存在是一种有意义的存在，其内在地包含着无限的可能性的“无”。它并不会随着历史的演进而消失，而是永恒地具有超越的当下性。而意义就是在这超越过程中诞生的。虽然生命活动随时地内在地伴随着源始的“无”，当下的各种生命活动的表现都是源始的“无”到场的显现。但园林作为人的创造物，它的第一含义是作为独特的生产作品而存在的，当它要具有当下的生命活动的表现功能时，就只能通过人与它所发生的关系而显现出来。

（一）意境的生成必须人的在场

自然界本身是没有意义的，人为所创造的世界才是一个有意义的世界。因为人不仅生存着也存在着，个体的生命此在是一种有终结的存在，而人类的生命存在则是一种永恒的存在。人类的生命存在是衡量个体生命存在的意义和价值的依据。为了存在而生存的个体生命，由于拥有了存在，才使得生命活动本身成为对永恒生命存在的一种表现。意义本身是一种超越之物，即是从此在的存在超越到永恒的存在。它作为生命活动的展开，其存在并不显现。它只能通过人的创造物而呈现出来。因此，让世界本然地呈现的园林意境绝对离不开人的实践。或者说，正是人的实践开辟了万物呈现的境界。意义对存在的揭示是在园林世界中呈现出来的，也只有当园林世界作为人直观自身的对象呈现时，意义才显现出来。园林作为人的源始的从无到有的创造作品，在本质上是一种对生命活动的可能的存在方式的探索。意境所构建的意义世界，总是超越当下的现实存在，并通过这种超越不断拓展着生命活动的存在境域。所以，在园林意境的生成中，如柳宗元说：美不自美，因人而彰；白居易说：地有胜境，得人而后发；苏东坡说：山川风月本无常主，得闲便是主人；计成说：三分鸠匠，七分主人等，都是强调意境营造活动中主体人的作用。

马克思说："从理论领域来说，植物、石头、空气、光等等，一方面作为自然科学的对象，一方面作为艺术的对象，都是人的意识的一部分，是人的精神的无机界，是人必须事先进行加工以便享用和消化的精神食粮。"① 这说明最初的生产资料和生产活动，同时也是人的文化创造的对象，人的意识使生产资料具有了双重价值。园林中的"实有"和"虚有"其实不仅是一种物质性的存在，同时也是人精神的一种消费之物。如果没有人的意识的投入，它们的存在是没有意义的。园林作为自我世界的建构作品，将自然生存方式的生产资料历史性地转化到精神生产的作品之中。这种转化必须要人的意识的参与。"人则使自己的生命活动本身变成自己意志的和自己意识的对象。他具有有意识的生命活动。这不是人与之直接融合为一体的那种规定性。有意识的生命活动把人同动物的生命活动直接区别开来。"② 说明只有当生命活动本身成为对自身的一种表现时，有意识的生命活动才能为自己创造一个充满意义的本真世界。园林里所设的一景一物，都是与园主的情致相合的性灵之物，它们都是园主自我意志的投射对象，构成了与园主生命气质相似的境域。人的生命活动与其中万物的生命活动共筑了有意义的园林世界。

> 物性因此对自我艺术来说决不是什么独立的、实质的东西，而只是纯粹的创造物，是自我意识所设定的东西，这个被设定的东西并不证实自己，而只是证实设定这一行动，这一行动在一瞬间把自己的能力作为产物固定下来，使它表面上具有独立的、现实的本质的作用——但仍然只

① ［德］马克思：《1844 年经济学哲学手稿》，人民出版社 2014 年版，第 52 页。

② ［德］马克思：《1844 年经济学哲学手稿》，人民出版社 2014 年版，第 53 页。

是一瞬间。[1]

园林作为人类的纯粹的创造物，其物性不是孤立于人之外的，恰恰与人有着重要的联系。离开了人意识的到场，物性就不存在。物性是人的意识使物有意义的一种存在。人的到场，也并不是为了用园林这一所创之物来证明自己的能力，而是为了用到场的意识使园林之物具有意义，这个意义生成的行为具有超越的当下性，是源始的“无”到场的显现。虽然源始的生命力都内在地包含着“无”，但它的显现必须人的在场。“对于意识本身来说，对象的虚无性所以有肯定的意义，是因为意识知道这种虚无性、这种对象性本质是它自己的自我外化，知道这种虚无性只是由于它的自我外化才存在……”[2] 在园林审美过程中，世界能以其本来的面目澄明，原因就在于主体的人的生存体验在园林实景中达到了自我观照。生存体验的自我观照，是不同于实景的实用价值的另一种价值。当这两种价值交汇在一起时，自我观照的价值从实用价值的束缚中解放出来，从而获得了其自主的意义。这种意义虽然是虚无的，但对于人的存在而言是至关重要的。因为这种意义不再体现生命活动的源始的创造性，而是转化为一种文化性的人的自然生存方式。“意识的存在方式，以及对意识来说某个东西的存在方式，就是知识。知识是意识的唯一的行动。因此，只要意识知道某个东西，那么这个东西对意识来说就生成了。知识是意识的唯一的对象性的关系。”[3] 这说明人是知识或者文化的存在物。知识或者文化是人类的创造物，是人作为人类存在的生命对象化的具体呈现。反之，它们的存在也是对人类的一种规定。例如，先秦时期的“君子”就是按照当时的

① ［德］马克思：《1844年经济学哲学手稿》，人民出版社2014年版，第102页。
② ［德］马克思：《1844年经济学哲学手稿》，人民出版社2014年版，第106页。
③ ［德］马克思：《1844年经济学哲学手稿》，人民出版社2014年版，第106页。

社会规范来说理想的人的形象，也就是说只有君子才是人之为人的存在方式。知识或文化可以将一种自然的生物性的生命存在转化为人类的意义的生命存在，完成从自然到人生意义的自我构建。在这种意义上，我们可以更深刻地理解中国园林的建造者为什么是有知识、有文化的一群人。同时也能够更深刻地理解，为什么园林意境的生成与人的修养情致相连。园林作为人类的一种创造物，是个体生命对人类生命分享的表现。因为园林可看作是一种文化的载体，通过文化的教化，人的生命活动才体现出一种历史的统一性和连续性，也才能赋予园林空间双重性的空间结构。

因此，园林意境虽然是园林内在的意义世界获得一种呈现、敞开的存在方式，但它的呈现和敞开需要人的到场。“真正的艺术作品都是把人与物融为‘一体’，把‘人与物’的关系转换成‘人与人’的关系的产物。”[①] 园林意境中的对象性空间和社会化时间促成的人与物的关系，在园林被人赋予意义的那一瞬间起，即在历史性空间和自然时间里转化成了有限的个体生命存在与永恒的人类生命存在的“人与人”的关系。可见，在整个园林意境的生成过程中，始终离不了人的在场。

（二）人与景观的互动

在证明了人的到场是园林意境营造的必备条件之后，需要进一步说明人与园林景观是如何互动从而生成园林意境的。

明归有光在《花史馆记》中写道：“夫四时之花木，在于天地运转，古今代谢之中，其渐积岂有异哉？人于天地间，独患其不能在事之外，而不知止耳。静而初其外，观天地间万事，如庭中之

① 张世英：《进入澄明之境》，商务印书馆 1999 年版，第 252 页。

花，开榭于吾前而已矣。”[1]主体人流连在园林之中，面对即时的园林花木时，首先他所体验的是与景观紧密相连的空间场域。对象性空间为天地，历史性空间为古今。随后，主体在现场体验空间的过程中，自发且自觉地移情到空间中，使空间内存在的事物具有了自己的情感和思想，并凭借想象力提供一种最源始的构成场域。其中，人与世界、意识与表象相遇相交并相互构成，达到“物我同一”。在体验中，主体与景物进行了互动，并将景物转变成了主体直观自身的对象，体验空间的过程转化为意境空间产生的过程。

> 胡塞尔仔细分析了我们对运动的意识，认为这种意识行为不是一个单纯的感知行为，而总是跟持留记忆和连带展望结合在一起出现的。因此，它的意识内容不是一个固定的点，而是一个动态的场。处于这个动态场的核心是原初印象，处于这核心周围的是持留记忆和连带展望。[2]

当主体在现场体验到空间场域时，人在园林空间中的原初印象和持留记忆、连带展望让观者直觉到真实的现在、消失的过去和可期望的未来，时间知觉唤醒了自然时间，也就是本真时间，它是当前、曾经和将来同时相互达到和共属一体的在场。也就是说，园林中人的到场是一种空间的运动状态的到场，它开启了人内外感官的敏锐性，以庭中之花窥见天地间万事，以四时之花木知晓天地之运转。主体的意识在动态的场中，从对象性空间进入到历史性空间，然后将当下的社会时间还原到“原初印象”“持留记忆”“连带展望”之中去，通过唤醒本真时间，使三个维度的时间共属一体从而还原

---

① （明）归有光：《花史馆记》，载黄卓越辑著：《闲雅小品集观》上，百花洲文艺出版社1996年版，第6页。

② 彭锋：《完美的自然》，北京大学出版社2005年版，第49页。

事物自由本然的状态。在整个人与景的互动过程中，人与物始终是平等和谐的，都被看作是宇宙蕴化的一部分。可见，人的在场、空间内的景物、营造的特定的园林环境相互作用，最终形成意境。

明吴廷翰在《孤云野鹤亭记》中讲道：

> 则尝观孤云野鹤之为物，而反复两忘自如之言，而有得焉。夫无心者，其道之至乎！不可以为道者，有心者累之也。盖吾见孤云矣，寂寥容与，体乎自然，出入往来，未尝有迹。又见野鹤矣，逍遥徜徉，放乎性情，俯仰饮啄，曾无顾虑其近。斯亦无心之至者乎！而道在是焉。故有道者之于世，其出，其处，其远，其动静、语默，其辞受、取与，其贫贱、富贵、忧患、安乐，其是非、毁誉，其常与变，皆随所至而应以无心。①

在此段人与孤云野鹤的互动过程中，人的在场建立了一种面对自然和历史的“在场”逻辑，在景物即刻的呈象之中投入自我的精神和意识，用心体悟事物的“象”，从而进入到历史性的空间得以转化时间的流向，使得“过去”的时间延长到了“现在”，其中更是包含了人生境域的时机化时间。最终从个体生命时间超越到人类生命时间，本真时间的获得，使得此在和世界彼此开启，此在进入到超越的时间性境域，成其为自身，达至本真。当然，本真的获得要以所履之景物始，而归于自适其乐之心。自适其乐之心非求取富贵的机心，而是追求自由之“道”的澹泊之“无心”。“其常与变，皆随所至而应以无心”，澹泊之心之于天地万物，并非相互外在的

① （明）吴廷翰：《孤云野鹤亭记》，载黄卓越辑著：《闲雅小品集观》上，百花洲文艺出版社1996年版，第27页。

关系，而是人心渗透并融合到万物之中，从而使万物本身得以显现其意义的一种途径。如果没有人的体验和参与，天地万物被遮蔽而无意义。“领会主要不是指凝视一种意义，而是指在通过筹划揭露自身的能在中领会自身。”① 人与景观在相互构成的境域中，人首先向世界敞开，这种敞开即是人对世界领会。中国讲究“天人合一”的宇宙观，就认为人与自然本为一体，园林作为可体验的自然，与主体人是不可分离的，人的全部感官经验和比兴联想都是对介入式在场状态的投入。就此刻的园林审美而言，人的在场是一种介入式的在场状态，它不同于绘画的分离式的在场状态。人的“在场”本身是以观者的身份直接感受和拥有的最真实的存在形式。而进一步的人的介入式在场则是观者内外感官全方位地融入园林的各个方面，从“人与物”的关系深入到“人与人”的关系，达到一种完全的一体自然观。人的到场，人的体会，照亮了万物，敞开了万物，从而得以进入澄明之境。换句话说，人对万物一体的领会是生成澄明之境的根本要素。

清方苞在《游雁荡记》中写道：

> 又凡山川之明媚者，能使游者欣然而乐，而兹山岩深壁削，仰而观俯而视者，严恭静正之心，不觉其自动。盖至此则万感绝，百虑冥，而吾之本心乃与天地之精神一相接焉。察于此二者，则修士守身涉世之学，圣贤成己成物之道，俱可得而见矣。②

① ［德］马丁·海德格尔：《存在与时间》，陈嘉映、王庆节译，生活·读书·新知三联书店 2006 年版，第 302 页。

② （清）方苞：《游雁荡记》，载黄卓越辑著：《闲雅小品集观》下，百花洲文艺出版社 1996 年版，第 439 页。

明媚的山川秀色总能让人有愉悦的心情，当作者在面对陡峭的雁荡山时，即刻仰视和俯视的欣赏让他原本平静的心不由自主地就跳动了。这即是人与景观之间的一种互动，让人这一在场者在景观这一存在者中观照到自身，并由在场者向不在场的内容进行扩大和延伸，以至把握即时即地的整个场域，使存在者的意义得以显现。因此，人与景观的互动消却了作者之前的各种顾虑，自然地连接了作者本性和天地精神。正因为这种相连，作者能够体会到圣贤所应具有的修养、学识以及成就自身的方法。可见，在园林审美中，知觉中的在场者显现了隐蔽在其背后的不在场者，也由此通达到本不可言说的“道”或“存在”。人的到场，说到底是因为澄明之境需要通过在场者将隐蔽的不在场者显现出来，于景观之实中洞见意境之虚，洞见到隐蔽的、不在场的东西，从而使显现和隐蔽融合为一，达到万物一体。万物一体才能使人与万物处于一个无限的精神性联系的整体之中，也才能在园林的空间体验中由对象性空间进入到历史性的空间。同时，人的到场表明了审美态度的时间性选择和景观对象的时间性呈现。当作者在面对景观之时，是以“严恭静正之心”拉开了与认识态度和功利态度的距离，让其以形象本身在审美直观中呈现为美。人在观照对象时选择了审美的态度，就意味着进入了所谓的审美时间。在审美时间中才能完成从个体生命时间到人类生命时间的超越。而景观对象只有在知觉中的人以介入式在场的方式体验到万物一体时，景观对象才能悬置自身的特征和属性，回到事物本身，只以纯粹的本性呈现出来。人到场之时，即是景观对象作为美的事物显现之时。简言之，人作为独特的存在者总是在审美处境中领会自身及世界，并使自身和世界获得其自性、显其本真的可能。

因此，在园林意境营造过程中，人与景观的互动是极其重要的一个环节。景观给予了人情感转移的对象和想象生发的触点，人则给予了景观以永恒的意义。于是当人与景观通过互动发生关系时，人对万物一体的领会照亮了万物，敞开了万物，人当下的生命活动表现就发生了超越，完成了源始的“无”到场的显现，让世界万物如其本然地呈现出来，从而进入了澄明之境。

二、园林意境构建中的情感虚空间

园林意境即是在空间中营造出一定的气氛，实现物在空间中的现实性，然后人进入到这个气氛场域之中，在场者自行领悟园林意境，于是，在人与世界的关系中审美状态得以在时间中现身。至此，我们还有待考察对传统美学具有绝对意义的人类情感状态在意境中的归属，以及在自行显现中把情感带出来的那种东西。

情感状态是一种生存状态，体现了人生活于世的现实状态，其中包括对自身生存方式的体验。它不仅关系到此在的存在，还关系到此在与存在者的关系，是“此在”与“同在”进行交流的途径。对于此在而言，情感状态要以身体状态为前提，这两者的统一才能使人进入意境状态，显现此在的存在。明代王思任在《纪游》中说：“至于鸟性之悦山光，人心之空潭影，此即彼我共在，不相告语者。今之为此告语，亦不过上川之形似，登涉之次第云耳。”[①]说明在园林审美中，于观者身体之内居住着体验情感的“人心”。于时间中呈现的此在的情感状态正是情感性和身体性包容一体的一种基本的存在方式。“此在”与“同在”本不可言说，但此在的身心合一的情感状态使存在者成了有言或者说有意义的灵物，在当下的时刻里，他们以自己独特的方式在显现和隐蔽相结合的领域中说着“道言”，从而使存在者自在自为地呈现于此在面前，此在与存

① （明）王思任：《纪游》，载黄卓越辑著：《闲雅小品集观》上，百花洲文艺出版社1996年版，第413页。

在者也处于一种无阻碍的本真的关系中。他还说："夫游之情在高旷，而游之理在自然，山川与性情一见而洽，斯彼我之趣通。"[①]说明了游园之情的关键在于从对自然的感受和认识中获得一种高旷的胸怀，此高旷的胸怀即是意境中人的一种情感状态，而其根本之理就在于自然，自然之物通过其形式而作为气氛的营造者散射到空间中，并通过这种自然的空间设置的某种情调，改变了人身处其中的身体性空间。人在这种高旷的空间气氛的给予中，自我觉察到高旷的情怀，但不难看出，他的这种自我觉察的原初就是空间性的。于是，在这种气氛中，山川之性与个人之情相互契合，身心合一，交感互生，便会产生无穷的乐趣。"趣"的生成可看作是时间性境域中此在与世界相互缘发构成的生成态势，这种发生在某种空间中的态势，散发的都是气氛，是那种对在场的人具有情感作用的气氛，其中的此在和存在者显现出在存在澄明之域中的自由本然状态。由此可见，空间气氛生成了此在的情感性空间，表达了某个空间内的情感色调，是人、物或周遭状况在场域内所创造出的东西，并以此表达它们此刻的在场，它并不属于空间的结构内容。生成情感性空间的气氛，虽然不是物所具有的某种属性，但它却是某种似物的东西。它属于主体，似主观的东西，但它也不能被看作是某种主观的东西。不可否认，气氛就其身体性的在场而言是通过人来察觉的，这种察觉也是主体在空间中的身体性的处境感受，在场的人通过自己的处境感受而知觉到该空间的情感色调。虽然这种处境感受对人的感染是无意识的，但园林设计者可以决定人能以何种方式感知自己。园林气氛随着文化的诠释，通过象征的提示、慢慢地成为固定的象征符号，正如"庐陵八景""西湖十景""避暑山庄三十六景"等。因此，人在意境中的到场是身体性的到场，包括人的身和心两

① （明）王思任著，季婴辑补：《游唤》，中华书局1991年版，第23页。

部分，且空间设置的气氛可被人的身体性的处境感受所察觉，并与场域内的物一起通过人的领会创造出在气氛的基础上生成场域内的情感性空间。“人类的一切生存情感都包含对某种‘超越性存在’的领会。”① 四季变化、阴晴雪月使园林呈现出不同的景色，表现出不同情调的色彩气氛，身体性的处境感受引发的人的情感体验，其中就包含着对“超越性存在”的领会，在这种领会中，就自然而然地建立起了整体场域内的情感虚空间。如袁宏道的山水诗文中就蕴含着他在即时即地的场域内的喜怒哀乐之情，带给读者“跳跃叫啸不自持”的审美感受，而在这种感同身受的审美体现中，读者进入的也正是作为主体在那时那地的整体场域的情感虚空间。

明徐渭在《借竹楼记》中写道：“吾能忘情于远，而不能忘情于近，非真忘情也，物远近也。凡逐逐然于其可致，而飘飘然于其不可致，以自谓能忘者，举天下之物皆若是矣。”② 表述了情感虚空间建立的过程中身心合一的重要性。当人带着一种完全不同的心情踏入物的远近造就的空间，并被其空间气氛所感染甚至心情被改变时，人就在“观”的过程中不自觉地唤醒了身体性的处境感受，这种身体性的处境感受除了五官的感知外，还有心的参与。心是一种意识，可将五官之“外观”自省为“内观”，观里必然有感，也必然有象。通过心有所感，能够赋予所观的事物一定新的意义，能够形成“此在”与“同在”的道言。将“观”转换成了“感”，也即在“观”的过程中感受到本体的存在。从“观”到“感”的过程呈现了从肉体走向心灵、身体性的处境感受走向人的情感体验的活动。这个活动不是实体性的，它是一个呈现的状态，是心通过观与感和世界建立的一种关系。象是自然的呈现，它既是观中之象也是

① 王德峰：《艺术哲学》，复旦大学出版社 2015 年版，第 37 页。
② （明）徐渭：《借竹楼记》，载黄卓越辑著：《闲雅小品集观》上，百花洲文艺出版社 1996 年版，第 36 页。

感中之象，是整体场域内存在者的一种表达。意境之“意”即是人的一种感受，在现实的园林空间中，在特定的园林气氛下，在此在的存在和此在与存在者的关系中，此在在时间性境域中构设了一个情感虚空间，“以自谓能忘者，举天下之物皆若是矣”，人向物敞开，物也向人敞开，成为此在的存在本身和存在者本身得以本然展现的场所。意境生成过程通过“观”到“感”的转换，将实体变成了虚体，把园林之物变成了园林气氛，把园林气氛又变成人的情感虚空间。在情感虚空间中，透过事物的展现，通过自身与事物之间的关系，把自己心灵中的感受，在观与感中把情绪、价值等融会在其中。情感虚空间的建立其实就是一种隔离，把人从实用世界中剥离开来，超越出来，去掉自我利益的束缚，世界才成为了另一个世界，事物的本体才能在此世界里面呈现出来。

园林意境中情感虚空间的建立涉及景，也涉及观。景，强调了客观存在的可以被感知的物质因素。观，强调了主体在感受空间气氛时的主观心理因素。物质因素和心理因素的相互认同就建立了情感虚空间，这种情感创造是主体对本体的理解和阐发。接下来具体分析情感虚空间的建立过程。

情感虚空间的建立，首先要通过触景生情而引发情感萌动，其中既有对象的参与，又有主体的参与。就对象而言，其形质特点会在主体的心中形成某种印象。而就主体而言，其社会地位、修养学识等自身因素会导致他对所见之景产生不同于他人的情感体验。也正是基于这一点，人在同一园林景观前所建立的情感虚空间是不同一的。叶朗先生说：“如果‘意象’的产生是‘物’对于‘心’的一种自然的触发，‘意象’结构中的‘意’与‘象’又融为一体，那么这种‘意象’就称之为‘兴象’。”[①]“兴象”即可理解为主体接

① 叶朗：《中国美学史大纲》，上海人民出版社 2013 年版，第 264 页。

触到物象时所产生的最自然的第一感受所兴发的意象，它的妙处就在于主体把这种自然与象的结合不著力地传达出来，但其中景的内容多，主观的内容少。明朱鹤松在《同里顾氏梅林记》中写道："老梅铁干，几二百株。中有高丘矗上可十余丈。登其巅，则庞山九里诸湖皆在指顾。风帆沙鸟，灭没烟波，�坞竹树，历历可数。当花发时，高高下下，弥望积雪，清香闻数里外。"[①] 展示了整体场域内的景观生成的一种壮观秀美的园林气氛。视觉在嗅觉的辅助下，人的身体性的处境感受全方位的开发，在视的过程中，将园林之物变成了园林气氛去感知。这个过程是物对人的敞开过程。如果进一步联想梅花正是四季交替、万象更新、世间万物得以生存发展的原因，也更容易对此"象"触景生情。

寄情于景是情感虚空间建立的第二阶段。在这一阶段，人的情感已不停留在单纯的兴象上，而是更多地加入了主观的联想或想象，主观情感开始与自然景物进行交流，即移情。它既展示了主体将自己的志趣、抱负、怀念等寄托于触发了自己情感的景物的过程，也体现了主体赋予客观的自然景观以主观情感色彩的过程。朱鹤松继续写道："鼻观嫣香，沁入肺腑，慨然与两生追数旧游，恍如噩梦。自变故以来，风俗之古今、墟井之盛衰、友朋之生死聚散，其尚有可问者乎？"[②] 作者在此空间气氛中，受到花香的感染，不由自主地回忆起与章两生同游的经历，感慨时间飞逝且世事无常，继而联想到人情的变化，市井的盛衰，朋友的聚散，其怀念之情在此场域中由隐蔽变为显现，它的显现是人向物的敞开。袁中道在《游岳阳楼记》中的生动描写则表述了情随景而发生的巨大波动。

---

① （明）朱鹤松：《同里顾氏梅林记》，载黄卓越辑著：《闲雅小品集观》下，百花洲文艺出版社1996年版，第74页。

② （明）朱鹤松：《同里顾氏梅林记》，载黄卓越辑著：《闲雅小品集观》下，百花洲文艺出版社1996年版，第74页。

游之日，风日清和，湖平于熨，时有小舫往来，如蝇头细字，着鹅溪练上。取酒共酌，意致咸淡。亭午风渐劲。湖水汩汩有声。千帆结阵而来，亦甚雄快。日暮，炮车云生，猛风大起，湖浪奔腾，雪山汹涌，震撼城郭。予始四望惨淡，投箸而起，愀然以悲，泫然不能自已也。[①]

清晨的风和日丽、湖光山色，投入了作者闲情逸致、其乐融融的宁静状态。中午的山风劲吹、千帆结阵的壮观景象，引发了作者心情的波动，生出雄快之感。黄昏的狂风大作生出的惨淡景象，不仅让作者愀然以悲，随后从腾子京想到范仲淹，从自己的一生不遇想到去世的二哥。景象的凄凉肃杀，正好寄托了他的惆怅之情。景物能够引发人或喜或悲或忧或惧的各种感受，关键就在于它触发了人心中的某种情感，进而以被触动的情感再来观赏景物，其中就如同充满了我的情感。人的情感与自然景观的交流，使个人情感物化到了景物之中，也才能促使人真正体验到造化美的存在。

造境于性灵是情感虚空间建立的第三步。造境于性灵就是以情绘景，通过人真挚的情感再现自然美，形成一种新的艺术化的境界。在此过程中，园林景象已经过渡为一种审美象征，虽然还是对造化的描绘，但此造化已是人的心灵与自然之美相融合的产物，表现的是一种审美意境。朱鹤松在《同里顾氏梅林记》继续说："请与老梅约嗣后每岁花发时，吾两人必携豚蹄，载醇酎，狂歌痛饮，追复旧欢，送皓魄于夕阳，依清棻而发咏，以嬉暮齿，以遣流光。梅花有灵，当必一笑而许我也。"[②] 作者将自身与梅的人与物的关系转换成了人与人的关系，将梅花化身为人，并与之相约。在一系列

① （明）袁中道著，钱伯城点校：《珂雪斋集》，上海古籍出版社 1989 年版，第 652 页。

② （明）朱鹤松：《同里顾氏梅林记》，载黄卓越辑著：《闲雅小品集观》下，百花洲文艺出版社 1996 年版，第 75 页。

的人情活动中，追忆旧日时光，回复旧日友情，与有灵性的梅似朋友般目送夕阳的光辉。作者的晚年以树木歌咏为消遣，在流逝的光阴中得以些许的快乐。在此，作者已经将梅看成了性灵之物，他作为审美者的情感完全融进审美对象中，在精神上实现了人与物的合一。正如宗白华所言：

> 在一个艺术表现里情与景交融互渗，因而发掘出最深的情，一层比一层更深的情，同时也透入了最深的景，一层比一层更晶莹的景；景中全是情，情具象而为景，因而涌现了一个独特的宇宙，崭新的意象，为人类增加了丰富的想象，替世界开辟了新境，正如恽南田所说“皆灵想之所独辟，总非人间所有！”这是我所谓的“意境”。①

园林所创的意境，园林中的诗词、书画、小品所创的意境，观者不仅要觉察化山川于胸襟的浩然的空间气氛，还要有在俯仰间对造化的整体把握。融性灵于造境中，往往需要推动和转变审视自然的角度，或俯或仰、或高或低、或远或近的欣赏自然的方式也是由于万物皆备于我的情感发掘。情感通过对象的性灵化，将领会自身和世界变为可能。

境生于象外是情感虚空间建立的最后一步。朱鹤松写道：“然则人寿之不如草木者多矣，而犹不深省于石火电光之说，岂非庄生之所大哀乎？”② 作者通过对梅的情感体验，感悟到人的寿命比草木寿命短得多，并深刻省悟生命的短暂。对当下之物的领会所产生的“境”使时间由部分到整体，残片向完整的转化成为可能。至此，

① 宗白华：《艺境》，商务印书馆 2014 年版，第 185 页。

② （明）朱鹤松：《同里顾氏梅林记》，载黄卓越辑著：《闲雅小品集观》下，百花洲文艺出版社 1996 年版，第 75 页。

情感虚空间将现实的整体性转换成审美的整体性，并通过揭示现实有限本身所蕴含的隐蔽的无限性而实现。唐代王勃的《滕王阁序》中写道："遥襟甫畅，逸兴遄飞。爽籁发而清风生，纤歌凝而白云遏。睢园绿竹，气凌彭泽之樽；邺水朱华，光照临川之笔。四美具，二难并。穷睇眄于中天，极娱游于暇日。天高地迥，觉宇宙之无穷；兴尽悲来，识盈虚之有数。"[①]眼前的景致使作者的胸襟敞开，引发了舒畅的情感，萌发了超逸的兴致，排箫与清风、歌声与白云的互动将物与物的关系过渡为人与人的关系。聚会里的饮酒量、作诗的园林活动代表了文人的学识风度，他们将音乐、饮食、文章和言语作为美好的事物准备齐整，在良辰美景、赏心乐事的条件下，在景与情的进一步升华中获得了至上的审美享受。至此，作者的情感虚空间已经建立，在此以情绘景的意象中，隐藏着一种本然的存在，即"道"的存在。它显现于作者对心中意象的领悟，苍天的高远、大地的寥廓映衬出宇宙的无际和情感的悲凉，令人知道了事物的兴衰成败是有定数的。因此，在意境的生成过程中，情感虚空间显现了意境形而上的本质。明代叶小鸾的《汾湖石记》由对汾湖石的外在形质及色彩的描绘，联想到沉寂于水中的石头曾经经历过的精彩，或许也曾在繁华时代被看重，被置于池台边映衬林壑。然而，随着斗转星移、曲终人散，颓垣废井，只剩可悲。作者在如此命运的石头中，寄托着自己对人生或通畅或坎坷，或欢乐或悲伤的开解之情，连于天地同在的石头都会有如此的境遇，人又何必耿耿于怀呢？而其根本是作者在所建立的情感虚空间中，体现出来一种对人生和宇宙变幻的一种领悟。园林意境的形而上的本质很难在客观的物质形态中通过普通感官加以把握，它需要主体在审美意境的

① （唐）王勃：《滕王阁序》，载赵雪倩编注：《中国历代园林图文精选》第一辑，同济大学出版社 2005 年版，第 219 页。

生成过程中，建立一个悬置的情感虚空间，“惚兮恍兮，其中有象；恍兮惚兮，其中有物”，[①] 其中有最高的审美意象，还有对人生、宇宙深层次的感悟。情感体验中所包含的这种感悟往往不是现实中的具体事物所能替代的，“恍惚”一词形容了在情感虚空间中才能呈现的形而上的感受。

综上，情感虚空间只是此在在时间性境域中构设的一个呈现的状态，是心通过观与感和世界建立的一种关系。人在“观”与“感”的转换中感受到本体的存在。通过触景生情、寄情于景、造境于性灵、境生于象外的审美的步步深入，人将园林实体变成了园林气氛，把园林气氛又变成人的情感虚空间。人的身体性的处境感受升华为对自身和世界的领会，使意境的生成成为可能。园林的“思与境偕”即是指园林的空间气氛因为人的在场，激发了人意识的遨游，得以进一步向精神空间升华，构建了情感的虚空间。当然，情感是内化的，它必须落实到物态化的形式中，转化为可以被感知的具体形式，于是就出现了园林中的各种物质要素，正如袁枚在《随园诗话》中所说：“鸟啼花落，皆与神通”。在情感虚空间中，透过事物的展现，通过自身与事物之间的关系，把自己心灵中的感受，将观与感中的情绪、价值等融会在其中，成为此在的存在和存在者本身得以本然展现的场所。

① 陈鼓应：《老子注译及评介》，中华书局 2009 年版，第 145 页。

第五章　虚实与园林审美体验

园林具有双重性，一重是园林本身的样子，即是园林的实体；一重是园林使人想起的那种东西，即是园林的情致。园林的实体是客观的，也是显性的；而园林的情致是主观的，也是隐性的。而无论是在百顷范围内筑山造海的皇家园林，还是在壶中天地里酌泉凿石的文人园林，都是造园者在空间上有限的园林景观中建构时空上无限的宇宙天地，在“实”中实现“虚”。“游心于虚”的审美体验，就是从园林的实体走向园林的情致，从有限走向无限，从构成走向本体，反映了游园者审美情感、审美意趣、审美心态与园林现象完全的浑融。它欲达到“心与境合”的境界，以把握宇宙的本质。因此，对园林的审美体验，要求游园者有艺术的心灵、审美的心理，能够以“身”的游目畅神、以“心”的澄怀虚静，以实现人与园融合的味象观道。通过审美体验，园林就从纯粹的客观的物象转化为了再造的主观的心象，从而反映着本体层面的“虚”。在心象中，园林实体本身的属性依旧以自在的状态存在着。“游心于虚”的动作将人之心与园之象融合起来，从园林的现象走向了园林的情致，使心灵走向虚阔，表达了客观与主观的递进关系。园林审美体验超越了园林中有形的实的事物，追求着宇宙中无形的虚的大道。

那园林是如何使心灵走向虚廓？如何在园林实体中把握园林情致的呢？作为主体的造园者，首先就要具有“闲”的状态，而这种状态有三个层次：一是身闲，士人采取“隐遁”和“吏隐”的方式远离世俗，以使身体得到放松，精神获得自由；二是心闲，士人采用修身养性的方式，从内心淡泊名利，以追求生命的通达；三是神闲，士人更加注重用自身的精神去诠释园林，它不仅是对身、对物的超越，更是对心的超越，通过这种超越而获得“至乐”。其次，主体“闲”的状态的深入，意在去我、去物的过程中努力达到天人合一的天地境界。此境界不仅反映了宇宙是天地万物共存相成、生生不息的生命整体，还说明了人与天地的对应平等的关系。在文人眼里，天地境界也是人应该追求的一种人生境界，正如李白诗中所言：“花将色不染，水与心俱闲。一坐度小劫，观空天地间。”[①] 应该说，园林实体是天与人之间的媒介，而审美体验正是天园人三者的交汇点，反映了士人安心适性的审美态度和融天地为一体的本体精神。园林实体展示着中国人的宇宙观，也暗示着中国人的人生旨趣，强调着对内在生命的看重。从园林的审美感知到审美想象，展现了由实到虚的审美体验过程，它连接了内心世界、园林世界和宇宙世界，追求的是神与物游的审美境界。审美体验的过程实际上是超越的过程，它正是通过对人的身体、心灵、精神三个闲的层面的超越，使园林实体被赋予了情致，并在情致中追求本体。于是，在审美体验中，心灵之虚包容了园林之实，走向了宇宙本体的虚廓。

---

① （唐）李白：《同族侄评事黯游昌禅师山池二首》，载赵雪倩编注：《中国历代园林图文精选》第一辑，同济大学出版社 2005 年版，第 239 页。

第一节 自由闲适的审美态度

中国园林是造园者感悟大道，从而实现对宇宙本体认识的中介。园林中的一亭一木、或读书或酌酒，都表达了文人恬然自适的心态。以园养志，将园林的构成与造园者的人格理想、生活追求紧密联系起来，达成主体与园林、融合的有我之境。这个“有我”反映了园林不仅仅是一种客观的欣赏对象，还是自我人格理想和宇宙理想的寄寓，其中蕴藏着主体安心适性的审美态度。个体的审美态度不仅是激活审美的深层动力，还为审美的表层运作提供了可能。当然，这种审美态度是隐性的不可见的，是被隐蔽起来的东西。它需要通过内心的去蔽，静以观之，使这个“有我”得以显现。

一、安心适性的生命意识

从魏晋士人在自然山水之中游目骋怀开始，从玄学引发出求真、求美、重情性的人生价值观念开始，士人就以一种真正超功利的、个人存在的审美态度面对园林实体。他们自觉地把“情”作为一种人生价值安放在园林的一草一木、一廊一桥之中，并以此追求内心的逍遥适性。从此，中国园林就成了名士体悟生命、萧条高寄的理想载体。北魏郦道元在《水经注・大明湖》中写道：“池上有客亭，左右楸桐负日，俯仰目对鱼鸟，水木明瑟，可谓濠梁之性，物我无违矣。”[1] 文中通过园亭、楸树、梧桐、日光、鱼鸟、水体这

---

① （北魏）郦道元：《大明湖》，载赵雪倩编注：《中国历代园林图文精选》第一辑，同济大学出版社 2005 年版，第 162 页。

些园林要素，表达自我的观鱼之乐，“物我无违”说明了他在对园林的品赏中忘却了物我之别，人与自然充分地融为了一体。这种融合实际上是在精神领域内完成的个体与宇宙的合一，是主体精神上的一种自我感受，是主体审美体验的结果。此文也引发了读者对寄心丘壑、托付性灵的向往。晋穆帝永和九年（353年）的三月三日，王羲之与谢安、支遁和尚等人游玩于会稽山的兰亭，在曲水之畔，以觞盛酒，做文字饮，写下了千古传诵的《兰亭集序》。其中“是日也，天朗气清，惠风和畅，仰观宇宙之大，俯察品类之盛，所以游目骋怀，足以极视听之娱，信可乐也。”[①] 王羲之在感官之娱的同时，由“寓目”到“神游”，融山水、玄学为一体，体会到庄子“道通为一”的观点。士人对山水的观察和思考，不仅满足了身体的怡情养性，还完成了心灵的明理与悟道。兰亭之会成就了园林曲水修禊的传统习俗，也使曲水雅致成了园林景境的长久主题，如曲水园、流觞亭、禊赏亭、坐石临流等景点。陶渊明的《归去来兮辞》生动地表现了他抱朴含真、超然于是非荣辱之外的独立个性。他对仕途道路随心率性的选择，对田园生活的任真自得，对简朴园林的涉以成趣，都显现了他进退裕如的处世哲学和生活方式。园林在他这里，成了维护其独立人格的一道精神屏障，用来隔绝俗尘的车门喧嚣，寄托自我的洁身自好，以证不“自以心为形役”的高风。陶渊明在其园林中坚持内在的独立和自由，通过田园生活泯去世俗的熏染，返璞“真我”，坚守悠然自得的人生境界。“归来”也成了园林景境的重要主题，如归来园、日涉园、成趣园、寄傲阁等景点。中国园林自此就开始显现它的双重性，一重是纯然的外在“实”的设置，一重是个体的心灵“虚”的寄设。

---

① （晋）王羲之：《兰亭集序》，载赵雪倩编注：《中国历代园林图文精选》第一辑，同济大学出版社2005年版，第122页。

唐代白居易有诗云“天供闲日月，人借好园林”，此“闲”字表明了主体人的状态和情致，是人精神的一种境界。而“借”字则表明了园林是人情性的寄托。人借园林来体现自我存在、万物平等，以表现融天地为一体的生命意识。此诗从有限的景象感知到无限的审美经验，从自然景境的实到心灵景境的虚，此过程完整地演绎了文人从园林中寻求栖息心灵的那份淡泊。其《小宅》说：“庾信园殊小，陶潜屋不丰。何劳问宽窄？宽窄在心中”①，此诗既表达了对庾信、陶渊明人格的赞赏，也说明了园林虽小也是人性灵的所寄。相对于有限的园林而言，含纳万景的心才是更为根本的存在。王勃在《游冀州韩家园序》中写道：“梧桐生雾，杨柳摇风，眺望而林泉有余，奔走而烟霞足用，神龙起伏，俱调鼎镬之滋；鸣凤雌雄，并入笙竽之奏。高情壮思，有抑扬天地之心；雄笔奇才，有鼓怒风云之气。”② 在这里，王勃借园林表达自我豪迈的“抑扬天地之心”，园林因“高情壮思”的情致而展现出了性灵晕染的第二性，每一个园林要素因为主体心灵的虚托而具有了情意。园林使主体的情感、精神获得了能量的均衡，造成

图 5—1 （南宋）李嵩《夜月看潮图》（绢本设色 22.3×22 厘米 台北故宫博物院藏）

① （唐）白居易：《小宅》，载赵雪倩编注：《中国历代园林图文精选》第一辑，同济大学出版社 2005 年版，第 286 页。

② （唐）王勃：《游冀州韩家园序》，载陈从周、蒋启霆选编，赵厚均注释：《园综》下，同济大学出版社 2011 年版，第 194 页。

了心理上的转移，主体的惬心适意，淡忘和化解了主体在现实中的精神上的痛苦，并从中获得了超越有限的心灵的愉悦。李白在《游谢氏山亭》写道："谢公池塘上，春草飒已生。花枝拂人来，山鸟向我鸣。田家有美酒，落日与之倾。醉罢弄归月，遥欣稚子迎。"①叙述了诗人与园林要素之间的悠然心会，在池塘、春草、花枝、山鸟、美酒、落日、归月及自我的醉意中体悟到了"真趣"，即自我与大自然的真实生命。人与万物的平等关系，安顿悦性的生命意识在无意间自然流露出来，万物皆因情之所至而有意。李白经历仕途的失意和世情的冷漠，心灵需要得到安抚，而园林中的每一个个体生命与他的交流，都减轻了他在现实中的痛苦。此园林可视为李白为心灵所寻到的一片安顿之所。独孤及在《卢郎中浔阳竹亭记》中言道："古者半夏生，木槿荣；君子居高明，处台榭。后代作者，或用山林水泽鱼鸟草木以博其趣。而佳景有大小，道机有广狭，必以寓目放神，为性情筌蹄。则不俟沧州而闲，不出户庭而适。"②在此，独孤及肯定了园林的第一性，肯定了园林给人的体宁、心恬。但同时他更加强调"性情筌蹄"③，游园林的终极目的是现主体性情而忘园林本身。如此，不必隐居到名山大川，不出户庭也能做到悠闲自得。徐铉的《乔公亭记》则直白地叙述了园林为心灵所寄：

不奢不陋，既幽既闲。凭轩俯盼，尽濠梁之乐；开牖长瞩，忘汉阴之机。川原之景象咸归，卉木之光华一变。每冠盖萃止，壶觞毕陈，吟啸发其和，琴棋助其适。郡人

① （唐）李白：《游谢氏山亭》，载赵雪倩编注：《中国历代园林图文精选》第一辑，同济大学出版社2005年版，第238页。

② （唐）独孤及：《卢郎中浔阳竹亭记》，载赵雪倩编注：《中国历代园林图文精选》第一辑，同济大学出版社2005年版，第249页。

③ 《庄子·外物》说："筌者所以得鱼，得鱼而忘筌；蹄者所以在兔，得兔而忘蹄。"这里指为达到某种目的而使用的方法和工具。

> 瞻望，飘若神仙。署曰乔工之亭，志古也。噫！士君子达则兼济天下，穷则独善其身。未若进退以道，小大必理，行有余力，与人同乐，为今之懿也。①

可见，士人建园、游园的目的不在园林第一性的“实”上，而在园林第二性的“虚”上。园林作为一个审美对象，只有寄托了主体的审美情性，安顿了主体的精神需求，才具有园林完整的存在意义。

宋代欧阳修的《醉翁亭记》中有言：“醉翁之意不在酒，在乎山水之间也。山水之乐，得之心而寓之酒也。”② 在此，有感于心而寄托在酒上的山水之趣，强调了审美过程中的主体意识。山水之趣只是为了满足主体人的心灵夙愿，以寄寓主体人格的高洁。苏轼在《灵壁张氏园亭记》言：“闭门而归隐，则俯仰山林之下。于以养生治性，行义求志，无适而不可。”③ 虽然苏轼屡遭贬谪，但他以儒家入世的坚毅精神、老庄出世的超越态度、禅宗平常心见变故的豁达心态，在逆境中坚持着乐观顽强的文人信念，保持着超然自适的人生态度。他以宽广的眼光去俯仰山林，而在山林之中也可窥见他的进退自如和求志养性。在逆境中的淡泊自守和怡然自得，使苏轼有了如此透彻的感悟：

> 客亦知夫水与月乎？逝者如斯，而未尝往也；盈虚者如彼，而卒莫消长也。盖将自其变者而观之，则天地曾不

① （南唐）徐铉：《乔公亭记》，载赵雪倩编注：《中国历代园林图文精选》第一辑，同济大学出版社 2005 年版，第 336 页。

② （宋）欧阳修：《醉翁亭记》，载翁经方、翁经馥编注：《中国历代园林图文精选》第二辑，同济大学出版社 2005 年版，第 16 页。

③ （宋）苏轼：《灵壁张氏园亭记》，载陈从周、蒋启霆选编，赵厚均注释：《园综》下，同济大学出版社 2011 年版，第 146 页。

能以一瞬；自其不变者而观之，则物与我皆无尽也，而又何羡乎！且夫天地之间，物各有主，苟非吾之所有，虽一毫而莫取。惟江上之清风，与山间之明月，耳得之而为声，目遇之而成色，取之无禁，用之不竭。是造物者之无尽藏也，而吾与子之所共适。①

阐明了文人对宇宙生命的尊重，展现了道通为一的宇宙世界。不断流逝的江水，其实并没有真正逝去；时圆时缺的明月，最终也并没有增减。从微观的角度看，天地时刻都在发生着变化；而从宏观的角度来看，天地之间的万物都是各有自己的归属的，但任何生命的归属都是无穷尽的。苏轼的荣辱不惊造就了他对和谐宁静的园林的钟爱。不仅文人园林寄托了主体的情致，皇家园林也是主体精神的慰藉。吴自牧在《德寿宫》中写道："山头草木四时春，阅尽岁寒长不老。圣心仁智情幽闲，壶中天地非人间。蓬莱方丈渺空阔，岂若坐对三神山，日长雅趣超俗尘，散步逍遥快心目。"② 皇家园林的景境也承载了当权者的审美情感，是他们心之所向的体现。

明代梁本之的《大田别墅记》则明确了园景是主体借以托付性灵的载体：

当夫云烟敛霁，山影沉碧，水光接天，鸟飞鱼泳，上下浮沉，亭榭飞豁，帘幕洞开，佳花美水，掩映左右，微风动而远响生，可以脱尘埃而涤烦嚣者，皆尽于四瞩。公举觞命客，或投壶雅歌，分题赋诗；或扣舷待月，投竿取

① （宋）苏轼：《前赤壁赋》，载翁经方、翁经馥编注：《中国历代园林图文精选》第二辑，同济大学出版社 2005 年版，第 56 页。

② （宋）吴自牧：《德寿宫》，载翁经方、翁经馥编注：《中国历代园林图文精选》第二辑，同济大学出版社 2005 年版，第 181 页。

鱼，虽四时之景不同，而寓于耳目以陶写其性灵者，无所遇而不可也。[①]

描写了园景的美妙，且园林中的每个生命都是在运动着的，突出了园林的第一性，还叙述了园林中主体高雅的活动。当园景与人的行动结合在一起时，人通过寓于耳目而存写性灵时，人与天地自然地融为了一体，呈现出来生动活泼的宇宙世界，也突出了园林的第二性。而祈彪佳的《寓山注》通篇所言皆表明寓园就是他心灵的天然之居，园中的一山一水都转变成为他心灵的符号。“余园有佳石，名‘冷云’，恐其无心出岫，负主人烟霞之趣，故于寄焉归之；然究之，归亦是寄耳。”[②] 祈彪佳将自己的心志寄存在佳石之中，也寄寓于冷云之上。既感悟人生的云卷云舒，变化无常，又坚持住心随意，从容不滞。眼中所现乃心中所想，园林被赋予了主体隐性的理想和志趣。又言“向与名僧数辈，一瓢、一团焦，搭然对坐，或听呗梵潮生，铎铃风动，令人心神具寂，觉此地人寿之气居多，故名之以‘静’。静固在静者，而不在山。”指明在“游心于虚”的审美体验中，主体是比客体更为根本的存在。虽然客体发出存在的声音，但如果主体的知觉不在场，就不可能聆听到客体存在的声音，形成主客融合的整体。审美对象因为主体的审美体验达到“天人合一”的整体，园林在与人的无言对话中使宇宙世界显现，并具有意义。

综上所言，中国园林，无论是皇家园林还是文人园林，其中都有主体生命意识的安放，只是文人园林因为现实的原因，其表现更

① （明）梁本之:《大田别墅记》，载杨鉴生、赵厚均编注:《中国历代园林图文精选》第三辑，同济大学出版社 2005 年版，第 362 页。

② （明）祁彪佳:《寓山注》，载陈从周、蒋启霆选编，赵厚均注释:《园综》下，同济大学出版社 2011 年版，第 132 页。

为明显和丰富。但它们都是中国文人思想和情致的反映。郭熙的可行可望可游可居之说，苏轼的“寓意于物”的观点都是对寄情园林的强调。士大夫阶层在政治生活上的无助和窘迫促使他们需要避开尘嚣和纷争，寻找安顿和宁静。他们也需要寻觅使自身的生命精神得以体现的归宿。于是，造园者在叠水理水时会考虑心灵所要传达的旨趣，栽花种木时也会联系士人的趣尚节操，甚至园林中的题额对联也要渗透着隐性的文化气息。园林中显现的东西“实”具有了功能性和审美性，而遮蔽的东西“虚”则具有了生命意识性和寄托性，但这才是士大夫阶层所强调和看重的园林存在。所谓的园林审美体验即是从园林第一性的感知走向园林第二性的本质，将隐蔽在显现者背后的不在场的东西显现出来，从园林之“实”洞见园林之“虚”，洞见主体安顿性灵的生命意识。

二、外适内和的生活美学

《礼记·中庸》说:“中也者，天下之大本也；和也者，天下之达道也。致中和，天地位焉，万物育焉。”[①] 中国美学的“和”体现为一种生命的和谐，中是天下的根本，和是天下的通道，达到中和，天地才能各正其位，万物才能发育成长。“和”将人的存在与万物的存在联系了起来。而这种和谐并非只是体现人在物理世界中与万物平等和睦的关系，更为重要的是要体现经过人的生命体验而实现的人与天地宇宙的和谐关系。天地各得其位，春去秋来，花开花落，日落月出等都在展现天地的和谐有序。而人的和谐体现在人内在生命的超越，即人的内在修养所能达到的境界。人的内在超越功夫的不到位，就会导致失去天地的和谐。天地的和谐是由万物

① 王文锦:《礼记译解》，中华书局 2001 年版，第 773 页。

的“和”与人的“和”组成的，它们的各得其位才能衍化出有生机活力的宇宙世界。由“和”到“生”，既强调了和谐是生命的基础，也反映了中国人对感性经验的重视。儒家的和谐思想以心灵的和谐为起点，以宇宙的和谐为终点，强调的是人情感的悦适，人的内在生命和外在世界的协调。道家的和谐虽也强调上下与天地同体，建立人与宇宙的和谐世界，但其落脚点在人性灵自由的生命体悟上。而禅宗的和谐看重的是以不争之心通过自性和平等而获得彻底的和。尽管他们对“和”的落实各有侧重，但根本上都是讲究人生境界，看重的是心灵的创造和精神的内涵，并形成了艺术上对空灵淡远的追求。而中国园林的存在既演绎着中国人对“和”的理解，又诠释着中国士人内适外和的生活美学。

魏晋开始，园林中道家的天和原则凸显出来。北魏杨炫之在《洛阳伽蓝记·昭德里张伦宅》中写道：

> 今司农张氏，实钟其人。巨量接于物表，夭矫洞达其真。青松未胜其洁，白玉不比其珍。心托空而栖有，情入古以如新。既不专流荡，又不偏华上，卜居动静之间，不以山水为忘。庭起半丘半壑，听以目达心想。进不入声荣，退不为隐放。尔乃决石通泉，拔岭岩前。[①]

首先肯定了园主张伦的人格修为，也体现了他安顿身心的修养功夫，其德性可以达到应当有的“位”，此为人之“和”。园林中的半丘半壑，石泉岭岩，都顺应着宇宙的气息自然本性地存在着，此为园林之“和”。在对园林景境的审美中，五官的感受最终归向个

① （北魏）杨炫之：《洛阳伽蓝记》，载赵雪倩编注：《中国历代园林图文精选》第一辑，同济大学出版社2005年版，第189页。

图5—2 （明）杜琼《友松图卷》（纸本设色 28.8×92.5厘米 故宫博物院藏）

体的心灵体验。在体验中，主体淡忘天下，远离人伦，实现心灵的超越。于是，人之“和”配以园林的“和”，实现了人的生理生命、心理生命与天地生命的大融合。“和”之后才会呈现生机勃勃的灵动的宇宙世界。王羲之的《兰亭集序》中言：“此地有崇山峻岭，茂林修竹；又有清流激湍，映带左右，引以为流觞曲水，列坐其次。虽无丝竹管弦之盛，一觞一咏，亦足以畅叙幽情。”① 他在山水之间作文字饮，一觞一咏的主体行为显现出了他的内在超越的功夫，畅叙幽情的阐发显现出了他的人生境界。他在无丝竹管弦之盛的静穆之中，自然无为而达到心灵的和谐。于是，他眼中的自然山水在他的审美体验过程中，从外在的有形世界超越成内在的精神世界。人的“和”与自然的“和”相适应，各得其位，成就了和谐的精神宇宙，到达了“天人合一”的境界。王羲之的行为所达到的“和”实际上是在场者在聆听存在的声音，“道”通过在场的山水发出诗意的语言，并与在场者进行无言的对话，从而使在场与不在场、显现与隐蔽相融合，把握住“天人合一”的整体，实现人与宇宙的和谐。

唐代以后，和谐的美学思想发生了改变。除了强调儒家的人和原则之外，更凸显禅宗的平和原则。卢鸿一在《嵩山十志十首》中

① （晋）王羲之：《兰亭集序》，载赵雪倩编注：《中国历代园林图文精选》第一辑，同济大学出版社 2005 年版，第 122 页。

谈及草堂时说："可容膝休闲，谷神同道，此其所贵也。及靡者居之，则妄为剪饰，失天理矣"；谈及倒景台时说："超逸真，荡遐襟，此其所绝也。及世人登焉，则魂散神越，目极心伤矣"；谈及枕烟庭时说："可以超绝纷世，永洁精神矣。及机士等焉，则寥阒傥恍，愁怀情累矣"；谈及涤烦矶时说："澡性涤烦，迥有幽致。可为智者说，难为俗人言"；谈及金碧潭时说："鉴空洞虚，道斯胜矣。而世生缠乎厉害，则未暇游之"；[①] 卢鸿一在谈及这些景致的时候，分别描述了得其"位"的和谐的人和游离了其"位"的不和谐的人，他们在审美体验中所走向的两个截然不同的宇宙世界。审美体验的过程是镜照万物的过程，心性修养的差异导致了对同一个景致的不同体验。而只有内心的本明才能落实人自身的和谐，也只有人的和谐，才能在空明的世界里荡去机心，摆脱尘染，见到澄澈的宇宙世界。园林所代表的自然万物，是物理世界客观存在的，它的孕育生长所显现的"生"都说明了它自身的和谐。要显现宇宙世界的和谐就需要人的"和"与之相适应。人之"和"造就了一个知觉的在场者，只有他的在场才能使隐蔽其后的不在场者显现。为了区别与非"和"的"靡者""世人""机士""俗人"，士人都努力回归自己的平常之心，在无冲突的境界中展现自己的真性，廓然荡豁，平和圆融，以正其"位"，求得其"和"。独孤及就说："夫物不感则性不动，故景对而心驰也；欲不足则患不至，故意惬而神完也。耳目之用系于物，得丧之源牵于事，哀乐之柄成乎心。心和于内，事物应于外，则登临殊途，其适一也。"[②] 他谈到了两种和谐境界：一种是对立中的和谐，"物不感"与"性不动"，"景对"与"心驰"，"意惬"与"神完"。

① （唐）卢鸿一:《嵩山十志十首》，载赵雪倩编注:《中国历代园林图文精选》第一辑，同济大学出版社 2005 年版，第 231—237 页。

② （唐）独孤及:《卢郎中浔阳竹亭记》，载赵雪倩编注:《中国历代园林图文精选》第一辑，同济大学出版社 2005 年版，第 249 页。

在物与人之间，有着事物之间的相互关系，皆为天地宇宙间平等的生命体。以此为基础，通过人内在心灵的调适，消解了人与物之间的判隔和对立，达到了宇宙的和谐。另一种是无冲突的和谐，“心和于内，事物应于外”。人回归内心，以和心平灭内在世界的冲突。通过心灵的颐养，无所求，无所得，让外在的事物以其本然的样子呈现。人得到绝对自由的心性，就完成了自身的“和”，与物本然的“和”相“适”，就达到了宇宙的和谐。

中国士人在园林中追求虚无的“道”，追求隐性的生命的和谐，但他们追求的实践并不是缥缈的，而是将这种追求落到了实处，在“实”中求得“虚”。于是，他们先造就物的“和”，就有了园林的叠山理水、曲廊拱桥、鸟啼鱼跃。造园者努力将可见的美妙的景致留在视野中，即使是远的、模糊的存在，这也是园林中必有远借的原因，远空中必有的数峰论证着目光的有限和心灵的无限。同时，也造就人的“和”。士人将自己的园林生活落实在雅致的行动当中。通过雅士的举止来修炼自己的德性，以实现自身之“和”。宋苏舜钦的《沧浪亭记》中写道：

> 予时榜小舟，幅巾以往。至则洒然忘其归，觞而浩歌，踞而仰啸，野老不至，鱼鸟共乐。形骸既适，则神不烦；观听无邪，则道以明……予既废而获斯境，安于冲旷，不与众驱，因之复能乎内外失得之原，沃然有得，笑闵万古。尚未能忘其所寓目，用是以为胜焉！[①]

他在园林中常常乘着小船，穿着轻便的衣服到亭上游玩，或把

① （宋）苏舜钦：《沧浪亭记》，载翁经方、翁经馥编注：《中国历代园林图文精选》第二辑，同济大学出版社2005年版，第19页。

酒赋诗，或仰天长啸，或与鱼鸟同乐，以致率性玩乐而忘记回去。人在园林活动中消解了内心的不甘与矛盾，形体已然安适，神思中就没有了烦恼，于是，人获得了身心的和谐。而至纯的所听所闻，即是外物本来的样子，体现了物的和谐。人与物的相适，归复了生命的本真，并终将见到本明的大道。苏舜钦的园林活动正是对个人修为的锻炼，他的举止也反馈了他安于冲淡旷远的心。他的内心和形体找到了根本，即使被贬，也能获得这样的心中胜境。心有所得，笑悯万古。他很明确自己没有忘记内心的主宰，也通过自己的行为消除了对真性的遮蔽，使人的和谐从“隐”到“显”，从“被现”到“自现”，为与物的无言对话提供了对象。元代刘基在《苦斋记》中写道：“携童儿数人，启陨箨以蓺粟菽，茹啖其草木之荑实。间则蹑屐登崖，倚修木而啸，或降而临清泠。樵歌出林，则拊石而和之。人莫知其乐也。”[①] 苦斋，是章溢先生的隐居之所。在此处，他时常带着童仆，清除脱落的笋壳用来种植谷子和豆类，吃那些草木的嫩芽和果实。闲时就踏着木屐攀登山崖，靠着大树吟咏高歌，有时候也走到清澈的溪水边嬉戏玩耍。如若听到樵夫的歌声传出树林，他们就击打着石头跟着唱和。世人不理解的甘苦生活，正是章溢先生的乐趣所在。他的这种“闲适之乐”表现了一个精神自由的人的生活情趣。他能将日常平凡的生活诗化，从普通田园的素朴中发现真意和真道，并由衷欢喜。这种宁静平和的田园生活，既是个人性格志趣的本真表现，也是心甘情愿的自由选择。这种生活本身就是一种修炼，以致能达到人的和谐。

文人的园林生活，是对人自身和谐的修炼，是对身心的调适，情操的陶冶，充分展示出他们的文人品格和生活态度。明代陈继儒

① （元）刘基：《苦斋记》，载杨鉴生、赵厚均编注：《中国历代园林图文精选》第三辑，同济大学出版社 2005 年版，第 276 页。

在《小窗幽记》中就描述了雅士的各种园林活动，如：

书礼以达情，与其工巧，何若直陈；棋局以怡情，与其竞胜，何若促膝。①

醉把杯酒，可以吞江南吴越之清风；拂剑长啸，可以吸燕赵陇之劲气。②

云水中载酒，松篁里煎茶，岂必鸾坡侍宴；山林下著书，花鸟间得句，何须凤沼挥毫。③

独坐静心、弈棋促膝、山林啸歌、把酒豪情、拂剑劲气、松篁煎茶、鸾坡侍宴、山林著书，这些个性化、多样化的园林生活，无不在证明着文人高雅的生活品味和精神享受。虽然在他们潇洒、旷达、雅致的生活背后，往往是失意、悲愤和无奈。“种两顷负郭田，量晴校雨；寻几个知心友，弄月嘲风。”④量晴校雨，弄月嘲风，是一种游戏的态度。能以如此轻松游戏的心情种田交友，实为快意人生，心随物变，其中的豁达和智慧修养了自身的和谐。“竹外窥莺，树外窥水，峰外窥云，难道我有意无意；鸟来窥人，月来窥酒，雪来窥书，却看他有情无情”⑤，“雪后寻梅，霜前访菊，雨际护兰，风外听竹；固野客闲情，实文人之深趣”⑥，文人将自然万物引为同类，与它们的交流，既须对其时，也须对其地。既显示了对自己和万物的尊重，又实现了“人和”与“物和”的统一。“茅斋独坐茶频煮，七碗后，气爽神清；竹榻斜眠书漫抛，一枕余，心闲

① （明）陈继儒著，陈桥生评注：《小窗幽记》，中华书局2016年版，第27页。

② （明）陈继儒著，陈桥生评注：《小窗幽记》，中华书局2016年版，第70页。

③ （明）陈继儒著，陈桥生评注：《小窗幽记》，中华书局2016年版，第83页。

④ （明）陈继儒著，陈桥生评注：《小窗幽记》，中华书局2016年版，第85页。

⑤ （明）陈继儒著，陈桥生评注：《小窗幽记》，中华书局2016年版，第79页。

⑥ （明）陈继儒著，陈桥生评注：《小窗幽记》，中华书局2016年版，第102页。

梦稳。”[1]“带雨有时种竹，关门无事锄花；拈笔闲删旧句，汲泉几试新茶。”[2]喝茶、读书、种竹、栽花、握笔、塌眠，此种种行为无不透出文人骨子里的“闲适”之意。虽是寻常生活，换一个角度，便可有迥然不同的意趣。这是身闲、心闲、神闲的审美的心境。它意在追求脱俗的个体，并将此作为感官的延伸、个人情致的寄托，甚至是生命的归宿。可见，文人用自己看似平常的生活方式，营造出了一种逸脱于世俗世界的感觉。坐卧随心，人心清则物清，人心闲则物闲。人自身的心平自守，无欲无事，使原本寻常的生活变得有滋有味起来。素心情趣，只在内心修养。

因此，园林作为士大夫阶层在自己具体的生活环境中营造出的富于自然气息、远离权势尘嚣的居住场所，作为自己人生价值的体现，园林生活情致就是恬退的、清净的、闲逸的。士人向往无限的心灵是需要寄托的，园林中的家园感使心能够归返自我。于是，士人从虚阔的理想回到实在的万物，又由外在的世界回到内在的心灵，这即是从虚无中映照实物，从实物中观照虚心。士人通过对园林景境的营造完成了物之“和”，通过修身养性的园林生活完成了人之“和”，通过外适内和的生活美学通向了空明澄澈的“大道”，实现了自己不可言说的生命理想。

三、顺物自然的生趣追求

园林创造的最终目的为了表现人的情性，显现出自我世界，而园林创造又效法了天地，从物出发，造化生机，于是，园林一并连接了自我世界、园林世界和天地世界。自我世界成全了一个可以言

① （明）陈继儒著，陈桥生评注：《小窗幽记》，中华书局2016年版，第127页。
② （明）陈继儒著，陈桥生评注：《小窗幽记》，中华书局2016年版，第128页。

图5—3 （清）袁江《梁园飞雪图》（绢本设色 202.8×118.5厘米 故宫博物院藏）

的在场者，园林世界成全了一个不可言的在场者，而天地世界则成全了一个没有遮蔽的澄明之境。在园林中，可以通过看到的园林布局和园林景境探出中国人的宇宙观，感受到物之“和”，但其中蕴含的人生旨趣，即人之“和”是怎样得以体现的呢？个人世界和园林世界又是如何进行无言的对话，从而使隐蔽的东西显现，成就天地世界的呢？

在此，就不得不提到文人自然显性的生趣追求——用以言说的品题了。在园林的审美体验中，人用眼去看园林的形色，用鼻嗅自然的香，用耳闻天籁的声，用嘴说山林的妙，用心品园林的趣。而这份趣是味之无穷的生趣，体现了人之“和”与物之“和”之后的生意盎然的宇宙气息。“生”体现了生命的运动性，也体现了生命某一状态的瞬间性，要使园林之趣表现出生命性，要将生趣在园林景境中显现出来，要在有限的园林空间中显示出无限的时间性，就需要创作出诗化的园林景观，即用文字点趣。文字定格了生命某一刻的状态，通过游园者的审美联想，复原了此景原本的模样，重现了生命某一刻的状态，诱发了景物之外的更多更深的情趣，从而使不在场的东西显现，把握住了一切存在者的整体。园林中的匾额砖刻，不拘字数，形式灵活，几字点睛，意味无限。文人对自然的诗化过程，既是自我对园林的审美体验过程，也是显现心性、空明自省的去蔽过程。

品题首先道说了经营者的情性。苏州沧浪亭有一匾额“明道堂”。园主苏舜钦在《沧浪亭记》中说：“形骸即适则神不烦，观听无邪则道已明。”[①] 苏舜钦所明之道，是指离开了充斥浮沉得失的官场后悟到的人生之道，即没有了官场的烦恼而获得的身心舒适，听到和看到的都赏心悦目。这就是自己战胜自己，摆脱烦恼之道。从此匾额中，我们可以洞见园主内敛的情绪和对人生的思考。他虽有“兼济天下”的志向，却无施展之处。于是，他在园林中寻求自我的定位，欲借内在的心理调节，达到自我精神的满足和陶醉。隐逸之情也流露无疑。此匾让我们感受到了园主作为个体的和谐。网师园有一联曰：“于书无所不读，凡物皆有可观”[②]，其意思有二，一是在说读书万卷还需周行名山大川，生活空间范围的狭小，导致人无高山大野之气；读的书太旧太板，也不足以激发其志向。应像司马迁一样行天下，以识天下之广大。读万卷书，行万里路，对自然万物的凝神观照是获得真实体验的重要条件。二是说物皆有尽，人欲无穷就必然导致失意和痛苦，只有坚定心志，逍遥于物外，淡泊于世，才能达至适意旷远的生命境界。此联再现了园主隐于渔钓之园的安然自得，表现了他旷达乐观、不随波逐流的人生态度。狮子林的真趣亭有一楹联曰：“浩劫空踪，畸人独远；园居日涉，来者可追”[③]。此联采自司空图的《诗品》和陶渊明的《归去来兮辞》。“浩劫空踪，畸人独远”，意为经过长时间的劫难，性情特立的人独自远离，留下了空虚的踪影。《庄子・大宗师》言：“畸人者，畸于人

---

① （宋）苏舜钦：《沧浪亭记》，载翁经方、翁经馥编注：《中国历代园林图文精选》第二辑，同济大学出版社 2005 年版，第 19 页。

② 曹林娣：《苏州园林匾额楹联鉴赏》，华夏出版社 2011 年版，第 40 页。

③ 曹林娣：《苏州园林匾额楹联鉴赏》，华夏出版社 2011 年版，第 70 页。

而侔于天”[①]，畸人是异于世俗之人而应和于自然的人，也就是精神世界和现实世界通过直觉而达到同一的人。通过审美想象描绘出来一种峭洁清远、遗世独立、忘怀一切的人生意境。司空图自身是生活在大唐王朝日益没落的动荡时代，他的人生价值观决定了他对“畸人”虚幻之美的欣赏和追求，因为只有这种具有哲理意味的超功利的人生境界的美，才能够稀释他心灵的孤独和哀伤。“园居日涉，来者可追”，化用了陶渊明“园日涉以成趣，门虽设而常开”“悟已往之不谏，知来者之可追”的句意。意为居住在园里，每天散步也自成乐趣，知道未来的事情也还来得及补救。让游园者可以联想到陶渊明所追求并陶醉于其中的那种闲适的生活乐趣。陶渊明通过反思以往的官场生活，产生了对平凡的农居生活质朴的眷恋之情。在日涉庭院、赏景观物的审美体验中，他获得了心灵的安适和享受，真正地解放了困于身心的枷锁，表现出傲然的超越世间的生活态度。此联集两句心境和意趣一致的诗文于一体，结合真趣亭的环境，让游园者在瞬间就了悟了园主超然世外、平淡冲和的心情意绪。于是，品题将不在场者显现了出来，园林此景的神趣韵味自然地呈现了出来。就园林的经营者而言，品题只是述说了文人心中所追求的永恒的东西。

品题其次道说了园林生命的灵动。苏州怡园内的四时潇洒亭有一对联曰：“石磴扫松阴，几曲阑干，古木迷鸦峰六六；烟光摇缥瓦，一屏新绣，芙蓉孔雀夜温温”[②]。人们无论何时到达此地，都可以应和着周遭的环境，从此联中看到松阴拂掩着石阶，阑干曲回蜿蜒，昏鸦栖息古树，石峰耸立云间的白日景象，也可以看到琉璃瓦上烟光摇曳，一屏锦绣上芙蓉花孔雀鸟栩栩如生的夜色景象。这众

① 陈鼓应：《庄子今注今译》，中华书局2009年版，第213页。

② 曹林娣：《苏州园林匾额楹联鉴赏》，华夏出版社2011年版，第221页。

多的意象组构了色彩明媚的画面，扫、曲、迷、摇、温的动态，描绘出了园林个体的生机，既富有山野气息，又有浓厚的生活气息。在看似平凡的景境中，既有静态的景色画面，又寓动于静，显示出生命的活力。留园的清风池馆有楹联曰："墙外春山横黛色，门前流水代花香"[①]。上联描写了远借之景，墙外的春山献出了深青的天然美色，突出了山色的自然之美和本色之美。下联描写了近观之景，门前的流水送来了沁心的花香，突出了流水的动态之美和气息之美。"横"与"代"二字道出了山水的性格和神采，强调了妙造自然的生趣。这些动态引发了人们美好的遐思，显现出了山水的生命。远借之景与近观之景的融合，既展现了空间上宇宙世界的虚阔，也体现了时间上宇宙世界的永恒。可见，园林是一个生生不息的和谐的世界。拙政园内的荷风四面亭处有一抱柱联曰："四壁荷花三面柳，半潭秋水一房山"[②]，运用四个基数词"一房""半潭""三面""四壁"，描画了四季之景，三面柳，此为春景；四壁荷花，此为夏景；半潭秋水，此为秋景；一房山，此为冬景。此联面湖而立，游人至此，即可坐于此亭观全湖之景。无论何时坐于此亭，都可以感受到此处景境四季的变化。四季可为宇宙时间的一个轮回，春去秋来，此消彼长，富有特征性的景观，既显示了生命的平等性，也显示了生命的顽强性。数字展现的生命的繁荣与生命的闲和，都说明了生命状态的多样化。人处于此景，可从眼中见到生趣盎然的园林景观，也可从心中见到惬意幽寻的生命灵动。就园林中不断生成变化的生命而言，品题只是特写了文人心目中动感个体的某个瞬间。

品题最后道说了人与园林个体相映成趣的共存关系。在人对园林的审美体验中，人作为一种生命个体是融于园林各生命个体之中

---

① 曹林娣：《苏州园林匾额楹联鉴赏》，华夏出版社 2011 年版，第 139 页。

② 曹林娣：《苏州园林匾额楹联鉴赏》，华夏出版社 2011 年版，第 113 页。

的，成就的也是“有我之境”。于是，人眼中的园林世界就进入了个体的自我世界，包裹了个体的生活态度、人生理想、审美情性等。狮子林的法堂处一对联曰：“苍松翠竹真佳客，明月清风是故人”①。此联表明园主与苍松翠竹为侣，以明月清风为友，以示自己的潇洒清高和不同流俗。它首先说明了人与万物平等的生命关系，其次体现了自我不流世俗的审美情趣。个体通过欣赏遒劲的苍松和有节的翠竹，不自觉地将自我的心灵和人格投射其中，赋予了它们一定的社会内涵，借以咏志抒情。并通过对代表自然景色的明月清风的示好，流露出人与自然亲切友爱的关系。在此环境中，人自觉地超脱尘累，与万物相融。此联将两个共存的在场者显现出来，并让它们在此场所中进行无言的对话。园林中的景境的“此在”，是整个存在敞开的处所，而人与物的对话把握了隐蔽其后的不在场的东西，从而使世界完整地显现。人的体验“是天地万物本身得以显示其意义的一个空隙，没有它，天地万物被遮蔽，是漆黑一团而无意义的”。② 因此，在体验中，必须有人与物的在场。怡园的玉延亭处有董其昌撰书的一对联，曰“静坐参众妙，清谭适我情”③。身处园中读到此联，可以品读到董其昌的自我审美理想。“谭”通“谈”，“清谭”就是“清谈”。他安静地坐着，细细地思考各种深微的道理，悟出妙趣。而与自然的交流，也使他能穿透表象、静观内涵，顿悟真如，化入妙境。董其昌主张以佛禅的静观方式观察自然，不只眼见，更用心会，以便能领悟自然的真趣。静以观之，游心于虚，才能由表及里，获得内美。也就是用心去蔽，以显现“此在”的敞开。从无我之境变为有我之境，其中的升华造化，发现自我，也就是物我对话的过程，如此方能进入审美的妙境。此联表达的正是禅

---

① 曹林娣：《苏州园林匾额楹联鉴赏》，华夏出版社 2011 年版，第 77 页。

② 张世英：《进入澄明之境》，商务印书馆 1999 年版，第 134 页。

③ 曹林娣：《苏州园林匾额楹联鉴赏》，华夏出版社 2011 年版，第 219 页。

理和与它相应的自然情趣。如在亭中小坐，一面吟咏着情味隽永的对联，一面聆听着风摇翠竹的戛玉清音，以心意会，清雅洒脱之情自会油然而起。此联突出了审美体验中去蔽的方式和过程。沧浪亭有一对联曰："清风明月本无价，近水远山皆有情"[①]。上联出自欧阳修的《沧浪亭》，既赞美了沧浪亭的自然美景，又妙合了苏舜钦以四万钱买园的事实。"清风明月"指示了物的存在，"无价"暗示人的存在。下联出自苏舜钦的《过苏州》，表达了他纵心山水、怡情自然的超然之致。漫步在沧浪亭北的复廊，透过疏置的漏窗南望，横贯全园的假山若隐若现，幻化了近水远山的心理感觉。而在山埠下透过漏窗北望，近在眼前的廊外碧水变得浩渺平阔，产生了近山远水的视觉印象。沧浪亭的营造所出现的错觉，给有限的空间以无限的延伸探幽之趣。"皆有情"指示了有我之境的产生，人的体验开启了两个在场者之间的对话，使万物本身的意义得以显现。山水的风姿情感与人的情致理想通过交流自然融合，把握住了"存在"的整体，并使"存在"敞亮，从而进入人与万物合一的本明世界。此联突现了作为整体敞亮的"存在"。因此，就园林中存在的可见的两个在场者而言，品题只是明示了他们超越"有"以达到"无"、通过现实存在物本身而使"存在"显现的过程。

综上所言，园林实景的营造成全了物之"和"。而人之"和"更多地存在于内心，隐藏在人的形体之内，它是以隐蔽的身份存在着的。而园林中的品题把游移的不在场者或隐蔽的东西凝固在了园林的堂、轩、廊、榭间，或山、水、花、木之上，让不可言的在场者通过可言的在场者，使隐蔽的东西显现，揭示出一个敞亮的"存在"。此"存在"的显现，即天地世界的澄明之境，是对存在者整体的超越，是"无"。个人、园林及世界作为实体存在于这个"无"

① 曹林娣:《苏州园林匾额楹联鉴赏》，华夏出版社2011年版，第11页。

中，它们彼此之间的各种直接或间接的联系是隐性的，也是有生命的。品题在园林世界中融入自我世界，让更多的游园者明确景境经营的旨趣、体味显现性灵的生趣，让个人世界和园林世界进行无言的对话，从而使隐蔽的东西显现，成就了敞亮的天地世界。

第二节　由实到虚的审美认知过程

在中国园林中，审美意境的整体生成无疑是离不开游园者的接受和感知的，它产生在游园者的整个审美体验过程之中。园林审美乃是“体道之知”，不同于通过教化和学习而获得的“世俗之知”。它需要通过一种直觉体悟的过程才能够获得。而直觉是一种不受意志控制的、超越于一般感性和理性的直观思维方式，具有直接性和本能性，它就来源于对园林的感知。园林审美从事于大道，要求静观玄览，复返淳朴，达到无知无欲的冥然虚静的境界，正如庄子所言“以神遇而不以目视”[①]。因此，对于园林的审美还来源于对园林的想象。于是，园林审美体验包含着园林审美感知和园林审美想象两个部分。而从审美感知到审美想象的过程，实际上就是一个从“实有”到“虚无”的过渡过程。也就是，“实有”以在此者的身份，通过道说的方式，使不在场的东西或隐蔽其后的东西得以显现。园林中的每一个在场者，表面上看都是最真实和现实的。但实际上，它们是庞大的不在场的东西的集结或显现。园林本身凝集了造园家的情致、意趣、哲理等许多不可见的因素。而要把握园林的整体存在，就要从看到的东西中捕捉和体味未看到的东西，从听到的声音

① 陈鼓应:《庄子今注今译》，中华书局 2009 年版，第 107 页。

中捕捉和体味未听到的东西。那么，园林审美体验到底是如何捕捉和体味未在场的东西？如何超越“有”而达于“无”呢？

一、审美感知

作为“体道之知”的园林审美感知，是对“道”的直觉体认。它体现了秉承于道的物的自然本性和人的自然本性，是一种合乎事物自然本性的“形上之知”。它的获得来源于园林中一切物质性存在的在场，这种在场是“实有”。

祁彪佳在《寓山注》谈及“远阁”时说：

> 然而态以远生，意以远韵，飞流夹巘，远则媚景争奇；霞蔚云蒸，远则孤标秀出；万家烟火，以远故尽入楼台；千叠溪山，以远故都归帘幕。如夫村烟乍起，渔火遥明，蓼汀唱欸乃之歌，柳浪听睍睆之语，此远中之所孕含也。纵观瀛峤，碧落苍茫；极目胥江，洪潮激射；乾坤直同一指，日月有似双丸，此远中之所变幻也。览古迹依然，禹碑鹄峙；叹伯图已矣，越殿乌啼；飞盖西园，空怆斜阳衰草；回觞兰渚，尚存修竹茂林，此又远中之所吞吐，而一以魂消，一以怀壮者也。①

在此可以看出，对于“远景”的感知来自“媚景”之中。此“媚景”由具体的景物构成，不管是可见的霞蔚云蒸、万家烟火、楼台溪山、村烟渔火，还是不可见的蓼汀唱欸、睍睆之语。它们都

① （明）祁彪佳：《寓山注》，载陈从周、蒋启霆选编，赵厚均注释：《园综》下，同济大学出版社 2011 年版，第 130 页。

是“此在”中的出场了的存在，应该说是审美感知的表层效果。而“远中之所变幻”和“远中之所吞吐”则关涉到感知中对人的有限生命的超越和对生活价值的反思。它消解了物与我、我与世界之间的障碍，让我在世界中，世界也在我之中。景境的“魂消”和“怀壮”是“此在”中的未出场了的存在，是被隐蔽起来的东西，应该说是它才是审美感知的深层效果。对于景境的整体感知反映了园林审美体验中，人与物的关系并不是主体和客体的关系，因为“客体既带出来物的存在又遮蔽着物的存在”，“是物的一种自行遮蔽着的存在。”[①] 所以，人与物的关系是主体与对象关系，主体作为体验者，全身心地进入到对象之中，对象则以全新的意义与体验者构成新的关系。这种关系是一种直接的、面对面的、当下在场的、相互关联着的应和。人与物之间相互敞开、接纳并融合。于是，对象即是我的对象化，我即是对象的我化。“态以远生，意以远韵”，景对于体验者而言，不光在于它是可见的多变的实体，还在于在对象之中凝聚了体验者客观化了的生活和精神。“远韵”的存在成就了“阁”的重要性，而“阁”的重要正在于它对体验者有意义，可以在感知中转化为每个个体自己的世界，这个世界是对有灵魂的人才敞开的生命世界。在人对园林的审美体验中，人不仅是现实的物理世界中的一部分，也是“此在”的生命世界的一部分。生命世界是由命运的幸运和苦难构建的，人因为自己所经历的境遇，所以能感知生命的价值，也因为人就是情感体验的主体，所以能主动地表达自己的感怀。可见，在园林感知中，在场的“实有”既是物的一种存在方式，也是我融入物的一种存在方式。因为物以某种对我的生命世界产生构建作用的方式进入和显现了生命的“此在”。因此，从祁彪佳对于“远阁”的描述中，可以知道，审美感知首先是感性直观的，

① 董志强:《消解与重构》，人民出版社 2002 年版，第 168 页。

审美主体不仅能在感性直观中整体地把握对象的外观，即可见的存在，还能从中导出体现主体情感和思想的内容，即不可见的存在。从对可见的存在和不可见的存在的整体把握中，体验者可以见到更多的东西，见到一个物质世界之上的生命世界。园林的审美知觉体现了中国传统所特有的审美感悟方式，个体的审美态度也强化了主体感知的敏锐性和活跃性，在审美时显现出了生命的无限生机。

白居易的《池上作》写道："西溪风生竹森森，南潭萍开水沉沉。从翠万竿湘岸色，空碧一泊松江心。浦派萦回误远近，桥岛向背迷窥临。澄澜方丈若万顷，倒影咫尺如千寻。泛然独游邈然坐，坐念行心思古今。"[①] 可以看出，在园林审美感知中，感知就是一种"观看"。在"观看"之中，物与我进行交流和融通，其中既有我对物的感受和情感的移注，还有物对我的回应和感召。猝然相遇时的审美直觉将外观转变为了对象，建立了物与我的亲和关系，并经过对物的认同、共感和神合，自然地形成了与自我相映照的知觉意象。对物的认同是审美感知最初的层次，也就是主体的审美态度的反映。主体对园林景物的亲切体认，以平等的身份与之相处，既非以我役物，也非以物役我，"澄澜方丈若万顷，倒影咫尺如千寻"，我中有物，物中有我，不仅是因为我对物有情意，还因为我借物观看到了自己的影子。物我认同，使自然人化，也使人自然化。共感是审美感知过渡性的层次，在物我认同的基础上，主体体验到与外物共同的生命感，而走向"物我同一"。这种共同的生命感则是一种不可见的宇宙生命运动的节奏，它潜藏在每个生命体中，是不可见的生命存在。主体凭借内在情感的律动，去感应和协调景物的运动，从而使景物的生命律动与主体的内在情怀相感应和契合。神合

① （唐）白居易：《池上作》，载赵雪倩编注：《中国历代园林图文精选》第一辑，同济大学出版社 2005 年版，第 285 页。

是物我交流的归宿，即进入身于物化的“物我同一”的境界。“泛然独游邈然坐，坐念行心思古今”，渺小的人之所以要融入浩大的宇宙中，是因为人自身对永恒和不朽有执着的追求。于是，主体投入到生机鼓荡的生命节奏中，并与之化合为一，在神合中就跨越了时间和空间的边界，领悟到了宇宙的永恒。钱锺书言：“要须流连光景，即物见我，如我寓物，体异性通。物我之相未泯，而物我之情已契。相未泯，故物仍在我身外，可对而观赏；情已契，故物如同我衷怀，可与之融合。”[①] 怀有审美态度的主体将自身的原初情感需要，转化为对物的外在形式或构成的需要，体现出了主体原初需要的物质性。主体将情感附着于物的表层效果之中，并通过内心的品赏，转化为一种内在的自我体验、感知的深层效果。

清代田兰芳的《怡怡园记》中写道：

> 以视寓目为色，触耳成声，无外物之忧，有天伦之乐，果孰为得失耶？然其所以致此之本，又可于名园之意而之得矣。夫桥曰“澄清”，定能静也。庵曰“避俗”，不乱群也。亭曰“一草”，昭俭德也。盖洗心则藏密，远罥则神闲，履素则气清，伦物明察，鸢鱼飞跃，不恍然在心目间乎。[②]

在此，从“无外物之忧，有天伦之乐”中可以看到人与世界一体化存在的对象性关系。“此之本”与“园之意”表述了人的存在场域与景物的存在场域的相通和相融。在审美感知中，这种相融不仅是心理层面的，而且还是物质层面的。因为人与万物的根本都源

① 钱锺书：《谈艺录》，中华书局 1984 年版，第 53 页。

② （清）田兰芳：《怡怡园记》，载陈从周、蒋启霆选编，赵厚均注释：《园综》下，同济大学出版社 2011 年版，第 172 页。

于同一个“道”，并通于“元气”，所以存在场域的融合才得以发生。在人与物骤然相遇的那刻，人作为存在者所拥有的存在场域与景物作为存在者所拥有的存在场域会交汇融合出新的“此在”整体场域，没有它的存在，心理层面的同构和融合将不可能发生。以宇宙本体论为基础，在园林审美活动中构建的人与物相契合的对象性关系，也是在瞬间的审美感知中完成的。“寓目为色，触耳成声”，主体在观看景象形式的同时，展开“仰俯”的审美观照，一方面深度挖掘物的物质性美感，一方面开启主体内心深层的心胸蕴藏，“澄清”“避俗”“一草”作为审美对象，已是生命“此在”在审美感知中观照活动的产物。“洗心则藏密，远嚣则神闲，履素则气清”，如此，形成了在“此在”场域中可见存在和不可见存在的融通。最终达成物我之间“几与为通”的完全相合。这个相合的过程，就是“伦物明察，鸢鱼飞跃”的知觉意象的形成过程。可以说，知觉意象是对超越性存在的领悟，体现了主体精神性的性灵，而“物的灵化”是“物之为物”的真正显现，正如在桥的显现中，人们看到了澄清的虚静心性的显现；在庵的显现中，人们看到了避俗的隐逸情怀的显现；在亭的显现中，人们看到了简素的俭德节操的显现。物的灵化是主体“俯仰”观照下的产物，从“物之为物”到“物的灵化”，审美感知使它们之间的转化成为可能。

可见，主体通过感知，在物我的相互交流过程中，使物我浑然一气。所产生的知觉意象既保留着自然景物勃郁生机的生命形态，又蕴含着主体的情感和思想，甚至流露着主体“体道”的悟悦。知觉意象让人的生存体验达于自我观照，在形而下的形色中，有形而上的超越。也就是说，当前在场的东西“实有”超越到其背后的未出场的东西“虚无”，这未出场的东西也和当前在场的东西一样是现实的存在。主体的审美感知就是主体与在场的东西进行无言的对话，从显现的东西中去追问隐蔽的东西，道说出“此在”整体性的存在。于是，园林审美感知起自“实”而走向“虚”。

二、审美想象

园林审美感知构建了园林与主体之间的对象性关系，物与人在相遇瞬间便产生了直接的、当下在场的、相互敞开着的关系。伴随着我对物的感受和情感的移注，审美体验从感知走向想象，由外部体验向内部体验延展，由浅层感受向深层感受递进。想象也是人在个体情感的推动下，按照自身的审美需要和审美理想展开的。主体在想象的情感运动中可完成一种深层的体悟，并通过这种体悟来实现难以言说的自身价值和生命意义，从而把出场的和未出场的东西综合为一个整体。于是，审美感知从园林景象的“实有”开始，随后进入“虚无”的审美想象的存在时空。在这个超越于现实时空的存在时空里，存在已被遮蔽得太久，而想象使存在朗照并发出光亮，呈现出存在时空的澄明。

《庄子·让王》中有言：“形在江海之上，心存魏阙之下”[①]，说明心所运作的审美想象可以突破眼前景物的局限而达到至远的境地。元代刘因在《游高氏园记》中写道：

> 园依保城东北隅，周垣东就城，隐映静深，分布秾秀。保旧多名园，近皆废毁，今为郡人之所观赏者惟是。予暇日游焉，甚乐。……夫天地之理，生生不息而已矣。凡所有生，虽天地亦不能使之久存也。若天地之心见其不能使之久存也，而遂不复生焉，则生理从而息矣。成毁也，代谢也，理势相因而然也。……如是，则天地之间化

① 陈鼓应：《庄子今注今译》，中华书局2009年版，第811页。

为草莽灰烬之区久矣。若与我安得兹游之乐乎？天地之间，凡人力之所为，皆气机之所使。既成而毁，毁而复新，亦生生不息之理耳，安用叹耶？①

中国园林是中国人宇宙观的物化，园林中的万物也都是生命本然的体现。这种生生不息的生命秩序从一个现实时间移动到另一个现实时间。但在主体的审美想象中，这种生命秩序不仅仅是自然时间的移动，还是黏附着生命内容的移动。生命是在时间中展开的短暂过程，生命的有限使人被时间所困，它不仅表现为主体情感上的哀伤，还表现为主体对人生本质的觉察。在想象中，主体对于时间的叩问即是对无限的追求，也是对现实人生价值的自省，过去和未来作为回忆和预感进入到当下的体验中。于是，存在时空中就出现了将人的生命和价值关联起来的生命时间。主体眼前的园林景象只是一种表象的存在，它记录了生命在此刻自然时间中的一种状态。但在审美想象的存在时空里，主体可退回到过去的时间，发现世界背后的真实，又可前进到未来的时间，寻找自我灵性的永恒安顿。想象消解了自然时间的限制，在悬置的存在时空中，主体在渺小与无垠、短暂与永恒、过去与将来之间作时空的遁逃，并在“理势相因而然”的生命领悟中，实现人生价值的瞬间永恒。

《文心雕龙》有言：“夫神思方运，万涂竞萌，规矩虚位，刻镂无形。登山则情满于山，观海则意溢于海，我才之多少，将与风云而并驱矣。”② 这里所说的“神思”亦可理解为审美想象。这种想象并非只是一种简单的停留于实物外形上，由此物而达于彼物的联

① （元）刘因：《游高氏园记》，载陈从周、蒋启霆选编，赵厚均注释：《园综》上，同济大学出版社 2011 年版，第 1 页。

② （南朝梁）刘勰著，王运熙、周锋撰：《文心雕龙译注》，上海古籍出版社 1998 年版，第 245 页。

想。而是主体把对生存情感的再体验安顿在了可见的物性存在中。审美想象在悬置的存在空间中，把有形的物象当作“规矩虚位”“刻镂无形”的材料，用有形的物象造出“无形”和“虚位”，给“神”提供了安顿的居所。应该说，园林想象的产生需要具备一种情感的动机，它是一种在现实中无法排解的忧愤，又或是傲离俗尘的适性。这样或那样的情绪需要通过现实加以抒发，从而使心灵得到满足。于是，审美想象就给这种情绪一个居所，用以在物性存在之上对生存情感的再体验。

林屋洞山之西麓，土沃以饶，奇石附之以错峙，东南面太湖，远山翼而环之，盖湖山之极观也。……洞东北跻攀而上，有石室窈以深者，曰“旸谷洞”。缘山而东，乱石如犀、象、牛、羊，起伏蹲卧乎左右前后者，曰“齐物观”。又其东，有大石，中通小径，曲而又曲，曰“曲岩”。居士思晦而明，齐不齐以致其曲而未能也。岩观之前，大梅十数本，中为亭，曰“驾浮”，可以旷望，将驾浮云而凌虚也。会一圃之中，诛茅夷蔓，发奇秀，殖佳茂，结庵以居，曰“无碍”，室曰“易老”。……吾少尝为儒，言迂行踬，仕不合而去，游于释而泳于老，盖隐于道者，非身隐，其道隐也。①

通过李弥大对道隐园的描述可以看出：主体通过审美感知激发了审美想象的触媒，在想象中，悬置的存在时空取代了现实时空，现实世界的景象通过心灵的置换，浸透了情感的基质，将日常情感

① （宋）李弥大：《道隐园记》，载陈从周、蒋启霆选编，赵厚均注释：《园综》上，同济大学出版社 2011 年版，第 162 页。

转变成具有超越性的生存情感，满足了主体内心的情感需求，正所谓“登山则情满于山，观海则意溢于海”。在“齐物观”中浸透着主体对万物尊重的生命情感；在“曲岩”中浸透着主体孤直自毁的忠节感；在“驾浮”中浸透着主体旷达于世的孤独感；在“无碍”“易老”中渗透着主体寻求“玄远之道”的超脱感。在审美想象中，所以这些情感的安顿使人的精神活动进入了超验的领域。它对现实的逃遁，实现了无限和自由，即实现了“游于释而泳于老”的“道隐”目标。可以说，园林的景境使主体找到了宣泄的契机，主体从与景相遇的那一瞬间起，就将情感渗入对象的外观，使人能真切而内在地置身于自身生命中，并与物的生命融合在一起。感知取得的表象因情感的融进和推动，启导了灵感，引发出联想和想象，打开了一个想象中的悬置世界。这个悬置世界具有明显的个人内在指向，个人情感找到了安顿之所，把心灵从现实的重负中解放出来，并呈现了个体对自身价值的认识。想象将外在观照转变为了内在寻源，回归本心，从可见的东西中见到不可见的东西，从山水的气势精神中见到主体冲虚简静的精神和独立高迈的人格。

清代张文虎的《复园记》中写道：“子馨本以郡司马筮仕浙省，厌奔走之劳，而归真返朴，以求林泉之趣，何必平泉、金谷哉？夫临水足以洗心，抚景足以适兴，观草木荣谢足以悟盛衰之理，俯仰今昔足以辨忧乐之端。”[①] 说明想象能够超越在场，也能超越自然时间的“现在”，通过此在和往古时间的转换，实现对永恒的追求。康德说：“想象是在直观中表现一个本身并未出场的对象的能力。”[②] 审美主体在直观中要把在场与不在场、显现与隐蔽结合起来，综合成一个有形式的整体对象，以达到各种不相同的事物能相互融合的

① （清）张文虎：《复园记》，载陈从周、蒋启霆选编，赵厚均注释：《园综》下，同济大学出版社 2011 年版，第 15 页。

② 转引自张世英：《进入澄明之境》，商务印书馆 1999 年版，第 12 页。

目的，就必须依靠想象。主体的在场是心灵性的、内在的，在它对时间的感悟中，存在者才在场。当审美主体进入到园林中，看到苍虬的古松、蜿蜒的小道、静谧的廊亭，享受视觉上的林泉之趣时，就会不自觉地通过想象将过去的已经不在场的事物再现出来，以“悟盛衰之理”“辨忧乐之端”。因为只有想象，才能化解在场与不在场、可见与不可见、显现与隐蔽之间的界限，正如临水洗心，抚景适兴那般，水与心、景与兴之间因为想象的加入而变得融通浑一。想象中不在场事物的再现，是一种潜在的出现，它隐含着时间前后连续的过程和相互延伸的过程，它与当前的在场的事物的出现是不同的。不在场的事物只有通过这种想象的展开，使本真的时间，也就是过去、现在、将来三者之间的相互延伸而敞开，才能与当前的在场的事物结合为一个“共时性”的整体。也就是说，时间性中的延伸和敞开使存在整体进入了澄明之境，也正是这个整体构成了人想象的存在空间，它使不同的事物——在场与不在场、显现与隐蔽、过去与今天等互为沟通和融合。想象所构成的不断生发的最根本的“此在”中，不在场被遮蔽的存在显现出来，无蔽状态纯粹闪现，人与天地达到契合。

因此，在园林审美过程中，主体需要凭借想象，冲破现有的界限，在显现与隐蔽中穿梭。审美想象追求的是形上的本体“无”，其存在的形式是无形的“虚”，其本质是通过本真时间三个部分相互的延伸而敞开，与当前的在场结合为一个“共时性”的整体，以进入无蔽的澄明之境。想象的“无”，从感知的“有”中进入到物我一体的整体世界中，并构成了终极的存在的整体显现。

三、由园林感知到园林想象

主体经过园林审美感知，物我交流进入“物我同一”的境界，于是，审美知觉就过渡到了审美想象。反之，审美知觉为想象中的“神游”提供了一种触媒，为想象的展开提供了物质性的基础。园林作为存在者，本身是处于遮蔽状态中的，或者说本身是不具备任何意义的。只有通过作为审美主体的人，通过人的感知，感受到存在者与世界及自身的关系，并通过想象解除它的遮蔽状态，园林本身才进入到敞开的状态，才具有了主体想要赋予的意义。从园林感知到园林想象是从“实”到“虚”的主体的超越过程，它是由相对模糊的体验向清晰的审美意象转化的过程，而它的关键在审美意识。主体的审美意识不仅会自觉地完成“实”的有限存在和“虚”的无限存在的统一，还可以通过可见的有限想象出被遮蔽的无限，并在这种无穷的想象中既享受到美，又完成自身与世界的融合。张世英说：

审美意识是人与世界关系或者说人对世界的态度的最高阶段，是一种比“原始的天人合一”更高的天人合一，它由“原始的天人合一”阶段经由“主客关系”阶段而在高一级的基础上回复到了天人合一即主客不分，因此，它可以说是“高级的天人合一”。①

唐代柳宗元在《始得西山宴游记》中写道：

萦青缭白，外与天际，四望如一。然后知是山之特立，不与培塿为类。悠悠乎与颢气俱，而莫得其涯；洋洋乎与造物者游，而不知其所穷。引觞满酌，颓然就醉，不知日之入。苍然暮色，自远而至，至无所见，而犹不欲

① 张世英：《进入澄明之境》，商务印书馆1999年版，第241页。

归。心凝形释，与万化冥合。然后知吾向之未始游，游于是乎始。故为之文以志。①

首先描述了主体的审美感知，浅层的审美感知效果是白云萦回着青山，与遥远的天际相接，环看周围，浑然一体。深层的审美感知效果是看了这些，才知道这座山确实特立不群，与一般的小土丘大不一样。随后进入了审美想象，即不知不觉中主体仿佛遨游于无边无际的天地宇宙之间，与浩渺广大的自然之气合而为一。最后的审美境界是主体了无归意，精神凝聚安定，形体得到解脱，并和万物的变化暗暗契合。主体通过此次游赏认识到了审美境界，意识到过去并没有进入真正的审美，真正的游览从此开始。可以看出，当主体将全部注意力投向景物的外观，全神贯注地观照它时，当下的、具体的审美关系得以确立。"颓然就醉"，借助酒力以忘我，是主体自觉地持守虚静的心态，达到身与物化的结果。此时，审美态度所挟带的动力开启了美感的心理运作。审美知觉就发生在处于凝神观照状态下的主体见到对象的刹那之间，他以连通耳目的敏锐感受力，产生了"苍然暮色，自远而至，至无所见"的知觉意象。同时，通过"游心于虚"的心理反应，引起兴发感动，在虚阔的心理层面，物与人相互敞开、建立了一种当下在场的、相互关联着的关系。对象因"我"的进入以全新的意义与人构成新的关系，在生命世界中呈现新的意象。"洋洋乎与造物者游"，说明了万物生命无时无刻不是在运动变化着的，正因为此，事物总是在时间性的生存状态中不断地出场。因此，"游"的过程是在整体的、流动的悬置的存在时空里发生，并在此

① （唐）柳宗元:《始得西山宴游记》，载赵雪倩编注:《中国历代园林图文精选》第一辑，同济大学出版社 2005 年版，第 308 页。

把握了物与人的关系，复归于道。“游”的动作说明了“心”从审美感知到审美想象的体验过程，而“心凝形释，与万化冥合”是“游心于虚”的结果，体现了“游”随时而动、任时而为的存在意义上的时间性，也说明审美是不滞留于在场事物的现成状态的自然时间，它需要的是悬置时空里进退自如的存在性时间。眼前之景只是生命世界的一个点，而“游”则重在体味生命世界的内在的流，“点”与“流”之间是实与虚、可见与不可见的存在关系。同时，在审美想象中，这种将审美体验时间化的“游”，赋予了时间以情感化的色彩，转化成了人的“内感觉”。也正是这种转化，解除了自然时间对人的束缚，使人超越了对有限时间的感受，做到了虚己待物。审美意识使主体以虚静澄明的状态存在，不执着于当前的有限存在物而与无限整体的合一，它既是对生存的有限时间的超越，也是对高级的“天人合一”的实现。

柳宗元的《钴鉧潭西小丘记》说：“嘉木立，美竹露，奇石显。由其中以望，则山之高，云之浮，溪之流，鸟兽之遨游，举熙熙然回巧献技，以效兹丘之下。枕席而卧，则清泠之状与目谋，瀯瀯之声与耳谋，悠然而虚者与神谋，渊然而静者与心谋。”[①] 首先肯定了审美知觉主要是主体对外物的感知过程，如美好的树木、秀美的竹子、奇峭的石头，以及站在小丘中间眺望到的高高的山岭、漂浮的云朵、潺潺的溪流、自由自在游玩的飞鸟走兽，这个感知过程蕴含着主体愉悦适性的情感，因为他感觉到这些外物的生命全都欢快地呈巧献技，要为这个小丘效力。其次表明了审美想象主要是主体的内部的心理活动过程。主体枕着石头席地而卧，眼前所见的是山高云浮的致远之景，耳际所听的是欢快的流水之声，精神感受到的是

① （唐）柳宗元：《钴鉧潭西小丘记》，载赵雪倩编注：《中国历代园林图文精选》第一辑，同济大学出版社 2005 年版，第 310 页。

自由放达的灵动之气，心灵感悟到的是想象驰骋的境界。主体将由知觉所得所产生的意象，置于心中，以清醒的意识状态，反观内视，将无限的空间感与无限的时间感相结合，触发对人生有限而宇宙无穷的感慨，来抒发主体因个人的经历不同所造就的个体情感内容，以此获得审美的满足。“清泠之状与目谋，瀯瀯之声与耳谋，悠然而虚者与神谋，渊然而静者与心谋”，其中的“状”与“声”是审美感知的直觉内容，“虚”与“静”是审美想象的存在状态，而“谋”则说明了审美体验的主体性，以及主体与物相融合的过程。在物态物情与人心人情的交融中，既有主体对宇宙意识的体验，又有主体的生命与物的生命的统一。从审美感知的“谋”到审美想象的“谋”，不仅凸显了“游”在“道”的时间性中的运行，也意味着主体通过想象摆脱了一切“实”的束缚，而进入到自由而本真的体道的境界。“目”“耳”与“神”“心”是主体的外观与内视的参与，“游”在把万物带入澄明之境的同时，也把自身带入其中。万物在向人敞开的时候，人也向万物敞开，都呈现出最本真的状态。因此，从审美感知到审美想象的体验，不仅是对“此在”事物的当前观照，更是在心物一体的境界中让物与人以如其所是的方式在场，并在过去、现在、将来所延伸的在场中显现出其最本原的状态，揭开遮蔽以体“道”。

唐代李翰在《尉迟长史草堂记》中说：“外若可浑，其中甚清；外如可杂，其中甚静。夫求贤达之趣，当考其中，若然，夫子其达者欤？而境或造诣，心或独得，飘飘然不知冠冕之在先，浩浩然不知天地之为大。其冥机慎道，迹系心旷，人或未睹，吾能知之。”[①] 重在说明园林审美感知所观照的对象是心灵的造型，是人

① （唐）李翰：《尉迟长史草堂记》，载赵雪倩编注：《中国历代园林图文精选》第一辑，同济大学出版社 2005 年版，第 253 页。

心所赋予的形式。主体持守“虚静”的心态以忘我，当沉浸在超绝的境界或是内心有独到的体会时，会在得意兴奋之间甚至忘却了自己的官职，以此达到身与物化。“飘飘然”“浩浩然”的表达说明主体以全然忘怀了世俗的得失，超越了现实的时空，体悟到了宇宙人生的奥秘，这是从审美感知到审美想象应持有的“虚”的心理状态。在此“虚”中，人欲通过园林实物去追求无限，实际上这种超越已然使追求本身走向了无限。在园林中的“冥机慎道，迹系心旷”，都是主体将有限的生命投入到无限的时间中，使人超越实在的时间存在，进入体验的时间存在，那就是人的价值存在。只有在体验的时间存在中，主体才能达到瞬间永恒的境界，审美活动中的人与物才会瞬间同一。主体以园林作为媒介，通过审美想象以追求无限，借“有”达“无”，实则是将自我生命的过去和现在投向未来之中，并根据自我内心所体验到的内在时间构筑出一个新的时空。在这个想象的时空中，感性个体走出了有限性的局限，并达到超越。在超越时空的感性的审美活动中，感知过程包含了主体情感意志的审美直观，想象过程中浸透着个体的现实遭遇和生命憧憬，而最终的审美意象实为主体人生价值的寄托。

综上所述，园林审美体验的本质就是还原本真，它更是一种精神上的运动，是从“有”达于“无”，在“虚”的过程中实现的“无”。审美也并不滞留于在场事物的现成状态，它完成于存在性时间内的进退自如。从审美感知到审美想象的体验过程反映了主体的审美意识，它既是“澄怀味道”，也要“中得心源”，在高级的天人合一的境界中，人与世界、小我与大我、瞬间与永恒融合为一，存在得以整体显现。

第三节　神与物游的审美境界体验

《庄子》有言:“养志者望形，养形者忘利，致道者忘心矣。”①可谓道出了士人所追求的三层境界，养志的人忘记形骸，养形的人忘记利禄，求道的人忘记心机。而人对园林的审美最终是为了体现自我的人生境界，也就是在构成层面的“虚实”中落实本体层面的“虚实”。忘记形骸是审美感知的浅层目标，忘记利禄是审美感知的深层目标，而忘记心机是审美想象展开的前提。三层境界的“忘”都体现了主体超越当前在场物，在悬置时空里的进退自如以悟道。因此，在主体“虚己待物”的审美体验中，境界体验是审美的终极体验，它反映了文人造园、游园的终极目的。而境界体验即是对园林之趣的体验，宋代沈括的《梦溪自记》中写道:

> 居在城邑而荒芜，古木与豕鹿杂处，可有至者，皆频额而去，而翁独乐焉，渔于泉，舫于渊，俯仰于茂木美荫之间，所慕于古人者:陶潜、白居易、李约，谓之“三悦”。与之酬酢于心目之所寓者:琴、棋、禅、墨、丹、茶、吟、谈、酒，谓之“九客”。②

述出了园林审美境界的三个层次:“古木与豕鹿杂处”的自然复归、“谓之‘九客’”的雅致追求和“谓之‘三悦’”的情致畅达。这三个层次也是人生境界的三个层次，体现了士人从对“实”的追

---

① 陈鼓应:《庄子今注今译》，中华书局2009年版，第809页。

② （宋）沈括:《梦溪自记》，载陈从周、蒋启霆选编，赵厚均注释:《园综》上，同济大学出版社2011年版，第32页。

求到对“虚”的追求、从对现象的追求到对本体的追求的递进。对审美境界的体验，能让人畅游生命之乐，吟味人生之趣，体悟人与万物豁然相通所带来的极大快慰。

一、复归自然

中国人重视感性生命，视天地自然为一生命的世界，其中的日升月沉、莺飞燕舞、鱼跃虫鸣，甚至枯树峋石，无不有生气荡漾其间，充盈着“生”的趣味。然而，对于“道”的追求，不仅需要园林中有“生”的气息，还需要园林中的生命以其本然的状态存在，也就是不受人的雕琢和束缚，以其如是的生命规律和状态存在。所以对于复归自然的追求是在审美境界中体现出对物的情趣的追求，也就是对“实”的本真状态的追求。

明代徐献忠在《吴兴掌故集·名园》中说：

> 予谓丘壑必以本来面目为胜，天然林麓，而下有泉池，虽一无点画，亦足为好。若徒采缀为奇，则既失其本意，而劳神损力，亦非达士所堪也。其在吴兴尤不宜为此。若具一艇，逍遥容与烟波之上，四顾岩壑，献奇竞秀，惟吾意所适，不必登崇蹑峻，自有天然之乐。①

这段文字亦在告知人们要以自然野趣为乐。未经人工改造的丘壑呈现了事物本原的状态，其意趣要远胜于带有人工痕迹的山水。园林要保存山水泉石的本真和本意的观点，反映了中国人对物性和天趣的看重，流露出尊崇野趣、尊重自然的思想。同时代的计成在

① （明）徐献忠:《吴兴掌故集》，台湾成文出版社 1983 年版，第 481 页。

《园冶》中也表达了对一切物质的本原形态的“天然”的重视。“旧园妙于翻造，自然古木繁花”“多年树木，碍筑檐垣；让一步可以立根，斫树桠不妨封顶”①“开荒欲引长流，摘景全留杂树”②等，这些言语中，不仅含有对物的外在形式美的肯定，还有对物的本体所固有的本原美的肯定。所以在造园中，造园者会有意识地最大限度地保留和利用自然之物的天然之功，以求得野趣天成的自然美的效果。“古之乐田园者，居畎亩之中；今耽丘壑者，选村庄之胜，团团篱落，处处桑麻……围墙编棘，窦留山犬迎人；曲径绕篱，苔破家童扫叶。秋老蜂房未割；西成鹤廪先支。安闲莫管稻粱谋，酤酒不辞风雪路；归林得意，老圃有余。”③《园冶》对村庄地的论述生动地保留着田园的朴野之相。爱好山水的古人在乡野中安家，而今在村庄居家，家家立柴门篱笆，处处种桑树苎麻。围墙用荆棘编织而成，曲径用篱笆开辟而成，即使留出洞孔，也是为了满足山犬的迎客之好。家童踏着苔藓清扫落叶，深秋之时即使没有收集蜂蜜，还可以享用收获的俸禄。从这种朴野的田园景象和田园生活中，可以见到“道法自然”这种无为而无不为、回归天真本性的境界。它既尊重了物性，让万物各顺天然本性展露自己，又尊重了人的性情，没让外在的规范成为生命自由发展的障碍。人与物都体现出“道”的常然，也就具有了美的本质。文震亨在《长物志》里说道：“取顽石具苔斑者……岩阿之致”“池旁植垂柳……中畜袅雁……方有生意”“禅椅以天台藤……如蛟龙诘曲”，④他品到顽石、苔藓、垂柳、大雁、老树根等有生命力的乡野趣味，并在这野趣之中自然地呈现浓厚的怀旧情怀。可见，园林在“天人合一”的宇宙观的笼

---

① （明）计成著，陈植注释：《园冶注释》，中国建筑工业出版社 1981 年版，第 49 页。
② （明）计成著，陈植注释：《园冶注释》，中国建筑工业出版社 1981 年版，第 57 页。
③ （明）计成著，陈植注释：《园冶注释》，中国建筑工业出版社 1981 年版，第 55 页。
④ （明）文震亨著，汪有源、胡天寿译：《长物志》，重庆出版社 2008 年版，第 221 页。

罩下，保持着每个自然生命的本性，就连青苔都显得如此有生机。“生”之气在“无为”的状态中野趣天成。园林中对自然野趣的保留，表现了人对所遮蔽的本来如此的对象世界的追索。

《扬州画舫录》中这样描述“石壁流淙”一景：

> 石壁流淙以水石胜也。是园辇巧石，磊奇峰，潴泉水，飞出颠崖峻壁，而成壁淀红涔。此石壁流淙之胜也。先是土山蜿蜒，由半山亭曲径逶迤至此，忽森然突怒而出，平如刀削，峭如剑利，襞绩缝纫，淙嵌洑岨，如新篁出箨，匹练悬空，挂岸盘溪，披苔裂石，激射柔滑，令湖水全活，故名曰“淙”。淙者，众人攒冲，鸣湍叠濑，喷若雷风，四面丛流也。①

这里描写了扬州园中“石壁”的野趣。石壁天然所成的奇妙姿态，变化多端，与流淙完美的组合，是自然美的极致表现。它的生成是大自然的鬼斧神工，是人力所不及的野趣，是自然生命的出神入化，更是感性生命的平淡本真。自然生态的微妙运动，生命成才的点滴痕迹，岁月沉淀的沧桑变化，都会通过自然之物的真实“野”态呈现出来。野趣的率性洒脱与人内心的渴望相吻合，它的本然状态通过本体的审美感知和想象，升华为感悟，进而达到美的境界。物的野趣也正是“物情所逗，目寄心期”结果。主体带着返璞归真、回归自然的审美理想赏阅石壁，其形态和声响在人联想的似与不似之间，必会升华造化的妙趣，催发主体的澄怀味道。再如拙政园的雪香云蔚亭，位于野水回环的小岛西北角的土山上，土山之上枫、

---

① （清）李斗著，汪北平、涂雨公点校：《扬州画舫录》，中华书局1960年版，第331页。

柳、松、竹交辉掩映，周围更是古木森立，花草杂生，白梅飘香树木葱茏，禽鸟飞鸣，溪涧盘行，散发着新鲜的山野气息。于是，此亭额曰："山花野鸟之间"，其中的"野"字使名词花、鸟顿时灵动起来，给予了静态文字以动态的联想，与周遭富有山林野趣的环境浑然一体，在"实"的景境中渡以"虚"的想象，在"野"的环境中寻以"趣"的意旨。反复吟哦此题额的意境野趣盎然，令人赏心怡神。

乾隆帝在《静明园记》中说道："若夫崇山峻岭，水态林姿，鹤鹿之游，鸢鱼之乐。加之岩斋溪阁，芳草古木。物有天然之趣，人忘尘市之怀。"① 园林中除了景观的野趣，还不得不提飞禽走兽的野趣。花木馥郁繁茂，必然招蜂惹蝶，引蝉、鸟栖息其上，飞鸣其间。飞禽走兽的野趣在于它们的蓬勃生命力和在空间中的释意运动，以及与环境相成的互助关系。它在静态的审美画面中增加了动态的元素，更加生动地体现了自然的本原状态。南朝沈约在《郊居赋》中对于飞禽走兽景观的描述充分证明了园林对于野趣的重视：

> 其林鸟则翻泊颉颃，遗音下上；楚雀多名，流嘤杂响。或班尾而绮翼，或绿衿而绛颡。好叶隐而枝藏，乍间关而来往。其水禽则大鸿小雁，天狗泽虞；秋鹭寒鹈，修鹢短凫。曳参差之弱藻，戏瀺灂之轻躯；翅抨流而起沫，翼鼓浪而成珠。其鱼则赤鲤青鲂，纤倏巨鳠。碧鳞朱尾，修颅偃额。小则戏渚成文，大则喷流扬白。不兴羡于江湖，聊相忘于余宅。②

① （清）乾隆：《静明园记》，转引自宗白华等：《中国园林艺术概观》，江苏人民出版社 1987 年版，第 99 页。

② （南朝）沈约：《郊居赋》，载赵雪倩编注：《中国历代园林图文精选》第一辑，同济大学出版社 2005 年版，第 212 页。

飞禽走兽是与人有相似情感的生命，它们的存在给园主的隐逸生活带来了生机和寄托。它们的形态、色彩、动态不仅带来了园林的“生生之气”，还使园主宁静拙陋的郊居生活变得真趣无穷。野趣的存在，一方面象征了未被世俗污染的纯乐净土，另一方面表达了一种美的至境，与园主的现实生活形成了对比。为了追求飞禽走兽的野趣，白居易在他的履道里园里养有华亭鹤，李德裕的平泉山庄也养了鸂鶒、白鹭和猿，避暑山庄则放养野生的梅花鹿、马鹿、狍子等大型食草动物和饲养白鹤、丹顶灰鹤等飞禽，这些在园林中生活的动物，不仅具有可亲性和可赏性，还彰显了人对不为人所束缚的自然生命的尊重和看重。避暑山庄中有驯鹿坡、望鹿亭等以赏鹿命名的景点，还有松鹤清樾、松鹤斋、放鹤亭这样专门欣赏白鹤起舞的景点，知鱼矶、石矶观鱼这样专门赏鱼喂鱼的去处。园林匾额楹联中也用飞禽走兽来点景，如楹联“浮云野鹤悠闲境，绿水青山杳渺间”[①]“游冶未知还，闲留莺管垂柳，鱼栖暗竹；登临休望远，人倚虚阑唤鹤，隔水呼鸥”[②]“亭榭高低翠浮远近，鸳鸯卅六春满池塘”[③]“雨后双禽来占竹，秋深一蝶下寻花”[④] 等，如匾额“来燕榭”“听莺阁”“鹤砦”“浴鸥”“乳鱼亭”等。这些匾额楹联用飞禽走兽的野趣点动清幽恬淡的景境，人与它们平等且和谐相处，既反映了人保物性存自然的审美追求，又寄寓了园主闲适幽淡的情致。

中国园林满足人们享受自然野趣的愿望一直存在。

> 昆鸡蝭蛙，仓庚密切。别鸟相离，哀鸣其中。若乃附巢蹇鹫之傅於列树也，欐欐若飞雪之重弗丽也。西望西

---

① 曹林娣：《苏州园林匾额楹联鉴赏》，华夏出版社 2011 年版，第 305 页。
② 曹林娣：《苏州园林匾额楹联鉴赏》，华夏出版社 2011 年版，第 230 页。
③ 曹林娣：《苏州园林匾额楹联鉴赏》，华夏出版社 2011 年版，第 123 页。
④ 曹林娣：《苏州园林匾额楹联鉴赏》，华夏出版社 2011 年版，第 40 页。

山，山鹊野鸠。白鹭鹘桐，鹯鸮鸹雕，翡翠鸲鸽。守狗戴胜，巢枝穴藏，被塘临谷。声音相闻。啄尾离属，翱翔群熙，交颈接翼。（汉·枚乘《梁王菟园赋》）①

寺有三池，萑蒲菱藕，水物生焉。或黄甲紫鳞，出没于繁藻，或青凫白雁，浮沉于绿水。（北魏·杨炫之《洛阳伽蓝记》）②

植物既载，动类亦繁。飞泳骋透，胡可根源。观貌相音，备列山川。寒燠顺节，随宜匪敦。（晋·谢灵运《山居赋》）③

北涉玄灞，清月映郭。夜登华子冈，辋水沦涟，与月上下。寒山远火，明灭林外。深巷寒犬，吠声如豹。村墟夜舂，复与疏钟相间。（唐·王维《山中与裴秀才迪书》）④

芹萍芡芰，菰蒲菡萏之植，含葩耸干，或丹或白，罗映洲沚，粲若绘境。秋鹭寒鹈，鼓浪往来；晨凫夕雁，乘烟上下。翩翩去翼，嗈嗈余声，江湖幽情，满于眺听。（北宋·胡宿《流杯亭记》）⑤

甥舍之东偏，壤地十数亩，坡阜连绵，松竹秀蔚，近可睡，远可憩，幽可规以为园。……余壤之沃者，杂树桑、麻、枣、栗、芋区蔬畦，亦成行列，绰有隐居之趣。

---

①（汉）枚乘：《梁王菟园赋》，载赵雪倩编注：《中国历代园林图文精选》第一辑，同济大学出版社 2005 年版，第 35 页。

②（北魏）杨炫之：《洛阳伽蓝记》，载赵雪倩编注：《中国历代园林图文精选》第一辑，同济大学出版社 2005 年版，第 191 页。

③（晋）谢灵运：《山居赋》，载赵雪倩编注：《中国历代园林图文精选》第一辑，同济大学出版社 2005 年版，第 136 页。

④（唐）王维：《山中与裴秀才迪书》，载赵雪倩编注：《中国历代园林图文精选》第一辑，同济大学出版社 2005 年版，第 230 页。

⑤（北宋）胡宿：《流杯亭记》，载翁经方、翁经馥编注：《中国历代园林图文精选》第二辑，同济大学出版社 2005 年版，第 11 页。

（元·胡助《隐趣园记》）[①]

东启双扉，花屏菊田，绾绣错绮。径尽，得撷芳亭，枕古槐老榉之下，前临方沼，沼中则荷花采采，沼外则林樾鬖鬖。其清流可以措杯，其密荫可以布席。亭后辇石垒冈，延袤诘曲者，以数百尺计。（明·汤宾尹《逸圃园》）[②]

石径逶迤，桐阴布濩，四时野卉，纷披苔麓，于前则武陵一曲，列嶂环谿，板桥压流，回廊盘亘。岭有梅，寒葩凝雪，疏影横云，恍若罗浮之清梦焉。……菊畦缭绕乎篱边，药圃低亚乎坡侧。左则虹梁横渡，鹤浦偃卧，桃浪夹岸而涌纹，兰窝藏密而芽茁。（清·顾汧《凤池园记》）[③]

从各个时期的园记中，可以看出，对于自然之物的野趣的重视是贯穿于整个园林发展过程的。它是人的情致在“物”上表达出来的最直观的方式，是“自适”的一种寄托方式，穷达进退，任其自然，乐其情致所好，犹如花竹鱼鸟。

综上所言，复归自然是主体“适意”的人生体验在“物”上的落实，在天然野趣中默会真我，通过物的本真状态的敞开，揭去自我之蔽，使真我得以显现。“乐意相关禽对语，生香不断树交花，是无彼无此真机；野色更无山隔断，天光常与水相连，此彻上彻下真境”[④]，人与自然通过物的野趣的本真状态的呈现，达到圆融和谐的关系，“真机”是审美感知的深层效果，“真境”是审美想象进入

① （元）胡助：《隐趣园记》，载陈从周、蒋启霆选编，赵厚均注释：《园综》下，同济大学出版社 2011 年版，第 144 页。

② （明）汤宾尹：《逸圃园》，载杨鉴生、赵厚均编注：《中国历代园林图文精选》第三辑，同济大学出版社 2005 年版，第 89 页。

③ （清）顾汧：《凤池园记》，载陈从周、蒋启霆选编，赵厚均注释：《园综》上，同济大学出版社 2011 年版，第 174 页。

④ （明）陈继儒著，陈桥生评注：《小窗幽记》，中华书局 2016 年版，第 288 页。

的境界。在主体内在心灵的浸润之下，“野趣”过渡成“真趣”。

二、追求雅趣

雅趣之得，不仅在于物景，更在于情境。“琴、棋、禅、墨、丹、茶、吟、谈、酒”，此“九客”作为“游于艺”的实践，成了文人自娱自乐的雅玩活动，也最能代表士人文化素养的生活方式。明代士大夫的园居乐趣，造就了遍布大江南北的诸多名园，如徐渭的青藤书屋、王世贞的弇州园、邹迪光的愚园、王心一的归田园、袁宏道的柳浪园、袁中道的金粟园、祁彪佳的寓园、李流芳的檀园等。士人在自己的园林中，随心所欲，或读书赋诗，或弹琴对弈，或清谈经史，或论禅悟道，在这一系列的雅玩活动中，文人涤胸洗襟，注目移情，所谓“酒令人远，茶令人爽，琴令人寂，棋令人闲”[①]，在体验物趣之后，由物兴发对生命情景的感怀与反思，体现了主体的文化素养和情操，是雅趣的一种体现。文震亨在主张雅致高

图5—4　（北宋）李公麟《莲社图》（绢本设色 92×53.8 厘米　南京博物馆藏）

① （明）陈继儒著，陈桥生评注:《小窗幽记》，中华书局2016年版，第190页。

洁的总体基调上，就将其倡导的“雅”分为了高雅、风雅、清雅和古雅四类。在园林活动中，就有了琴的高雅，棋和酒的风雅，墨和茶的清雅，禅和吟的古雅。

荀子在《乐论》中说：“君子以钟鼓道志，以琴瑟乐心”[①]，《幽梦影》中有言曰“琴医心”[②]，嵇康以“素琴挥雅操”定格琴的基本品格。他们的论断都在说明，在士人的园林生活中，抚琴不仅是高雅的精神享受，也是宣泄情绪、平衡心态的重要方式。琴瑟平淡雅和，不追求声响，悠扬的琴声适于养心，能把人带入美妙的意境，使精神世界得到升华。清畅高逸的素琴衬托出与世无争的淡泊心态和坦荡无尘的高士情怀。士人在弹琴听琴时追求的是清神和清音的妙合，表现的是他们的闲情雅趣。白居易有诗曰：“左手携一壶，右手挈五弦。傲然意自足，箕踞于其间”[③]，其《池上篇序》中也描述了他在园林中弹琴听曲、悠然自得的乐趣。陶渊明有诗曰：“今日天气佳，清吹与鸣弹”[④]“息交游闲业，卧起弄书琴”[⑤]。陶渊明自身并不精于琴艺，只是喜欢琴的韵趣，他凭借自己特有的生活感悟，抚弄无弦之琴，从内心体验琴中的无限妙趣。琴于士人而言，不仅是在园林中追求景外情和物外韵的一种方式，还是达到“心斋坐忘”的自由审美境界的一个途径，其根本是为了追求宇宙天地之大乐。唐代的王维常与好友裴迪弹琴赋诗、啸咏终日；北宋苏舜钦寓居吴中时，也时而弹琴以释抒怀；南宋的陆游晚年闲居在家，就寄情于琴声之中。不难发现，琴实际上就是文人士大夫闲适生活的点缀和高情逸志的象征品。由于琴在士人

① （战国）荀况著，安继民注译：《荀子》，中州古籍出版社 2006 年版，第 337 页。
② （清）张潮：《幽梦影》，中州古籍出版社 2017 年版，第 234 页。
③ （唐）白居易：《香炉峰下新置草堂，即事咏怀，题于石上》，载赵雪倩编注：《中国历代园林图文精选》第一辑，同济大学出版社 2005 年版，第 283 页。
④ （晋）陶渊明著，逯钦立校注：《陶渊明集》，中华书局 1979 年版，第 49 页。
⑤ （晋）陶渊明著，逯钦立校注：《陶渊明集》，中华书局 1979 年版，第 60 页。

心目中的特殊地位，士人在造园时就会筑琴台、琴室、琴亭以示高雅。网师园的“琴室”是一无栏的飞角半亭，置于一个封闭式的小院落内。其对联曰：“山前倚仗看云起，松下横琴待鹤归”①，士人常以琴鹤相伴，倚仗、横琴，表现出超凡脱俗的心境和隐世情调，意境孤标不羁却淡远怡静。保定古莲花池有响琴榭和听琴楼，上海嘉定的古猗园有一景“五老操琴”，更是以奇石表琴趣。文人们在园林中弹琴听曲，不为谄上，不为媚俗，摆脱了功利的束缚而进入了审美的境界，它以一种内在超越的审美形式追求着心灵的自由。

如果说琴是通过美妙的曲调打动人心，使人获得精神的享受，那棋则是通过静默和沉思来调节情绪，沉淀身心。《世说新语》说：“王中朗以围棋是坐隐，支公以围棋为手谈。”② 坐隐是比避世的身隐更高一筹的心隐，手谈则比挥动麈尾的清谈更风雅。文人们弈棋也爱在清幽雅致的环境中，欧阳修有诗曰：“竹树日已滋，轩窗渐幽兴。人闲与世远，鸟语知境静。春光霭欲布，山色寒尚映。独收万籁心，于此一枰竞。”在此诗中，诗人并没有着力于弈棋本身的乐趣，而是通过尽情描绘弈棋时的周遭环境，表达文人弈棋所欲追求的一种雅趣。

园里水流浇竹响，窗中人静下棋声。（唐 · 皮日休《李处士郊居》）

棋信无声乐，偏宜境寂寥。（唐 · 贯休《棋》）

消日剧棋疏竹下，送春烂醉乱花中。（南宋 · 陆游《书怀》）

---

① 曹林娣：《苏州园林匾额楹联鉴赏》，华夏出版社 2011 年版，第 38 页。

② （南朝）刘义庆编，朱碧莲、沈海波译注：《世说新语》，中华书局 2011 年版，第 708 页。

偶与消闲客，围棋向竹林。（明·高启《围棋》）

这些诗词都突出了文人弈棋环境的清幽和宁静，弈棋时沉静的心理状态与大自然融为一体，衬托出弈者情趣的风雅、心境的无尘。士人在不同气候、不同时间对弈就会有不同的感受。

十亩野塘留客钓，一轩春雨对僧棋。（唐·韦庄《长年》）

句成苔石茗，吟弄雪窗棋。（唐·黄滔《题友人山斋》）

樽酒乐余春，棋局消长夏。（北宋·苏轼《司马君实独乐园》）

在幽静的园林环境中，文人于方寸之地求得自由心境，游心于其中，这也是文人固守心灵的净土以保持精神平衡的方式。文人通过黑与白的组合，见微知著，或体悟人生真谛，或寄托家国感慨。围棋构建了一片精神的净土，文人在其中追求内心安宁，人格独立，以逃逸世俗，陶冶情性。

酒是园林活动不可或缺的内容，《世说新语》说："王光禄云'酒正使人人自远'"①"王卫军云：'酒正自引人著胜地'"②。酒能使人忘却自己，能把人带到美妙的境地。正因为如此，士人通过酒得以身心放松，暂时忘却烦恼，并借此尽情宣泄内心的喜怒哀乐，从中获得暂时的快感和享乐。"竹林七贤"个个都是饮酒的高手。陶渊明隐居后，终日以酒相伴，从品味酒的甘苦中来感悟人生。醉酒之

① （南朝）刘义庆编，朱碧莲、沈海波译注：《世说新语》，中华书局2011年版，第742页。

② （南朝）刘义庆编，朱碧莲、沈海波译注：《世说新语》，中华书局2011年版，第752页。

后的作诗抒怀，更显其心境的平和自然。“古人赏我趣，挈壶相与至。班荆坐松下，数斟已复醉。父老杂乱言，觞酌失行次。不觉知有我，安知物为贵。悠悠迷所留，酒中有深味。”① 表达了酒醉中物我两忘、超然物外的乐趣。在李白看来，酒中之趣在于通大道合自然，这是只能意会不可言传的，其诗曰：“三杯通大道，一斗合自然。但得酒中趣，勿为醒者言。”② 在大自然中饮酒，才能感受到天人合一的妙境。无论是独饮还是对酌，无论是在花前月下还是在山林老泉，士人追求的只是酒中趣，只有知趣，才能悠然自得。士人游园活动往往喜欢酒后赋诗作画，酒助墨性。明代吴延翰在《醉轩记》中述说了完整的酒醉体道的过程：

天下之物，其好之真，有如酒者，则醉岂特酒哉？吾以适吾好，则快乎志，娱乎耳目，浸灌滋润乎肺肠，发纾乎肌肤毛发，应感乎物，注乎吾心，则中焉耳矣，而又安所事酒也？故吾每坐轩中，穷天地之化，感古今之运，冥思大道，洞贤玄极，巨细终始，含濡包罗，乃不知有宇宙，何况吾身！故始而茫然若有所失，既而怡然若有所契。起而立，巡檐而行，油油然若有所得，欣欣然若将遇之，凭栏而眺望，恢恢然、浩浩然不知其所穷。返而息于几席之间，晏然而安，陶然而乐，煦煦然而和，盎然其充然，澹然泊然入乎无为。志极意畅，则浩歌颓然，旋舞翩然，恍然、惚然、怳然，不知其所以也！③

① （晋）陶渊明著，逯钦立校注：《陶渊明集》，中华书局1979年版，第95页。
② （唐）李白著，郁贤皓选注：《李白选集》，上海古籍出版社2013年版，第212页。
③ （明）吴延翰：《醉轩记》，载黄卓越辑著：《闲雅小品集观》上，百花洲文艺出版社1996年版，第16页。

将醉酒的过程和状态描写的细微有致，将酒后"真"性的宣发视为乐趣。《幽梦影》说："有美酒便有佳诗，诗亦乞灵于酒"[①]，在山水间饮酒，似醉非醉之间，外在的束缚被解开，灵感容闪现，佳句往往信手拈来。梁萧统就曾说陶渊明的诗，篇篇有酒。东晋王羲之更是在兰亭集会的尾声，乘着酒兴写下了传世名作《兰亭集序》。唐代书法家张旭常常在酒后索笔挥洒，若有神助。怀素更是一日数醉，醉后写成著名的《自叙贴》。酒不仅助书，还能助画。唐代吴道子每次作画前，必先酣饮。北宋书画家以苏轼、黄庭坚、米芾、蔡襄为代表，都喜欢酒后挥毫。明代唐寅和清代郑板桥，其求画者往往载酒而来，以酒为饵，以求真迹。可见，在文人的园林生活中，酒与诗、书、画有着不解之缘，与墨迹有着醉意之助。它们都是为了达到物我合一的精神境界，用以抒高隐之幽清，发书卷之雅韵的方式。酒帮助文人忘记世俗之心、功利之心，淋漓尽致地表现自我的个性和灵性，真切地品味人生。酒与高雅的诗书画的融合，使它入于雅流，给身隐或心隐的园林生活带来了无穷的乐趣。

《幽梦影》说："谈禅不是好佛，只以空我天怀；谈元不是羡老，只以贞我内养。"[②]文人在园林中谈论禅理，并不是喜好佛教，只是为了使自身的胸怀达到空虚无物的境界，谈论玄理也不是羡慕老子，也只是为了使自身的内心修养更加纯正。《小窗幽记》说："参玄借以见性，谈道借以修真。"[③]参玄为的是发现人的本性，谈道为的是修身养性。《看山阁闲笔》说："良朋好友，促膝谈心，不觉风过中庭，春生满境。此时光景，令人有若饮醇醪而心自醉。"[④]志同

① （清）张潮：《幽梦影》，中州古籍出版社 2017 年版，第 162 页。

② （清）张潮：《幽梦影》，中州古籍出版社 2017 年版，第 230 页。

③ （明）陈继儒著，陈桥生评注：《小窗幽记》，中华书局 2016 年版，第 34 页。

④ （清）黄图珌著，袁啸波校注：《看山阁闲笔》，上海古籍出版社 2013 年版，第 146 页。

道合的朋友于园林中谈禅论道，是文人不落于流俗、安于孤独、禅归本色的清雅之举。园林的幽静环境与文人雅士的清谈相得益彰，与外与内都浑然一体。清谈久矣，人易疲乏，而茶饮不仅解渴，还醒脑提神。故品茶也成了文人清雅的生活内容之一。唐代，士人常常以茶点会友，称之"茶会"或"茶宴"。钱起的《与赵莒茶宴》曰："竹下忘言对紫茶，全胜羽客醉流霞。尘心洗尽兴难尽，一树蝉声片影斜。"① 此诗描述了品茶的环境和气氛，"竹下忘言"足见朋友之间的志趣相投，亲密友好，表达了以茶会友的雅兴。北宋苏轼认为茶能帮助他摆脱烦恼，于他而言，茶是保持心胸豁达的最好方式，并在无言长诗《寄周安孺茶》中全面总结了自己对茶的认识。南宋陆游一生与茶相伴，常以"桑苎家""老桑苎""竟陵翁"自称，而"桑苎""竟陵"都是茶圣陆羽之号。明代唐寅则绘有多幅以自然山水为背景的茶画，体现了文人对自然脱俗生活的向往。从其《事茗图》中可见，远山如黛，巨石峥嵘，飞湍瀑布，小桥流水，古松兀然而立，数间茅舍依山傍水，室内一人正在煮茶，屋外一老者在桥上缓缓而行，侍童抱琴紧随其后，似如约前来弹琴茗茶清谈。画面幽静而传神，是当时文人寄情于瀹茗闲居的写照，表现出画家超然

图5—5　(明)唐寅《事茗图》(纸本设色长卷 31.3×105.8厘米　故宫博物院藏)

① (唐)钱起:《与赵莒茶宴》，载(清)彭定求等编:《全唐诗》，中华书局1960年版，第2688页。

物外、追求与自然合一的心迹。文震亨在《长物志》中则记载了焚香伴茶的生活情趣。徐渭在《秘集致品》中述说了要在相应的饮茶环境中追求高雅的品茗意趣，认为唯有文人雅士和逸士高僧才是真正的品茶之人。陆树人在《茶寮记》中提及人品与茶品相得，认为品茶者的道德修养也是决定品茶趣韵的重要因素。冯正卿则在《岕茶笺》中提出了品尝的十三个条件，将文人品尝的情趣尽数道来。文人在品味茶的色、香、味、形的过程中，获得深思的遐想和精神上的愉悦。相对于酒，茶更能体现一种中澹闲洁、清寂敬和的人格追求。苏州虎丘的后山就筑有“云在茶室”，其对联曰：“云带钟声采茶去，月移塔影啜茗来。”人入茶室的环境，似进清幽静雅之境；用心品之，顿觉仙风道骨之气。在此园林之境中茗茶，远离了红尘，也悟出了“茶禅一味”的真谛。因此，清谈与品茶的园林活动显现了文人追求清灵、淡泊的雅趣。

文人除了个体的园林活动，除了著文作诗这样的文雅举止，他们还喜欢在园林中聚会结社。志同道合是士人雅集的基础，或饮酒赋诗，或弹奏乐器，或共赏美景，文人的雅趣之举在此充分展现。东汉末年的“西园之会”，曹丕、曹植经常与建安诗人王粲、刘桢、陈琳等人在曹操的园囿“西园”聚会；魏晋时期，“竹林七贤”常聚于竹林之下，饮酒谈玄；西晋时期，一些士人常在富豪石崇的金谷园中聚会，称“二十四友”；东晋时期，百莲社开启了文人与僧人结诗文社的先河；唐代，有消遣娱乐的避暑会、消寒社；宋代，以黄庭坚为首的江西诗社对于诗歌创作起了一定作用；元代，诗社活动盛起，如无锡的碧山吟社，浙江的湖社，杭州的西湖八社等，诗社活动的内容主要是饮酒赋诗，清谈“山水道艺”；清代，扬州的马氏小玲珑山馆、程氏筱园、郑氏休园是文人雅集的主要场所，《扬州画舫录》中就记载了诗文之会的盛况。集会除了写诗作文之外，还有听曲观戏宴饮之类的活动，可见，文人追求清雅、率真的生活方式，其中的情趣是极其广泛的。

不难看出，本着孔子“游于艺”的教诲，士人筑园、修园并在园林中生活，琴棋书画诗酒茶，这些园林的雅玩具有畅神自娱、消愁解忧的功能，是为了实现人的心灵和自然物的融合，是于实处求虚境的中介，尽显了文人的风雅。对于它们的玩赏将主体带进了一个物我合一、宠辱皆忘的天地之中。从真山水到园林雅玩，都应看作是文人重构精神空间的一种努力，它们只是用来表意的，只有领会到其中的雅趣，从自然中悟出道理，超越现实，才能进入道忘怀得失、怡然自乐的人生境界。

三、畅达情志

儒家思想指导士人寄情于物、抒发情志，构建园林，营造恬静生活空间；道家思想指导士人对自然充满敬意，遵循自然、依顺自然；禅宗思想指导士人与世无争，注重营造适合寂思冥想的场所。《长物志》言：“亭台具旷士之怀，斋阁有幽人之致。又当种佳木怪箨，陈金石图书。令居之者忘老，寓之者忘归，游之者忘倦。蕴隆则飒然而寒，凛冽则煦然而燠。”[①] 由于中国文化的积淀，园林处处都体现着文人的情志人生。情志标榜着文人的人生理想和境界追求，情志意味着超越，超越世俗，超越形质，超越有限。所以，亭台要有文人的情怀，楼阁要有隐士的风致。园林中的佳树奇竹、金石书画才是园中之人永不觉老和流连忘返的原因。园林中也多见“寄傲”“洗耳”“后乐”“颐志”等标榜园林主人人格追求的题额，唐代大文学家柳宗元更是将自己园林中的溪、山、泉等景物都用“愚”字来命名，以表示自己人格的孤怀卓荦。园林所体现的人生

① （明）文震亨著，汪有源、胡天寿译：《长物志》，重庆出版社 2008 年版，第 1 页。

情志将悦目式的外在愉悦升华到了悦心悦意的内在领悟，体现了文人对本体的追求，是审美境界的最高层次。

北周庾信在《小园赋》中写道：

> 一寸二寸之鱼，三竿两竿之竹。云气荫于丛蓍，金精养于秋菊。枣酸梨酢，桃榹李薁。落叶半床，狂花满屋。名为野人之家，是谓愚公之谷。试偃息于茂林，乃久羡于抽簪。虽有门而长闭，实无水而恒沉。三春负锄相识，五月披裘见寻。问葛洪之药性，访京房之卜林。草无忘忧之意，花无长乐之心。鸟何事而逐酒？鱼何情而听琴？①

庾信向往的几亩小园，寂寥清静与喧嚣尘世隔绝，即使住宅近市但不求朝夕之利，乘荫纳凉体味的是隐居之意，面城而居享受的是闲居之乐，更可体味羡慕已久的闲散隐居生活。他对园林写意性如此深刻的体会，正是因为自然质朴的园林最能直接抒发自己的胸臆。其人生志趣中，一水便是江湖，一山能纳千仞，一叶就知劲秋，一蝉鸣得天籁。在那扇虽有但经常关闭的门里，不仅有一个与自然融为一体的小园林，还存在着一个与天地同广阔的精神世界，此方寸山水经精神世界的“去蔽”，便可见出宇宙的无限。士人的人生情志的参与，不仅可以引起人情感的共鸣，还可以最终进入物我相忘的天地境界；不仅促成了“以小见大”的园林手法，还使中国园林呈现内敛化。

唐代柳宗元在《愚溪诗序》中写道：

---

① （北周）庾信：《小园赋》，载陈从周、蒋启霆选编，赵厚均注释：《园综》下，同济大学出版社 2011 年版，第 223 页。

溪虽莫利于世，而善鉴万类，清莹秀澈，锵鸣金石，能使愚者喜笑眷慕，乐而不能去也。予虽不合于俗，亦颇以文墨自慰，漱涤万物，牢笼百态，而无所避之。以愚辞歌愚溪，则茫然而不违，昏然而同归，超鸿蒙，混希夷，寂寥而莫我知也。①

诗人认为溪水存在的意义不在于它给世人带来的好处，而在于它映照万物的属性以及它发出的声音能使愚蠢的人眷恋和爱慕。他以愚溪自喻，即在表明他不合世俗的人生志趣，用文章来表达自我，创造出体合自身志向的审美境界。他用言辞歌唱愚溪，即看到了万物归一的终极归宿，也将自身的志向放置于天地尘世之中，以便融入静寂的无限。柳宗元将溪水作为自身寻求安慰的对象，在溪水的灵性中观照自身的意致，并在对溪水的“味”和“悟”之中，始终保持一个清远、旷淡的“愚”心，既排遣郁积在胸中的愤懑，又建立了与自然融合的率真耿介的理想人格。应该说，对愚溪的情感观照，使柳宗元的情感世界获得舒缓，精神世界得以寄托。人生情志在园林景致中的投入，化解了主体在现实中的精神苦痛，将主体的消极情感转化为空寂幽冷的情怀。

元代姚燧的《归来园记》中写道：

吾家有园，凿池其中，中池为堂，外为四亭。东亭艺兰，兰则春芳，取楚屈原之辞，曰：“纫兰”；南亭北轩，阚池种莲，莲则夏敷，取周子之说，曰：“爱莲”；西亭植菊，菊则秋荣，取陶潜之诗，曰：“采菊”；北亭树梅，梅

① （唐）柳宗元：《愚溪诗序》，载赵雪倩编注：《中国历代园林图文精选》第一辑，同济大学出版社 2005 年版，第 303 页。

则冬花，取林逋之句，曰：“疏影”。顺四时草木秀发，循环流居四亭，期没吾齿，独中池之堂与园未名，子为制之。余曰：屈原之爱君，周子之鸣道，陶潜之明达，林逋之隘狷，能法四贤足矣，又何他求为耶？诗曰：高山仰止，景行行止。宜名堂曰：“景山”。①

明确地道出了园林之物是个体人格的物化，其中寄寓了文人对“道”的体悟。大道虚而无处不在，悟道之人在静默的观照中，循顺自然，玄同物我，达到体乎自然的境界。在物化的审美体验中，没有了物我之间的界限，姚燧园内的兰、莲、菊、梅，于他解除了人与物的物质关系，人不在物外看物，而物化于世界之中，对象化的世界被忘已忘物的纯然一体所取代。物为主体心性的延展，心灵超越的媒介。在审美体验中，以小见大，以物见人，以性见意，以实见虚，于微小的园林之物中见到文人的人生志向。

明代陈洪绶的《借园记》中说：“风日清美，经营其间，绿竹当户，豫章上天，养生学佛，书画种田。胸中忽有南面百城、傲人意心，自叱曰：竹为叔祖之竹，树为吾兄之树，我见乎此，借也，何有于我哉？”② 陈洪绶的生活，养生学佛，书画种田，田园之隐的恬淡自适跃然纸间。视竹、树的亲缘关系，已然是物化的写照。陈洪绶在借园的生活，寄托了他的高隐之志和终老之乐，其中的知足常乐显现了他的品格情致。他以平常之心对待生活对待人生，通过田园生活，将顺自然求自由的自然人格，升华为返璞归真的现实人格，在平常的生活中见到了人生的乐趣。谢肃在《密庵集·水竹居

---

① （元）姚燧：《归来园记》，载陈从周、蒋启霆选编，赵厚均注释：《园综》下，同济大学出版社 2011 年版，第 197 页。

② （明）陈洪绶：《借园记》，载杨鉴生、赵厚均编注：《中国历代园林图文精选》第三辑，同济大学出版社 2005 年版，第 376 页。

记》中写道：

> 地大乔木，巨植苍翠，蔚然与水光山色混。天碧而延野绿者，不出户庭而四瞩皆尽。……是则水竹居不徒乐互游适观美而已也，想其端居朝夕，或夷犹水上，或笑傲竹间，神情超远，悠然与二者相会于澄清虚静之乡，咏孺子之歌，诵淇澳之诗以自警焉，而进于善，则思恭为学将无取于水竹之助乎！……深得水竹之妙于行迹之外，不亦乐乎？斯乐也，思恭宜有以自取之矣，遂书以识焉。①

描写了水竹居的景致，并将素朴的情致寄寓于素朴的景物之中。因“道”的作用，万物并作，主体以虚静的心态从万物勃勃生机的生命运动中体悟“道”，于平淡中见隐逸的园林之乐。“神情超远”既是才情的清雅安定，又是精神空间的超脱玄虚；“澄清虚静之乡”，既是在说审美境界，也是在说人生境界。物境由心境而进入到意境，“思恭宜有以自取之”，此意境中包蕴着主体的人格情怀和人生理想。“或夷犹水上，或笑傲竹间”“咏孺子之歌，诵淇澳之诗”，这些园林行为也充分说明了园居生活的适意自得，以及园主的极好心情。主体也正是透过清佳的园林环境，加以超朗虚恬的情性，悟到了园林真乐。

明代李流芳的《檀园集》中有诗云：“山居不须华，山居不须大。所须在适意，随地得其概。高卑审燥湿，凉燠视向背。楼阁贵轩翥，房廊宜暎带。或与风月通，或与水木会。卧令心神安，坐令耳目快。”② 此诗是李流芳与杭州皋亭山寺僧闲谈园林的内容，其中体

---

① （明）谢肃：《水竹居记》，载杨鉴生、赵厚均编注：《中国历代园林图文精选》第三辑，同济大学出版社 2005 年版，第 368 页。

② （明）李流芳著，李维琨校：《檀园集》，上海文化出版社 2013 年版，第 23 页。

现了他的人生情志。他认为，造园的根本目的是“适意”。要达到耳目心体的舒适，坐卧栖游的畅适，小而精、简而雅的园林即可。“与风月通”“与水木会”则是小园与天地大观的交融相汇，体会的是生命被悠然玄想所激越的畅适，它是心灵的大适意。这个大适意超越了有限的束缚，飞向无限自由的精神状态，便是人生的最高境界“道”。李流芳于简致的园居中实现无限的大适意，表明了他的人生观念和生活态度。造远不重巨丽，但求简单雅致。造景讲究水木清华，又与屋宇映带。审美需求“适应”，还要默会“真我”。可见，他将造园视作实现自我的一种艺术实践，寻求“适意”的人生体验。为了这种人生志趣，他更是高隐于佛教名山之中，静坐一室一龛之下，修佛法悟大道。这种淡泊的人生情志是以萧然清远之心为生命的最高境界。

清代潘耒的《纵棹园记》中写道：

> 有堂临水，曰“竹深荷净之堂”。有亭在水心，曰“洗耳”。有阁覆水，曰“翦淞”。有桥截水，曰“津逮”。不叠石，不种鱼，不多架屋，凡雕组藻绘之习皆去之，全乎天真，返乎太朴，而临眺之美具焉。君家去园不半里，每午餐罢，辄刺船来园中，巡行花果，课童子，剪剔灌溉，瀹茗焚香，扪松抚鹤，婆娑久之而后去。有佳客至，则下榻焉。琴弈觞泳，陶然竟日。①

潘耒对堂、亭、阁、桥的命名，就展示出了他的文人价值取向。而其中“全乎天真，返乎太朴”的园林设计和园林生活，都显

① （清）潘耒:《纵棹园记》，载陈从周、蒋启霆选编，赵厚均注释:《园综》上，同济大学出版社 2011 年版，第 75 页。

现出他洁身自好、安贫乐道的生活理想。“朴”观照的是一种宁静平和的田园生活，是个人性格志趣的本真表现，还是个体内心的自愿选择。它也反映了精神对于现实的逃离，心灵对于世俗的隐遁。潘耒在对“真”和“朴”的追求中，在对拙朴园林美的观照和心理体验中，自己的人生境界得到了升华，在闲适雅致的园林生活中展现了他恣意素朴的现实人格。

从历代名人的园记中，可以隐约地见到其中蕴含着的人生志向。世人慕园游赏，也不在园自身，而在于园中的人，以及园中人的人生情志。白居易就言：“大凡地有胜境，得人而后发；人有心匠，得物而后开：境心相遇，固有时耶？盖世境也，实柳守滥觞之，颜公椎轮之，杨君绘素之：三贤始终，能事毕矣。”[①] 他认为通常胜境之地，境心相遇，得到人投入的情志之后才能够成就胜境。北宋李格非在论“独乐园”时也说：“温公自为之序，诸亭、台诗，颇行于世。所以为人钦慕者，不在于园耳。”明代张鼐在《盖茅处记》中也写道：“余性嗜丘园，夙敦禅悦，数椽古屋，栖已俭于鷦鷯；四壁秋风，趣更饶于薜荔。暇当选佛，闲亦观空，意不属于蜗争，忻亦同于鸟托。盖茅之旨，余有味焉。”[②] 名士的人文精神深深地镌刻在园林的虚境之中，就如刘禹锡虽然蜗居斗室，但其情趣高雅的《陋室铭》，诗人的有“德”而“馨”，使得简陋的居室声名远播。可见，园只是人的外在符号，而其中的志向和理想才是园的灵魂，正如白居易与庐山草堂、欧阳修与扬州平山堂、苏舜钦与苏州沧浪亭。

综上，园林通过多种多样具体的形式，表现出了相似的人生情

① （唐）白居易：《白苹洲五亭记》，载陈从周、蒋启霆选编，赵厚均注释：《园综》下，同济大学出版社2011年版，第46页。

② （明）张鼐：《盖茅处记》，载黄卓越辑著：《闲雅小品集观》上，百花洲文艺出版社1996年版，第450页。

志，即通过园林“朴”的景境之美体现人“德”的志向追求，通过园林“远”的意境之美体现人生境界的高远孤怀。人的审美体验将园林物的自然复归与人的雅趣追求相结合，表现出人生情志的畅达，揭示出园林虚实之景中蕴含的人生妙理。可以说，它就是园主营构及观者情趣的返照。如鸟鸣花露，或以为鸟惊心花溅泪，或以为人生轨迹、宇宙妙谛；帝王视山为万寿视水为福海，而士人则以拳石为山勺水为湖，象征归隐的山野江湖等。各人的情致因各自的文化背景和人生经历而各有不同，所以在园林审美中，观者在欣赏中势必含有几分自我意趣在其中，对园林意境的领悟也因人的情趣的深浅而有高低之别。园林提供了一个可见的实有的空间，而审美提供了一个不可见的想象的空间，园林审美则提供了可见与不可见的交汇。境心相遇，在此交汇的瞬间所进入的澄明之境，就是神与物游的审美境界。在此境界体验中，主体从“实”的天然野趣和文人雅趣中现出“虚”的人生志趣，从对现象的观照中实现了对本体的追求，跃入了与万物豁然相通的永恒的且进退自然的存在空间。

结　论

笔者基本厘清了园林中虚实概念的缘起和发展，爬梳了园林中的三种虚实关系的呈现，说明了园林意境生成过程中虚实的转换过程，解释了在审美体验中从心灵之虚走向宇宙本体之虚的具体形式。从中可以看出重直觉、重感悟，且不脱离对“道”的把握和认知的中国思维方式。人之所以进行园林审美，就是因为人需要通过它来把握“道”，期待从它那里获得某种意义。也正是这种对“道”的追寻、对意义的获得构成了人对园林意境的享受。于是，园林也成了一种具有超越性存在的符号。

从对中国园林的虚实问题的分析中，不难发现中国园林具有的双重性，一重是园林本身的样子，即是园林的实体；一重是园林使人想起的那种东西，即是园林的情致。它的双重性也导致了具有意境的园林呈现出了两种形态：一种是园林作品的形态，即园林自身的外在的物理形态；一种是园林世界的形态，即园林世界的内在的敞开形态。从终极的意义上讲，无论是双重性的统一，还是两种形态的统一，都是虚与实的统一。作为形上之道的虚和作为形下之器的实，实际上并不是两种不同的存在，而只是这一个世界的不同呈现方式。而世界的呈现是以人自身的存在及其活动为前提的。因此，作为形上之道的虚和作为形下之器的实，充分体现了存在的敞开及其与人自身存在的关联。王夫之说：

> 形而上者，当其未形而隐然有不可逾之天则，天以之化，而人以为心之作用，形之所自生，隐而未见者。及其形之既成而形可见，形之所可用以效其当然之能者，如车之可以载，器之所以可盛，乃至父子之有孝慈，君臣之有忠礼，皆隐于形之之中而不显。二者则所谓当然之道也，形而上也。形而下，即形之成乎物而可见可循者也。形而上之道隐矣，乃必有其形，而后前乎所以成之者之良能著，后乎所以用之者之功效定，故谓之形而上，而不离乎形。①

在此，王夫之将形上、形下与人的视觉相关的隐、显联系起来，说明存在只是一个本然的状态，其自身并没有形上和形下的区分只是因为人意识的作用，人在面对存在时，就会在形下之器中见到形上之道。隐的“虚”离不开显的“实”。形上之道的敞开，不能离开形下之器；道的澄明，也无法脱离形下之器，这充分说明园林是众多的指向形上之道的现实存在形态之一。也表明园林这种存在本质上是与人自身的存在境域相联系的，存在的现实形态本身即是对象世界与人自身的统一。如果没有人自身存在的到场，园林势必只能呈现出其本然的状态，而难以成为审美的存在。同样，如果缺失了对象世界的到场，审美活动就没有了具体的依据。所以，只有总体地把握了园林的双重性才能把握完整的园林世界，才能达到

① （明）王夫之：《船山遗书》第一册，岳麓书社1996年版，第568页。

广义的存在与人自身存在的统一。人需要通过“实”的园林景观去感知对象世界，同时人也需要“虚”的园林情致去实现对终极存在的追求。人自身的存在才能使“虚”从遮蔽的状态中显现出来，使整体的存在者处于敞开的状态，从而进入澄明之境。

从终极的意义上来说，绝对的“虚”是不存在的。园林的“虚”还是要落实到某种具体的存在形态上，无论是从实到虚还是从虚到实，只是不同的存在形态在发生转变。虚实问题虽然与本体论相关，但也只有联系到人的认知和实践，才能理解它的全部意义。当然，虚实之别只具有相对的意义。这种相对性既是指“虚”相对于特定的存在方式或形态而言，也指“虚”与人的知和觉等相关。园林内的景物所构建的对象性空间，即是实景。人所想象的一种主观化的历史性空间，即是虚境。景存在于人的视野之中，是可见的；境则存在于人的心中，需要审美主体的领会，是不可见的。因此，在园林审美中，园林“实景”是现实的存在，理想的外化，而“虚境”则展现为实景的升华。有限的对象性空间的建构始终是围绕着无限的历史性空间的生成而展开的。只有让审美主体从对象性空间的“实景”，进入到历史性空间的“虚境”，在此虚实交融中，天人之间才呈现出统一的存在形态。故此，园林的真正旨趣并不在于它显现出了关于本然世界的存在图式，而在于通过其中的各个层面的虚实关系，通过人的感知和认识过程，最终使世界具有澄明存在的意义。

需要说明的是，园林这一存在除了“实”的空间之维还包含着“虚”的时间之维，其形态的统一也展开为一个过程。就园林审美而言，时间性体现在园林作为具体的统一体，需要在空间上完成某一审美活动从开始到结束的过程。在此在的虚无之场中，生命或道都处于某种遮蔽状态之中。园林时间的空间化，可在时间的转化中将现实剥离出来，在虚无的状态下显现出在场的存在者，从而使园林成为人可以领会的完整世界。此刻，统一的存在形态是生成的，而不是既成的。园林的审美主体通过时间空间化的方式去见到内隐的“虚”，并通过内隐的“虚”去把握完整的园林世界。对于园林这一完整的世界而言，时间性在不同存在形态的显现和转换过程中展现出来，从社会时间向自然时间的转化也正是存在的间断性向时间的连续性的过渡。园林之“实”的具体性既表现了时间在审美活动中的展开，也体现了审美主体对现实中的这种残片式的把握。即时即地的审美显现为从园林世界这个整体中切割出来的残片，在历史性空间中，社会时间向自然时间的流向的转变，可以实现由残片走向完满的转换，也可完成有限向无限的超越。从而在即刻的园林审美中，残片自身就是一个整体，残片的瞬间时空内在地蕴含于生命活动的源始存在场域中。因此，从园林作品的欣赏到园林世界的敞开，主体对园林统一性的把握是一个动态的过程。在这个过程中，作为“道”的先在状态的显现的虚景，将事物的本原带入解蔽状态中，其中的时间和空间也作为生命的存在场所内在于生命活动之中，成为人或此在对于生存意义的理解和领悟。而且，随着残片式的瞬间时空的生成，生命之本真得以澄明。

体现本体论虚实关系的园林意境，是具有哲理意味的。它是园林气氛经过深化实现的升华，也因为理性成分的加入，才获得了哲理的意味。哲理与情感的融合，体现为一种园林的情致。审美进入此阶段，已将初期的身体性的处境感受过渡到心灵的会意，即从“目视”到“神遇”。感性的“目视”之观能得道之“实”，而理性的“神遇”之观才能得道之“虚”。外观和内省的统一，道之“实”与道之“虚”的统一，才能完整地把握具有无限创生力的原初的“道”。因此，园林意境的“虚”即是“意”，它是主体性的“虚”，也就是非实体性的超越性的存在。“虚”才是园林意境产生的必备条件。园林景象只是启动了人心灵的主观能动性，使物境跟心境融为一体。而主体性的“虚”的到场，帮助完成了意境由“实”到“虚”又返回到“实”的过程。通过主体性的“虚”，物的生命本真的存在才能得以澄明。园林意境也在对当下物象的超越中得以实现，使物的本然与造化自然的无限存在在融通为一的生命力中得以显现。

体现工夫论虚实关系的园林审美体验，要求心灵的虚无化，即是对日常生活欲望的否定。它要求审美主体有艺术的心灵、审美的心理，能够以“身”的游目畅神、以“心”的澄怀虚静，实现人与园融合的味象观道。“游心于虚”的审美体验，就是从园林的实体走向园林的情致，从有限走向无限，从构成走向本体，它欲达到“心与境合”的境界，以把握宇宙的本质。在此，审美主体“闲”的状态是至关重要的。只有心闲、神闲，主体才会以一种生命的态度去看待世界。也只有生命的态度才能将世界从对象化中解脱出来，还原生命本然的意义。园林中的无论是山林之乐还是鱼鸟之乐，无论是身体之乐还是心灵之乐，其体验的终极目的就是为了获得身心的解放和自由，从审美境界过渡到人生境界，达到自由生活的目的。园林审美体验中的“虚”更多地体现为一种动态的心理活动，即主体有意识地通过各种审美活动将心灵回复到虚静无欲的状态，并从其中直觉或体验到“道”的存在。这个致使心灵虚无的审美体验，就在观游和居住等体验活动之中成就了园林的趣与乐。从实的审美感知到虚的审美想象，即是从“有”达于“无”，在“虚”的过程中实现了“无”，它既要“澄怀味道”，也要“中得心源”，在人与世界、小我与大我、瞬间与永恒的融合为一中，存在得以整体显现，从而把握到园林审美体验的本真。

综而观之，园林美学中的虚与实是相互依存的。无论是哪个层面的虚实关系，都显现出“虚”对“实”的依托性。然而，从终极意义的角度看，“虚”仍占据着优先的地位，因为它是事物本体的存在方式，也是人自身的此在与园林世界的存在相互敞开的呈现方式。

参考文献

一、中文著作

1.（汉）刘安著，（汉）许慎注，陈广忠校点：《淮南子》，上海古籍出版社 2016 年版。

2.（汉）许慎著，（清）段玉裁注：《说文解字注》，上海古籍出版社 1981 年版。

3.（魏）王弼注，楼宇烈校释：《老子道德经校释》，中华书局 2011 年版。

4.（魏）王弼注，（晋）韩康伯注，（唐）孔颖达疏：《周易注疏》，中央编译出版社 2013 年版。

5.（晋）陶渊明著，逯钦立校注：《陶渊明集》，中华书局 1979 年版。

6.（南北朝）宗炳、王微著，陈传席译解：《画山水序 · 叙画》，人民美术出版社 1985 年版。

7.（南朝）刘义庆编，朱碧莲、沈海波译注：《世说新语》，中华书局 2011 年版。

8.（唐）房玄龄等：《晋书》，中华书局 1974 年版。

9.（唐）房玄龄注，（明）刘绩补注，刘晓艺校点：《管子》，上海古籍出版社 2015 年版。

10.（宋）郭熙著，周远斌点校：《林泉高致》，山东画报出版社 2014 年版。

11.（宋）沈括著，侯真平校点：《梦溪笔谈》，上海古籍出版社 2013 年版。

12.（宋）陆九渊著，钟哲点校：《陆九渊集》，中华书局 1980 年版。

13.（宋）黎靖德编：《朱子语类》，中华书局 1986 年版。

14.（明）文徵明著，周道振辑校：《文徵明集》，上海古籍出版社 2014 年版。

15.（明）陈继儒著，陈桥生评注：《小窗幽记》，中华书局 2016 年版。

16.（明）计成著，陈植注释：《园冶注释》，中国建筑工业出版社 1981 年版。

17.（明）文震亨著，汪有源、胡天寿译：《长物志》，重庆出版社 2008 年版。

18.（明）李渔撰，杜书瀛校注：《闲情偶寄·窥词管见》，中国社会科学出版社 2009 年版。

19.（明）王夫之：《张子正蒙注》，中华书局 1975 年版。

20.（清）彭定求等编：《全唐诗》，中州古籍出版社 2008 年版。

21.（清）张潮：《幽梦影》，中州古籍出版社 2017 年版。

22.（清）钱大昭著，黄建中、李发舜点校：《广雅疏义》，中华书局 2016 年版。

23.（清）李斗著，汪北平、涂雨公点校：《扬州画舫录》，中华书局 1960 年版。

24.（清）沈复著，周公度译注：《浮生六记》，浙江文艺出版社 2017 年版。

25.（清）郭庆藩撰，王孝鱼点校：《庄子集释》，中华书局 2013 年版。

26.（清）黄图珌著，袁啸波校注：《看山阁闲笔》，上海古籍出版社 2013 年版。

27. 陈鼓应：《老子注译及评介》，中华书局 2009 年版。

28. 陈鼓应：《庄子今注今译》，中华书局 2009 年版。

29. 陈鼓应：《老黄帝四经今注今译》，商务印书馆 2016 年版。

30. 陈从周：《园林谈丛》，上海人民出版社 2008 年版。

31. 陈从周：《园林清议》，江苏文艺出版社 2009 年版。

32. 陈从周、蒋启霆选编，赵厚均注释：《园综》，同济大学出版社 2014 年版。

33. 曹林娣：《苏州园林匾额楹联鉴赏》，华夏出版社 2011 年版。

34. 傅松雪：《时间美学导论》，山东人民出版社 2009 年版。

35. 葛荣晋：《中国哲学范畴通论》，首都师范大学出版社 2001 年版。

36. 黄卓越辑著：《闲雅小品集观》，百花洲文艺出版社 1996 年版。

37. 金学智：《中国园林美学》，中国建筑工业出版社 2009 年版。

38. 李泽厚：《美的历程》，天津社会科学院出版社 2009 年版。

39. 梁启雄：《荀子简释》，中华书局 1983 年版。

40. 刘文英：《中国古代意识观念的产生和发展》，上海人民出版社 1985 年版。

41. 王文锦：《礼记译解》，中华书局 2001 年版。

42. 杨伯峻：《孟子译注》，中华书局 2008 年版。

43. 杨伯峻：《论语译注》，中华书局 2009 年版。

44. 叶朗：《中国美学史大纲》，上海人民出版社 2013 年版。

45. 朱光潜：《朱光潜美学文集》，上海文艺出版社 1982 年版。

46. 张岱年：《中国古典哲学概念范畴要论》，中国社会科学出版社 1989 年版。

47. 张祥龙:《海德格尔思想与中国天道》，生活·读书·新知三联书店 1996 年版。

48. 张世英:《进入澄明之境》，商务印书馆 1999 年版。

49. 宗白华:《艺境》，商务印书馆 2014 年版。

50. 赵雪倩等编注:《中国历代园林图文精选》（1—5 辑），同济大学出版社 2005 年版。

二、译著

1. ［德］马丁·海德格尔:《存在与时间》，陈嘉映、王庆节译，生活·读书·新知三联书店 2006 年版。

2. ［德］马克思:《1844 年经济学哲学手稿》，人民出版社 2014 年版。

3. ［美］罗伯特·克威利克:《爱因斯坦与相对论》，赵文华译，商务印书馆 1994 年版。

后　记

这本专著终于要出版了，内心曾经的焦虑和感伤也渐渐远去，取而代之的是兴奋和期待。我很庆幸自己曾求学于有着浓厚的学术氛围和人文底蕴的武汉大学，在此结实了许多知识渊博的老师和积极奋进的同学，并在他们的帮助下，提升了学术水平和人生境界。在华中农业大学景园楼里写作的那些日子，那些日出和日落，那些鸟鸣花香，几度春来秋往，让我感受到了做学术的枯燥和快乐。

感谢导师范明华教授。范师才华卓越，性情豪爽，不仅教授我做严谨的学术研究，还引导我修养美学式的生活态度。恩师总是在寓教于乐中潜移默化地影响着我，在乐观豁达的笑容中传递着对学生的理解和包容，在浮躁的现实生活中给予我自省前进的方向。正是范师这份安定从容的气度、现实又超脱的修为，让我感觉只要有范师在，任何困难和迷惑都可以解决。心底的那份踏实让同为教师的我理解了为师的境界。同时还要感谢同门师兄师姐的支持和帮助，这份情谊铭记于心。

感谢华中农业大学的鞭策与支持，让我有了前进的动力，让这本书能够出版。感谢园艺林学学院风景园林系的各位同事对我的学术支持和工作帮助，让我能有充分的时间和安静的空间完成写作。他们默默的付出给予了我美好的记忆和收获。感谢素未谋面的刘宏女士给予的图片支持。在此意义上，与大家的相遇，既是本人的幸运，也是本书的幸运。

感谢我的女儿，因为我一直想做一个让她崇拜的人，想成为她的榜样，这个目标激励着我从形到神的不断内修。感谢她与我的每次争吵，让我知道我还有那么多的不足。也感谢她的每份开心和每次进步，让我所有的烦恼和疲惫顷刻间烟消云散。

感谢遇见，与美丽的校园、卓越的思想者、优秀的同事、热心的支持者相遇，让我有了一份美好的感动和尽心的奋斗，我将怀着感恩之心继续幸福前行。

黄　滟

2021 年 5 月 12 日

责任编辑：姜　虹
责任校对：陈艳华
版式设计：王春峥

图书在版编目（CIP）数据

中国古典园林美学中的虚与实 / 黄滟 著．—北京：人民出版社，2022.1
ISBN 978 – 7 – 01 – 023882 – 1

I. ①中…　II. ①黄…　III. ①古典园林 – 艺术美学 – 研究 – 中国
IV. ① TU986.1

中国版本图书馆 CIP 数据核字（2021）第 208869 号

中国古典园林美学中的虚与实
ZHONGGUO GUDIAN YUANLIN MEIXUE ZHONG DE XU YU SHI

黄 滟 著

人民出版社 出版发行
（100706　北京市东城区隆福寺街 99 号）

北京盛通印刷股份有限公司印刷　新华书店经销

2022 年 1 月第 1 版　2022 年 1 月北京第 1 次印刷
开本：710 毫米 × 1000 毫米 1/16　印张：21.75
字数：288 千字

ISBN 978 – 7 – 01 – 023882 – 1　定价：88.00 元

邮购地址 100706　北京市东城区隆福寺街 99 号
人民东方图书销售中心　电话（010）65250042　65289539